NOTICE

SUR LES

BOIS DE LA NOUVELLE-CALÉDONIE.

—

LEUR CULTURE, LEUR EXPLOITATION ET LEURS PROPRIÉTÉS
MÉCANIQUES ET INDUSTRIELLES.

—

AVANT-PROPOS.

Appelé le premier, par suite de circonstances particulières, à organiser une exploitation régulière et suivie dans les forêts de la Nouvelle-Calédonie, et ayant eu l'occasion, pendant un séjour de près de quatre années, de mettre en œuvre, sur une assez grande échelle, les bois de ce pays, j'ai été conduit à entreprendre une étude assez complète des diverses essences, afin de régler d'une façon judicieuse les conditions de leur emploi.

Cette étude avait pour objet principal de rechercher les analogies qui existent entre les bois usuels de la France ou de l'étranger et ceux de ce pays nouveau, pour la plupart à peu près complétement inconnus jusque-là. Il était évident, en effet, que ces analogies devaient naturellement conduire à la détermination rationnelle du meilleur emploi à donner à chaque essence.

Je fus amené, dans le cours de mon travail, à entreprendre, pour la mesure des propriétés mécaniques des bois, des expériences qui ont été poursuivies pendant toute la durée de mon séjour dans la colonie et qui ont été aussi complètes que le permettaient les ressources restreintes dont je disposais dans ce pays lointain.

Mais, lors de mon départ, il n'y avait encore qu'une faible partie des forêts de la Nouvelle-Calédonie qui eût été sérieusement explorée; la découverte des espèces nouvelles continuait chaque jour, et il en résulte que je ne puis émettre la prétention d'avoir effectué un travail définitif et complet dont les conclusions ne puissent être modifiées par des études complémentaires.

J'admets, au contraire, que les résultats que j'ai obtenus ne sont, pour la plupart des essences, que de premières données approximatives qui ont besoin d'être confirmées par de nouvelles expériences, attendu qu'il m'a été impossible, pour les bois dont l'exploitation n'était pas encore entrée dans une voie régulière, de varier suffisamment les essais pour obtenir une moyenne qui pût être considérée comme débarrassée des erreurs dues aux variations et aux défauts individuels des échantillons éprouvés.

C'est surtout cette considération qui m'a décidé à publier les résultats que j'ai recueillis, car j'ai pensé que la lecture de l'exposé de mes recherches pourrait engager quelqu'un des officiers appelés à servir en Nouvelle-Calédonie à reprendre ces essais et à les compléter, à l'aide des appareils qui ont été construits, dans ce but, à la direction d'artillerie.

On trouvera, dans la deuxième partie de ce mémoire, le résumé de ces expériences et le détail des résultats numériques obtenus.

J'y ai joint la description des procédés et des appareils employés et l'exposé des notions scientifiques sur lesquelles je me suis appuyé, afin de permettre à chacun de contrôler les méthodes suivies et aussi afin de faciliter l'exécution d'essais semblables aux personnes qui auraient le désir d'entreprendre des recherches de ce genre dans une autre colonie.

Il y a lieu de remarquer, en effet, que bien que les essences de bois qui se trouvent dans la majeure partie de nos possessions d'outre-mer soient connues, par suite d'un emploi déjà ancien, on ignore, pour beaucoup d'entre elles, les valeurs numériques qui peuvent servir à représenter leurs propriétés physiques et mécaniques et à les comparer sûrement aux bois des autres contrées.

La connaissance de ces valeurs ne présente pas d'ailleurs un simple intérêt rétrospectif et spéculatif; il est évident, au contraire, qu'elle peut conduire à tirer, par analogie, d'un bois déjà connu, un usage nouveau que la pratique habituelle de la localité, souvent inspirée par la routine, n'a pas indiqué jusque-là.

Il y aurait donc une certaine utilité à entreprendre, sur les bois de nos diverses colonies, un travail d'ensemble analogue à celui que j'ai eu l'occasion d'ébaucher en Nouvelle-Calédonie.

Mais, comme un travail de ce genre ne peut être effectué par un seul individu, il convient de donner à toute personne animée du désir d'apporter son tribut à la science, le moyen d'effectuer, sur un plan uniforme, sa part de l'œuvre commune, et c'est ce qui m'a conduit à insister sur la description des procédés à employer, ainsi que sur la marche à suivre pour déduire des observations tout l'enseignement qu'elles renferment [1].

Si mes recherches s'étaient bornées à l'étude des propriétés mécaniques de diverses essences, connues seulement par les échantillons déposés dans les magasins de Nouméa et distinguées les unes des autres par un simple numérotage, elles auraient présenté une aridité rebutante et n'auraient eu qu'une utilité fort problématique, car il est probable que l'on eût perdu de vue rapidement les espèces auxquelles s'appliquaient les diverses séries d'expériences et les résultats numériques recueillis.

Si, au contraire, pour éviter cet écueil, on avait donné aux essences, d'après les caractères apparents du bois travaillé, des noms plus ou moins heureusement choisis pour les désigner, ou si, du moins, on avait accepté sans réserve les dénominations, souvent impropres et parfois baroques, proposées par les colons ou par les ouvriers attachés aux exploitations, on aurait rencontré l'inconvénient qui existe à un si haut degré dans les autres colonies, de n'avoir, pour désigner les différents bois, que des noms souvent mal appropriés et

---

[1] Des recherches sur les propriétés mécaniques des bois de la Guyane ont été exécutées en 1823 par M. Dumonteil, sous-ingénieur de la marine; en 1862, par M. de Lapparent, directeur des constructions navales, et en 1867, par M. Dufaure, chef d'escadron d'artillerie de la marine. Plus récemment, M. Lallemant et M. Morchain, officiers de ce même corps, ont effectué des mesures analogues sur les bois de la Guadeloupe et de la Réunion; mais on verra, d'après la deuxième partie de ce mémoire que, soit pour avoir négligé de recueillir tous les éléments des expériences, soit pour avoir employé des appareils qui ne permettaient pas de les enregistrer, on ne paraît pas avoir tiré, de ces essais, toutes les conséquences qu'il était possible d'en déduire.

surtout mal définis, et de ne savoir ni reconnaître sur pied des arbres dont le bois est cependant d'un usage courant, ni indiquer les familles botaniques auxquelles ces arbres appartiennent [1].

Le concours obligeant de M. Pancher, botaniste du gouvernement en Nouvelle-Calédonie, est venu heureusement me permettre de combler une lacune qui existe dans tous les travaux de ce genre effectués jusqu'ici dans les autres colonies, du moins dans ceux dont j'ai pu avoir connaissance.

Grâce à ses travaux justement estimés, sur la flore néo-calédonienne, il a pu m'indiquer, dès le début de mes recherches, les noms scientifiques des principales espèces que j'ai eues à étudier, de celles du moins qui étaient déjà en partie connues des botanistes. De retour en France il a pu, tant par ses propres travaux que par ceux non moins remarquables de M. Vieillard, chirurgien de la marine, et par la comparaison de ses collections et de celles du muséum, avec les herbiers que j'avais fait recueillir sur les lieux d'exploitation, compléter plus tard ses premières déterminations et me permettre ainsi de remplacer, presque totalement, par des dénominations scientifiques, les numéros de séries dont j'avais été, trop souvent, obligé de me contenter au début.

Enfin, il a bien voulu, malgré ses occupations, prendre la peine de réviser et compléter les renseignements que j'avais recueillis sur les principaux caractères botaniques extérieurs susceptibles de guider dans la recherche des arbres sur pied dans les forêts. La troisième partie de ce mémoire, qui résume, sous forme de tableau, les renseignements botaniques, mécaniques et industriels, recueillis sur les divers bois de la Nouvelle-Calédonie, doit donc être considérée comme redevable à la collaboration de M. Pancher de la valeur qu'elle possède au point de vue botanique, et je ne puis que remercier ici ce savant naturaliste d'avoir bien voulu réunir son nom au mien sur le frontis-

---

[1] Il suffit de parcourir, dans le catalogue des produits des colonies françaises, établi par M. Aubry-Lecomte, pour l'exposition universelle de 1867, la liste des essences variées de nos diverses colonies et la nomenclature de celles qui restent encore sans dénominations botaniques certaines pour se rendre compte de la valeur des observations qui précèdent.

On peut encore, dans le même ordre d'idées, consulter la notice publiée récemment sur les bois de la Guyane, par M. le docteur Sagot, dans la *Revue maritime et coloniale*, numéro du mois d'août 1869.

pice de cette partie, et d'avoir donné ainsi à mon travail l'appui de son autorité incontestée.

J'ai fait précéder les deux parties de ce mémoire, dont le contenu a été indiqué ci-dessus, d'une notice sur la situation des principales forêts exploitées de la Nouvelle-Calédonie, et sur les procédés suivis pour leur exploitation. J'ai pensé que ces renseignements pourraient présenter quelque intérêt à ceux qui s'occupent de l'avenir et des ressources de ce pays.

J'aurais voulu, enfin, dans un chapitre spécial, attirer l'attention sur les ressources que pourraient procurer, soit au point de vue industriel, soit au point de vue thérapeutique, les produits dérivés que l'on peut obtenir des différents arbres de la Nouvelle-Calédonie. J'avais rédigé, dans ce but, un tableau où ces arbres étaient classés par famille, et j'avais rappelé, en regard de chaque classe, les propriétés diverses que les analogies, tirées des qualités connues des essences voisines des autres contrées, donnaient le droit d'attendre, et celles que l'expérience avait permis déjà de constater ou de découvrir.

Ainsi se trouvaient particulièrement rappelées les propriétés industrielles de la résine de kaori (Dammara), la valeur médicinale de l'huile de cajeput extraite des feuilles du niaouli (Melaleuca), la richesse en tannin de l'écorce du grand palétuvier (Bruguiera), etc. Mais les résultats de ce genre acquis jusqu'ici étaient, somme toute, encore trop peu nombreux pour donner à ce travail d'autre valeur qu'un intérêt purement local, et j'ai pensé qu'il était suffisant de le laisser à mes successeurs en Nouvelle-Calédonie, pour les guider dans la récolte et la mise en réserve des produits accessoires de l'exploitation, produits qui, dans les mains d'hommes compétents, pourront conduire à la découverte de substances utiles ou intéressantes [1].

En résumé, le travail qui suit comprend trois parties :

---

[1] Mon ami, M. Heckel, docteur en médecine et pharmacien de la marine, avait entrepris une étude suivie des diverses substances qu'il était possible d'extraire des résidus ou des produits accessoires de l'exploitation des bois de la colonie. Cette étude fut trop tôt interrompue par l'état de sa santé, qui le força de rentrer en France prématurément.

Cependant ses travaux, quelque courts qu'ils aient été, ne sont pas restés infructueux et, sans parler de divers résultats qui n'ont pas encore été publiés, la découverte des propriétés médicales remarquables de l'huile extraite des fruits du Fontainea-Pancheri, essence classée au tableau de la troisième partie, sous le n° 9, de l'herbier de Nouméa, suffirait à elle seule pour prouver l'utilité et

1° Une notice sur la situation et l'exploitation des principales forêts de la Nouvelle-Calédonie ;

2° Un résumé des expériences exécutées pour déterminer les propriétés mécaniques des essences de bois de ce pays actuellement connues et exploitées, accompagné de l'exposé des notions scientifiques qui ont servi de base à ces recherches ;

3° Un tableau, auquel a collaboré M. le botaniste Pancher, et qui renferme l'indication des dénominations vulgaires et scientifiques des différentes essences de l'île, des renseignements sur les principaux caractères botaniques extérieurs qui peuvent servir à distinguer les espèces sur pied et un résumé des notions acquises sur leur valeur industrielle et sur les divers emplois auxquels elles sont propres.

PREMIÈRE PARTIE.

Notice sur l'exploitation des bois de la baie du Sud.

CHAPITRE PREMIER.

DÉBUTS DE L'EXPLOITATION.

§ 1. **Premières recherches de forêts exploitables en Nouvelle-Calédonie.**

Longtemps avant l'époque de la prise de possession de la Nouvelle-Calédonie par le gouvernement français, l'attention avait été attirée sur les productions forestières de cette île lointaine par les botanistes qui accompagnaient les premiers explorateurs. Toutefois, c'était plutôt pour la rareté et la nouveauté de sa flore que pour l'étendue et l'importance de ses parties boisées, qu'ils n'avaient pu suffisamment apprécier dans leurs courtes explorations, que Forster et Labillardière avaient signalé cette nouvelle contrée [1].

Les récits des missionnaires établis à Balade, et les explorations entreprises lors des voyages du *Rhin* et de la *Seine*, en 1845 et 1846,

---

l'importance de semblables études quand elles sont bien dirigées. (Voir *Études au point de vue botanique et thérapeutique sur le Fontainea-Pancheri* (Heckel). Thèse pour le doctorat en médecine. — Montpellier, 1870.)

[1] Le premier de ces botanistes accompagnait Cook dans son voyage de découverte, en 1774 ; le second vint avec d'Entrecasteaux, en 1792 et 1793.

avaient fourni déjà quelques indications sur les ressources forestières de l'île, quand l'amiral Febvrier-Despointes arriva, à bord du *Phoque*, en octobre 1853, pour en prendre possession.

Peu de temps après, en 1854, les rapports de M. Tardy de Montravel, à la suite du voyage de la *Constantine*, vinrent corroborer ces renseignements ; ils exaltaient même, en termes peut-être un peu trop enthousiastes, l'étendue des richesses entrevues dans la partie Nord de l'île.

Cependant, cet officier ayant, d'après ses instructions, fait choix d'un port situé au Sud, dans une région relativement stérile, pour y installer le siége du gouvernement, et les relations avec le Nord étant devenues dès cette époque relativement rares, on perdit bientôt de vue les faits antérieurement signalés et l'on en vint même, au bout de peu de temps, à révoquer en doute les conclusions des rapports des précédents explorateurs.

En vain les renseignements donnés par les missionnaires et les colons s'accordaient-ils pour signaler la présence de grandes forêts sur divers points de l'île, et en particulier dans le Nord ; en vain les ouvriers du détachement de Taïti, qui avaient été employés à la construction du poste de Balade, avaient-ils recueilli sur les bois de la Nouvelle-Calédonie des renseignements qu'ils avaient transmis à leurs successeurs ; en vain les explorations du *Prony*, dans la baie du Sud, avaient-elles signalé l'existence de belles forêts situées sur le bord même de la mer, à 15 lieues au plus de Nouméa, on en était arrivé à nier l'existence, dans la colonie, de bois aisément exploitables.

Cependant, un essai d'exploitation avait été tenté par un colon dans la baie de Nakety, près de Canala, et 200 mètres cubes de bois avaient été amenés en peu de temps près de la plage, où on les laissa pourrir, faute de moyens de transport.

D'autre part, des navires étaient allés, à plusieurs reprises, chercher des chargements de bois dans la baie du Sud ou dans les petites baies de l'extrémité méridionale de l'île (îles Kouéboni, ports Boisés).

Ces opérations s'étaient toujours effectuées avec facilité, et, dès 1860, à la suite d'un de ces voyages, M. Jouan, lieutenant de vaisseau, avait adressé à l'administration coloniale une note dans laquelle il signalait, dans la baie du Sud, l'existence de forêts suffisantes pour subvenir pendant longtemps aux besoins de la colonie.

Dans ce document, il traçait même un plan d'exploitation de nature à éviter les inconvénients de ces expéditions improvisées qui avaient pour résultats la destruction, en pure perte, d'un grand nombre d'arbres abattus dans le seul but de frayer un passage pour le halage des pièces que l'on avait à conduire jusqu'à la plage, et qui ne procuraient généralement que des bois de mauvaise conservation, par suite de l'impossibilité de choisir le moment propice pour l'abatage.

Cette note resta enfouie dans les archives du secrétariat colonial, et n'en fut retirée qu'en 1867, après que les nouvelles explorations dont il va être question eurent confirmé les indications de M. Jouan et abouti à la présentation d'un projet d'exploitation qui se rencontrait avec le sien sur les points principaux.

En 1866, les services de la colonie étaient encore obligés de s'approvisionner de bois presque exclusivement à l'étranger, en Australie, en Nouvelle-Zélande, et même en Californie et devaient payer, à des prix exorbitants, des essences que l'on aurait pu remplacer avantageusement par celles du pays. Les personnes les mieux placées pour connaître les ressources du pays, obéissant à un sentiment que je ne puis indiquer, déclaraient même qu'il était impossible de trouver dans la colonie les bois nécessaires aux différents services, sans rencontrer des difficultés d'exploitation et de transport considérables qui élèveraient les prix des bois hors de proportion avec leur valeur réelle.

Telle était la situation lors de mon arrivée en Nouvelle-Calédonie, comme directeur du service de l'artillerie, et je dus m'en préoccuper d'autant plus dès le début que, par l'application des règlements financiers, ce service venait de perdre un crédit de 10,000 francs réservé pour le payement d'une commande de bois faite à l'étranger. Cette somme avait dû être reversée au Trésor par suite d'un retard survenu dans l'arrivée du navire porteur du chargement, qui n'avait pu être de retour à l'expiration du terme fixé pour la clôture de l'exercice financier.

Convaincu bientôt, par les renseignements concordants de personnes désintéressées, qu'il était possible de trouver sur la côte, assez loin il est vrai de Nouméa, mais dans une situation commode pour les transports, des terrains boisés faciles à exploiter, je songeai à faire profiter de cette ressource le service que je dirigeais.

Je tentai à ce sujet une démarche personnelle près du gouverneur, M. Guillain, alors capitaine de vaisseau, et je fus assez heureux pour obtenir de lui la mission d'entreprendre l'exploration de la partie

Sud de l'île, et de rechercher s'il était possible d'y établir une exploitation destinée à approvisionner de bois tous les services de la colonie.

Un ordre du 12 décembre 1866 m'adjoignit pour cette mission M. Pancher, botaniste du gouvernement, et M. Lecoq, maître charpentier de la direction du port.

§ 2. Exploration du bassin de la Baie du Sud.

Les explorations entreprises avec l'aide de la goëlette la *Calédonienne* et du cotre l'*Étoile*, se poursuivirent pendant quinze jours et démontrèrent l'existence de vastes forêts, faciles à exploiter, situées dans le voisinage de la grande baie qui termine la partie méridionale de l'île, et qui est connue sous le nom de baie de Prony ou plus communément baie du Sud. (V. pl. 1 et 2.)

Cette baie, profondément découpée, présente partout une côte escarpée dont les pentes s'élèvent à une hauteur de 150 à 200 mètres. Ces hauteurs servent de ceinture à un vaste amas de minerai de fer qu'elles enferment comme dans une cuvette naturelle. La surface supérieure de cet amas, sensiblement horizontale, forme un immense plateau surmonté, dans diverses directions, par des chaînes de montagnes qui s'élèvent à 600 et 700 mètres, et dont la masse est composée de rochés serpentineuses [1].

---

[1] La baie du Sud, avec ses multiples anfractuosités et ses côtes escarpées, présente la plus grande analogie d'aspect avec la baie de Sydney ou Port-Jackson (Australie) et pourrait, jusqu'à un certain point, rivaliser avec elle comme grandeur, comme beauté de rade et comme sûreté de mouillage. Mais, à tous autres points de vue, elle lui est d'une infériorité absolue. Tandis qu'au fond de la baie de Sydney, de larges et splendides cours d'eau navigables donnent accès dans de vastes territoires fertiles, la baie du Sud ne présente, sur son pourtour, que des torrents qui, dès leur embouchure, ne peuvent donner accès aux embarcations et descendent, de cascades en cascades, d'un plateau désolé et stérile, où ils ne forment plus que des circuits marécageux sans importance. Les terrains qui composent la majeure partie de la région Sud de la Nouvelle-Calédonie, à l'exception de quelques petites plages sablonneuses, excessivement étroites, situées à l'embouchure de quelques torrents, sont, par leur composition, rebelles à toute culture propre à l'alimentation. Cette stérilité, comme on le verra plus loin, est surtout absolue pour les terrains situés dans le fond de la baie du Sud; il serait donc impossible d'établir une ville dans ces parages, malgré les avantages que pourrait présenter la situation, au point de vue maritime.

Dans ce qui va suivre, il nous arrivera souvent de désigner, comme on le fait habituellement, dans la colonie, sous le nom de rivières, les cours d'eau qui se jettent dans la baie du Sud, mais les détails qui précèdent indiquent suffisam-

§ 3. Collines de la côte.

A l'entrée de la baie et jusque par le travers d'une roche sous-marine, nommée *l'Aiguille,* qui se trouve vers le milieu de sa profondeur et constitue un danger bien connu des navigateurs, les collines de la côte sont formées d'une argile rougeâtre qui englobe de gros blocs de minerai de fer, et dans laquelle apparaît, par places, la roche serpentineuse encaissante.

Elles sont, dans cette partie, d'une aridité absolue et ne montrent aux yeux qu'une surface rouge, parsemée de taches noirâtres, dues aux dépôts de minerai de fer, ou traversée dans certains endroits par des bandes jaspées, de couleurs variant du blanc au violet et au vert, qui dénotent des filons de roches serpentineuses décomposées [1].

Les parties où la roche serpentineuse domine se recouvrent seules de fougères de taille moyenne dont les frondes entrelacées créent de grandes difficultés pour la marche, et qui constituent à peu près l'unique végétation de cette région.

Toutefois la plage, dans les quelques parties planes et sablonneuses qui avoisinent l'embouchure des nombreux torrents descendant des collines, est bordée d'un rideau d'arbres verdoyants parmi lesquels se trouvaient autrefois, en assez grand nombre, de beaux bois d'ébé-

---

ment que, sous cette dénomination, il ne pourra être question que de simples torrents.

[1] Ces affleurements colorés laissent, en plusieurs endroits, suinter de minces filets d'eau légèrement chargée de sels magnésiens, et c'est, évidemment, à la décomposition souterraine de filons analogues qu'est due la production des sources thermales que l'on rencontre sur plusieurs points du fond de la baie. Ces dernières sources décèlent surtout leur présence par la formation de concrétions jaunâtres qui se déposent en couches épaisses et friables à la surface du sol, quand la source débouche au-dessus du niveau de la mer, ou produisent, dans le cas contraire, un enrochement sous-marin peu consistant, dont la forme se modifie rapidement.

Dans ces dernières sources sous-marines, les concrétions, aidées sans doute par la pression de l'eau à haute mer, parviennent parfois à boucher complétement les orifices d'écoulement et engendrent ainsi un excès de pression qui donne lieu à la production de petits jets d'eau lorsqu'un choc accidentel vient, à mer basse, crever la croûte formée ou lorsqu'elle cède d'elle-même sous l'effort produit.

La température de l'eau de ces sources thermales varie, de l'une à l'autre, de 33 à 40 degrés centigrades.

Elles laissent toutes dégager des gaz en assez grande abondance ; celles qui coulent dans la mer produisent de l'acide sulfhydrique en quantité notable, les autres ne paraissent donner que de l'acide carbonique.

nisterie (Tamanous et bois de rose) qui sont devenus, par suite de leur proximité de la mer, la proie des traficants de la côte, et au milieu desquels s'élèvent encore, malgré les nombreuses coupes faites par les navigateurs, un certain nombre de ces pins colonnaires au port élevé et bizarre qui donnent à la côte cette apparence si caractéristique qu'ont signalé à l'envi les premiers explorateurs.

Lorsqu'on s'avance dans le fond de la baie l'aspect général change complétement. A partir d'une petite crique située au N.-O. de l'Aiguille, s'étendent des ravins boisés qui vont en s'élevant jusque sur le plateau ferrugineux où ils se prolongent parfois le long des lits des torrents qui le traversent.

Le bassin de deux cours d'eau qui se jettent dans la partie Ouest du fond de la baie, et qui sont connus sous le nom de rivières du port du Carénage, d'après le nom donné à cette partie de la baie, est surtout remarquable par l'abondance de la végétation. Les flancs de ce bassin, visibles des mouillages intérieurs, présentent à l'œil une immense étendue verdoyante qui dénote l'existence de richesses certaines, et qui ayant frappé maintes fois les yeux des pratiques de la côte, lors des relâches forcées de leurs courses au cabotage, leur avait permis d'affirmer avec persistance la présence de vastes forêts exploitables dans ces régions, malgré les dénégations incompréhensibles de personnes qui, par leur position, auraient dû être mieux renseignées.

Au milieu de ces espaces couverts d'une végétation touffue se montrent cependant çà et là des endroits complétement dénudés ou couverts seulement d'arbustes rabougris. Cette différence ne paraît pouvoir être attribuée qu'à l'absence d'eau, due à la perméabilité du sol ferrugineux en ces endroits, car dans le voisinage des points où la végétation est abondante se montrent toujours des sources nombreuses, tandis que l'on n'en voit aucune auprès des parties dénudées.

Il est vrai que dans certains endroits de grandes futaies s'élèvent au milieu de roches arides parmi lesquelles on n'aperçoit pas trace de terre végétale, mais il est probable que les racines de ces arbres, souvent gigantesques, rencontrent au-dessous des rochers une couche aquifère qui leur apporte l'humidité indispensable, et il est rare que quelques indices n'en dénotent pas la présence, dans le voisinage, à l'observateur attentif.

§ 4. Plateau ferrugineux.

Sur le plateau ferrugineux qui domine les collines de la côte, la végétation est presque partout nulle ou ne se compose que de fougères et d'arbrisseaux rabougris et clair-semés.

Il est probable que ce résultat est dû à la grande perméabilité du sol formé presque uniquement de minerai de fer en grains qui laisse promptement filtrer l'eau de pluie.

Il paraît vraisemblable aussi que cette eau se rassemble au fond de la cuvette que forment les collines encaissantes de la côte, et produit ainsi les réservoirs souterrains qui alimentent les nombreuses sources de cette région. Il est à remarquer, en effet, que dans certaines parties de la baie toutes ces sources jaillissent sensiblement à la même hauteur et à peu près à mi-côte des collines qui bordent la mer.

Ces eaux se montrent d'ailleurs à découvert dans les parties les plus basses du plateau et forment des marais remplis de joncs. Dans des dépressions où la pente est assez prononcée, on les voit même prendre une course rapide, et, dans ce cas, les bords des petits torrents ainsi formés se garnissent rapidement d'une végétation puissante qui vient faire diversion à la monotonie du paysage.

Le plateau ferrugineux, dont il est question ici, couvre une immense étendue de pays et n'a guère été exploré jusqu'ici que dans la partie Sud de l'île, qu'il forme presque entièrement. Sur la côte Ouest, il s'étend jusqu'au Mont-d'Or, à 10 kilomètres, en ligne droite, de Nouméa; sur l'autre côte il paraît s'étendre beaucoup plus loin sans interruption; le sentier de Yaté le traverse dans toute sa largeur, et on le retrouve encore avec les mêmes caractères à Canala, à 70 kilomètres environ de la baie du Sud.

Quoique les chaînes de montagnes qui le surmontent n'aient pas de direction générale bien déterminée, elles paraissent cependant constituer deux massifs distincts; l'un d'eux, bordant la côte Est et formant les montagnes dites des Touaourous, paraît se prolonger fort loin le long de cette côte; l'autre massif partant de l'extrémité Nord du mont marqué Ungue sur les cartes, se dirige au N.-O. en s'infléchissant peu à peu vers l'Ouest, et vient se terminer derrière le Mont-d'Or après s'être ramifié à plusieurs reprises.

§ 5. Plaine des Lacs ou plateau central.

Entre ces deux massifs s'étend la partie centrale du plateau que l'on peut appeler la *Plaine des Lacs* à cause de la présence de quatre lacs ou plutôt de quatre nappes d'eau de peu d'étendue qui ont été signalées, dans la partie Sud, et que l'on a décorées de ce nom.

Deux de ces lacs, situés près du sentier de Nouméa à Yaté, ont été reconnus, pour la première fois, lors de l'expédition faite à Yaté (en 1859) sous les ordres de M. le gouverneur Saisset; ils ont même reçu alors des noms empruntés au personnel de la colonne expéditionnaire, et sont mentionnés dans l'ouvrage du docteur de Rochas et dans la notice de M. Garnier, publiée dans le *Tour du Monde*.

Les deux autres, qui se trouvent dans le bassin de la baie du Sud, ont été, je crois, figurés pour la première fois sur la carte d'exploration dressée par M. le lieutenant de vaisseau Chambeyron (*Moniteur de la Nouvelle-Calédonie* du 22 mars 1863), et reproduits, d'après ses indications, lors du second tirage de la carte hydrographique de M. Bouquet de la Grye (carte du Dépôt des plans, n° 1915, tirage de 1863), mais leur position n'y est pas très-exactement indiquée, non plus que leur relation avec les cours d'eau et les contre-forts voisins.

De ces deux derniers, l'un est de forme à peu près circulaire, l'autre est rétréci en son milieu par une double langue de terre qui lui donne la forme d'un 8 aplati.

Ils peuvent avoir 2 kilomètres de diamètre environ, et sont séparés l'un de l'autre par un contre-fort formant une ramification d'une montagne élevée, située à l'emplacement donné par la carte n° 1915 du Dépôt des plans pour l'extrémité Nord de la chaîne dénommée Ungue sur cette carte [1].

Le terrain encaissant est uniquement formé de minerai de fer en grains, et les rives sont nues ou bordées seulement, à la limite des hautes eaux, de fougères ou de bouquets d'arbrisseaux rabougris. Les

---

[1] La configuration des montagnes indiquées sur cette carte est fort peu exacte, comme en général l'orographie de la plupart des cartes publiées jusqu'ici pour la Nouvelle-Calédonie. Ce fait s'explique aisément, puisqu'il n'a pas encore été fait de levés topographiques précis et que les positions des principaux pics visibles de la pleine mer ont seules été déterminées et rattachées aux levés hydrographiques.

berges ont une pente douce et uniforme ; on trouve une profondeur de
2^m50 d'eau à une distance d'une vingtaine de mètres du rivage.

Ces lacs ne sont, en résumé, que des réservoirs d'eaux pluviales
formés dans des dépressions en entonnoirs et dont le niveau paraît
changer lors des crues. Le lac en forme de 8 a un écoulement en partie
souterrain, dont on peut suivre les traces à travers une coupée de la
montagne voisine, et qui alimente la source de la rivière du fond de la
baie. Il paraît même probable que, dans les grandes crues, ce lac se
déverse à ciel ouvert par-dessus cette coupée qui, dans un étroit passage, ne dépasse pas une hauteur de 3 à 4 mètres. Mais en l'état ordinaire l'écoulement reste souterrain, et l'endroit où il se produit
n'est indiqué, sur la rive, que par un léger amas de détritus végétaux
amenés par le courant[1].

---

[1] Il est probable que d'autres lacs analogues existent dans les parties encore
inexplorées du plateau ferrugineux situées plus au Nord ; déjà, près de Kanala,
on a signalé depuis longtemps une nappe d'eau de formation semblable, mais
dont les dimensions sont considérablement plus petites, bien qu'on ait cru pouvoir la décorer également du nom de lac.

Cette mare, pour lui donner le nom qui lui convient, a joui, pendant quelque
temps, d'une certaine notoriété dans la colonie, grâce à des récits empreints de
merveilleux qui ont trouvé asile jusque dans les colonnes du *Moniteur officiel*
de la Nouvelle-Calédonie. D'après ces récits, cette nappe d'eau, bien que située à
près de 600 mètres au-dessus du niveau de la mer, voyait, par une cause mys-
térieuse, ses eaux monter et descendre périodiquement, en suivant les mouvements de la marée.

Curieux d'examiner de près un tel phénomène, j'entrepris, à mon tour, l'excursion, en compagnie de M. le lieutenant de vaisseau Richard. Après avoir traversé
un plateau ferrugineux, de tous points analogue au plateau de la baie du Sud,
mais situé à une plus grande altitude, nous fûmes tout étonnés de rencontrer,
au centre d'une espèce de cirque resserré, formé par des collines dont les sommets dépassaient le plateau d'une cinquantaine de mètres à peine, au lieu du
lac que nous nous attendions à voir, une simple mare de 20 mètres de diamètre
remplissant, à moitié, un entonnoir à bords très-escarpés.

Par suite de la situation, du peu d'étendue et de la forme de ce réservoir, il
est sujet à des crues rapides, à la suite des moindres averses, et c'est ce qui a
pu tromper les explorateurs, frappés d'une coïncidence fortuite entre quelques-
unes de ces crues et les mouvements de la mer.

Il est inutile de dire que rien, dans notre examen, n'est venu corroborer les
récits merveilleux auxquels on avait accordé si légèrement croyance. Il nous a
été facile, au contraire, en sondant la nappe d'eau, de nous assurer qu'en son
milieu, à l'endroit le plus profond, il n'y avait pas plus de 5^m70 de profondeur
et de constater qu'elle n'avait aucune communication apparente avec quelque
réservoir souterrain.

Les eaux paraissant basses, au moment de notre visite, il est évident que les

§ 6. Forêts intérieures.

Les versants des montagnes qui séparent les lacs de la partie du plateau la plus voisine de la baie du Sud sont à peu près dénudés du côté de ces lacs, mais sont, au contraire, couverts de belles forêts du côté qui regarde la baie.

Ces forêts, dont la végétation est empreinte à un haut degré d'un caractère de grandeur et de majesté, renferment des arbres aussi remarquables par leurs qualités que par leurs dimensions souvent gigantesques.

Le sol en est très-accidenté et se trouve sillonné par des torrents qui descendent des montagnes et par des ruisseaux encaissés qui, pendant d'assez longs parcours, disparaissent sous terre pour jaillir plus loin comme d'une source nouvelle. Ces ruisseaux, par leur cours tortueux, leurs subites disparitions, augmentent les difficultés que l'on rencontre pour s'orienter au milieu de cette végétation touffue et luxuriante.

Au Sud, ces montagnes séparent le bassin de la baie du Sud de celui d'une petite baie voisine, située à la pointe la plus extrême de l'île, et qui a reçu depuis longtemps le nom de port Boisé. Cette région avait été signalée aussi comme devant renfermer de riches forêts et pouvant se prêter à une exploitation facile. Il n'en est pas tout à fait ainsi; les explorations ont été poussées jusque dans le port Boisé et ont démontré que, bien que les abords de cette baie soient garnis de grands et beaux arbres, la zone exploitable ne s'étend qu'à très-peu de distance de la mer. Dans le reste du bassin, le terrain, en s'élevant, prend rapidement les mêmes caractères que dans la baie du Sud; mais les forêts disséminées sur le parcours des torrents qui la traversent sont d'un accès plus difficile et d'une beauté moindre.

§ 7. Vue d'ensemble.

En résumé, le bassin de la baie du Sud renferme, sur les collines qui bordent la côte, des parties stériles et dénudées à l'entrée de la

---

chiffres que nous donnons pour les dimensions principales de cette nappe doivent être augmentés lors des crues. Toutefois, ils ne peuvent s'accroître d'une façon bien notable, car des traces visibles indiquent que l'eau se déverse naturellement par une dépression de l'un des bords de l'entonnoir, lorsque le niveau vient à s'élever de 4 à 5 mètres au-dessus de celui que nous avons observé.

baie, tandis que dans le fond de cette même baie des ravins boisés très-étendus forment une première zone de forêts que nous appellerons les *forêts du littoral*.

Plus haut vient un immense plateau ferrugineux malheureusement impropre à toute culture et qui ne peut même pas servir au pâturage, car les herbes qui y poussent ne conviennent pas aux bestiaux [1].

Plus haut encore apparaît une seconde zone de forêts couvrant une partie des versants des hautes montagnes qui dominent le plateau, et que nous appellerons les *forêts de l'intérieur*.

Entre ces deux zones de forêts, les ravins boisés des affluents des rivières du port du Carénage semblent établir une liaison et tracer la voie par laquelle on pourra passer de l'une à l'autre sans presque sortir des cantonnements productifs.

Telle était la vue d'ensemble que firent ressortir des explorations poursuivies, ainsi qu'il a été dit plus haut, pendant quinze jours consécutifs et au prix de fatigues extrêmes, dans des parages inhabités où n'existait aucun sentier et où il fallait se frayer un passage, la hache à la main, dans des taillis souvent impénétrables.

La difficulté des explorations était encore augmentée par la nature ferrugineuse du sol qui, en déviant fortement l'aiguille aimantée, ne permettait pas de se servir de la boussole pour se diriger.

Cette déviation était telle que, plus tard, lorsqu'on voulut exécuter un lever de reconnaissance d'une partie de la baie, il fallut se servir, comme moyen d'orientation, d'un cadran solaire tracé sur la planchette de lever.

---

[1] Un explorateur trop enclin à l'enthousiasme et fraîchement débarqué en Nouvelle-Calédonie, ayant visité ce plateau, peu de temps après l'installation de l'exploitation des bois dans la baie du Sud, l'avait comparé aux plaines de la Beauce et désigné déjà sous le nom de grenier de la Nouvelle-Calédonie, quand un examen plus attentif du sol l'amena à reconnaître son erreur.

Je ne signalerais pas ce fait, si des mirages analogues n'avaient nui trop souvent au développement de notre colonie naissante en faisant succéder trop complétement, à des rêves dorés, la désillusion et le découragement, et n'avaient montré ainsi la nécessité de signaler le danger des appréciations optimistes irréfléchies.

Il n'est pas non plus inutile de noter, en passant, parce qu'il peut en être resté des traces dans des documents officiels, que certaines personnes se sont faites une arme de l'opinion passagère exprimée par cet explorateur, pour lutter contre le développement et même le maintien de l'exploitation des bois dans laquelle elles signalaient un obstacle pour l'avenir de l'agriculture ou tout au moins de l'élevage du bétail dans cette région.

Néanmoins, ces premières explorations permirent d'évaluer à plus de 1,000 hectares la surface des parties boisées facilement exploitables, ce qui permettait de considérer l'approvisionnement de la colonie comme assuré pour longtemps.

§ 8. Nature de l'exploitation.

Il restait à apprécier la nature des bois que renfermaient les forêts explorées.

Des échantillons d'une trentaine d'essences différentes avaient été recueillis dans ces courses rapides; ces échantillons, accompagnés de leurs feuilles, et, autant que possible, de leurs fruits et de leurs fleurs, permirent la détermination botanique des essences et furent essayés à la direction d'artillerie au point de vue des propriétés industrielles et mécaniques.

Ces essais firent reconnaître que, dans les forêts du littoral, les bois blancs sont peu abondants ou de mauvaise qualité, mais que l'on y trouve, au contraire, un grand nombre d'espèces de bois denses et durs, susceptibles d'un bon emploi pour la charpente, la menuiserie et l'ébénisterie. Dans les forêts élevées se trouvent à la fois en abondance et des bois durs propres à ces mêmes travaux, et des essences moins denses susceptibles de fournir de bons bois de mâture. Ce n'est que dans ces dernières que l'on trouve en particulier le gigantesque kaori, si renommé pour son emploi dans les constructions navales [1].

Mais dans les deux zones de forêts l'essence dominante est un bois dur pouvant remplacer le chêne, donnant un excellent bois de char-

---

[1] Les premières importations de cet arbre en Angleterre ont donné lieu à des incidents qui méritent d'être signalés. Les échantillons apportés pour la première fois de la Nouvelle-Zélande avaient donné des résultats si remarquables que le gouvernement anglais en envoya chercher immédiatement tout un chargement, pour en tenter l'emploi sur une vaste échelle, mais, par suite d'une ressemblance trompeuse, l'expédition rapporta, sous le nom de Kaori (*Dammara australis*), un chargement d'un bois différent (*Podocarpus dacrydioïdes* ou *Dacrydium excelsum*), nommé par les indigènes Kahikatea, qui ne se montra nullement doué des mêmes propriétés, surtout au point de vue de la conservation.

Cet insuccès jeta sur le kaori un discrédit qui ne disparut que lorsqu'on eut reconnu la méprise.

Les négociants qui, depuis, s'établirent en Nouvelle-Zélande, ont fait leur profit de cette ressemblance et font passer dans le commerce, sous le nom de kaori, le bois de kahikatea, plus facile à exploiter, mais qui se détériore rapidement lorsqu'il est exposé, à l'air, aux intempéries des saisons.

pente, et susceptible d'être employé également pour la menuiserie, à condition de ne le mettre en œuvre qu'après une dessiccation de plusieurs années.

Ce bois, très-abondant et que l'on trouve en dimensions considérables, promettait une précieuse ressource pour la colonie, quoiqu'il présente parfois un défaut qui en limite l'emploi. Ce défaut est un décollement ou une altération des fibres ligneuses dans une couche circulaire annuelle, et constitue ce qu'on appelle une *roulure*. Dans les jeunes arbres ce n'est le plus souvent qu'une fissure linéaire qui se remplit d'une résine noirâtre. Dans les arbres sur le retour, qui naturellement sont en grand nombre dans des forêts vierges de toute exploitation, ces roulures se décomposent et donnent lieu à une pourriture sèche.

Des observations ultérieures ont fait reconnaître que l'origine de ces défauts devait être attribuée aux incendies allumés par les indigènes pour faciliter leur marche à travers les fougères, dans leurs excursions sur le plateau, ce qui donne l'espoir d'en pouvoir arrêter la production dans l'avenir. Les arbres atteints de ce vice deviennent d'ailleurs de plus en plus rares, comme on devait s'y attendre, à mesure que l'exploitation s'éloigne de la lisière des forêts plus exposée aux incendies.

§ 9. Création de l'exploitation.

Il était donc établi que l'exploitation des forêts de la baie du Sud pouvait aisément donner les bois de construction nécessaires aux besoins de la colonie. On était assuré de trouver, dans le voisinage même de la mer, des bois durs, d'essences variées, et de pouvoir également recueillir des bois blancs de bonne qualité, à la condition d'aller les chercher un peu plus loin dans l'intérieur.

Ces résultats acquis décidèrent le gouverneur, M. le capitaine de vaisseau Guillain, à tenter un essai sérieux d'exploitation.

Un ordre du 9 août 1867 mit dans ce but à la disposition du directeur d'artillerie, avec un crédit de 4,000 francs pour les premiers frais d'installation, un chantier composé de vingt-neuf transportés et de quatre ouvriers militaires sous la conduite d'un brigadier de la compagnie d'ouvriers d'artillerie. Toutefois, ce ne fut que le 1er septembre suivant que ce personnel fut transporté sur les lieux par la goëlette la *Gazelle*; le directeur d'artillerie l'accompagnait pour présider au choix de l'emplacement et à la première installation du camp.

§ 10. Installation du premier chantier.

L'idée qui se présentait naturellement pour le choix de l'emplacement était de s'établir au centre de la région boisée du littoral. L'endroit indiqué dans ce cas était le confluent des deux rivières du port du Carénage, au débouché de l'immense bassin boisé qui alimente ces deux cours d'eau. Mais ce point, d'un accès difficile pour les embarcations, ne se prêtait pas à l'enlèvement des bois; de plus, il était assez éloigné des premiers cantonnements susceptibles d'une exploitation fructueuse, de sorte qu'il eût fallu perdre un temps précieux à construire des routes d'exploitation avant de récolter des bois de charpente que les services de la colonie réclamaient d'urgence en ce moment.

Il parut donc préférable de s'installer sur la plage de la petite anse, située au N.-O. de l'Aiguille, près d'un petit ruisseau qui fournissait au camp une excellente aiguade.

Cette anse formait le centre d'aboutissement d'un bassin secondaire dont les pentes régulières étaient couvertes de forêts touffues, depuis la plage jusqu'au plateau ferrugineux supérieur. Cette position permettait de trouver immédiatement un fort chargement de bois, en déboisant l'emplacement même à affecter à l'installation du personnel et des chantiers, et le terrain se prêtait à l'installation de chemins de halage, en pente douce, pour faire descendre à la plage les bois du bassin tout entier.

Ce bassin paraissait d'ailleurs devoir fournir, pendant cinq ou six ans, l'approvisionnement nécessaire à la colonie; il était donc suffisant pour l'installation de l'exploitation d'essai que l'on voulait tenter. Il était facile de voir de plus, que si, en cas de réussite, cette exploitation était transformée en établissement permanent, le point choisi serait appelé à rester le grand centre des magasins et le dépôt principal des bois en approvisionnement. Les difficultés d'accostage dans le fond de la baie et la rareté de terrains plans, susceptibles de se prêter à l'établissement de vastes hangars, devaient en effet rendre de plus en plus précieuses les facilités que présente ce point pour le mouillage des navires ainsi que pour l'emmagasinage et l'embarquement des bois.

§ 11. Premiers travaux.

L'installation du chantier se fit donc immédiatement en ce lieu. On entreprit d'abord la construction d'un four et d'un petit magasin pour les vivres. qui devaient être apportés tous les mois, par mer, de Nouméa ; puis, ouvriers et transportés, logeant sous la tente, se mirent à préparer un premier chargement de bois pour les besoins pressants [1].

On n'hésita pas à abandonner ainsi, à lui-même, tout ce personnel, dans des solitudes désertes jusque-là, sans communication par terre avec Nouméa, bien qu'il n'eût pas été possible de lui adjoindre un détachement spécial pour le maintien de l'ordre. Il faut dire, toutefois, que les transportés qui en faisaient partie avaient été choisis avec soin, et que l'on avait éliminé d'une façon absolue ceux dont les antécédents pouvaient faire craindre des habitudes de paresse et d'indiscipline, c'est-à-dire les voleurs et les malfaiteurs de profession.

Les communications n'eurent lieu d'abord avec le chef-lieu que tous les mois, par le bâtiment chargé d'opérer le ravitaillement périodique de l'établissement. Plus tard, pour assurer les demandes de secours, en cas d'accident ou de maladie, on attacha au chantier des courriers indigènes qui faisaient, lorsqu'il était nécessaire, le trajet de Nouméa en deux jours et demi.

Grâce à la calme énergie du brigadier placé à la tête de l'établissement, la discipline fut toujours exactement maintenue dans le détachement. On eut soin d'ailleurs, dès le début, d'inspirer au personnel une crainte salutaire des dangers qui attendaient ceux qui tenteraient

---

[1] Le personnel était alors composé de :
Le brigadier d'artillerie Fournier, chef de chantier ;
3 ouvriers charpentiers marins ;
1 artilleur forgeron ;
Et 29 transportés, dont
1 écrivain ;
2 scieurs de long ;
1 boulanger ;
1 cuisinier ;
24 manœuvres.
Cette composition fut successivement modifiée, par l'envoi d'autres transportés, accompagnés de surveillants et de quelques indigènes, destinés spécialement à la manœuvre d'une embarcation et à l'emploi de courriers, et l'on arriva ainsi, peu à peu, à la composition qui sera détaillée plus loin.

de s'évader, en leur montrant les obstacles qui les entouraient de toutes parts. Près du camp, la mer avec ses écueils et ses courants, ou le désert avec sa désolante aridité ; au delà, les peuplades anthropophages ou les tribus ralliées dressées à chasser, comme des bêtes fauves, les transportés en rupture de ban.

Les tentatives d'évasion de deux transportés qui, après avoir erré pendant plusieurs jours dans les forêts, furent obligés de revenir d'eux-mêmes se constituer prisonniers pour ne pas mourir de faim, et les bruits du soulèvement des tribus du Nord qui venaient de renouveler leurs actes d'anthropophagie, arrivant peu après corroborer ces renseignements, ôtèrent pour longtemps aux transportés du détachement toute velléité de fuite.

Ils s'étaient d'ailleurs vite attachés à un genre de vie tout nouveau pour eux, à un régime qui, en dehors des heures de travail, leur laissait la liberté la plus complète, où ils échappaient à cette surveillance incessante du bagne ou du pénitencier, qui est leur plus grand supplice, et où l'on s'attachait à les traiter comme des ouvriers gratifiés seulement d'un modique salaire.

Ce n'est que plus tard, lorsque la composition du détachement eut été malheureusement modifiée par l'introduction de nouveaux éléments pris sans choix, et lorsque la présence de surveillants de l'administration vint rendre à l'établissement, en grande partie, le caractère et les allures d'un pénitencier, que l'indiscipline reparut dans une certaine mesure, en même temps que se faisait remarquer une diminution notable dans la production.

Mais pendant cette première période, c'est-à-dire en moins d'un an, un travail réellement prodigieux fut exécuté par ces quelques hommes mal outillés, mal installés, séparés du reste du monde et ainsi livrés à leurs propres ressources, en dehors des rares visites que pouvait faire à l'établissement le directeur de l'exploitation en profitant des voyages de ravitaillement.

Aussitôt après l'envoi d'un premier chargement de bois, des *paillottes* en feuillages et en écorces furent construites pour les transportés, des cases en bois s'élevèrent pour le chef de chantier et les surveillants, des hangars furent établis pour les ateliers et les magasins, un *wharf* fut installé pour le chargement des chalans, et des fosses d'immersion furent commencées.

En même temps, on établissait des sentiers d'exploration devant servir de guides pour le tracé des routes d'exploitation ; on amorçait, dans trois directions principales, le tracé de ces dernières et l'on s'en servait immédiatement pour l'exploitation des cantonnements voisins du camp. Enfin, 1,000 mètres cubes de bois durs étaient emmagasinés sous les hangars ou expédiés à Nouméa.

§ 12. Installation du deuxième chantier.

M. le gouverneur venant, peu de temps après, inspecter l'établissement qu'avait déjà visité quelques jours auparavant un inspecteur général du génie, en tournée dans l'île, décida que pour compléter les résultats obtenus, des travaux seraient entrepris, sans plus tarder, dans le fond de la baie, pour arriver le plus tôt possible à l'exploitation des bois de mâture.

Un camp supplémentaire, ravitaillé provisoirement par le chantier principal, fut donc installé à l'embouchure de la rivière du fond de la baie, dite rivière de la Grande-Cascade. Des sentiers d'exploration allant jusqu'aux forêts de l'intérieur furent ouverts, et les travaux de la route d'exploitation furent eux-mêmes commencés.

Bien que le personnel de l'établissement n'eût pas été augmenté de suite en vue de cette nouvelle entreprise, les travaux d'installation et d'exploitation du premier chantier n'avaient pas été interrompus, mais seulement ralentis, et vers la fin de l'année 1869, après l'arrivée des renforts attendus, les deux chantiers étaient remis concurremment en pleine activité

CHAPITRE II.

État de l'exploitation vers la fin de l'année 1869.

Vers la fin de l'année 1869, l'exploitation des bois de la baie du Sud se composait, ainsi qu'il a été dit au chapitre précédent, d'un chantier principal, centre d'arrivée des bois en cours d'exploitation, installé pour servir plus tard de dépôt général, et d'un chantier secondaire établi plus spécialement en vue de l'exploitation des bois blancs et des bois de mâture.

Nous nous proposons d'examiner, dans ce chapitre, les installations de détail et le mode de fonctionnement de ces deux chantiers.

§ 1. Premier chantier. — Situation. Bâtiments et constructions.

Les bâtiments du chantier principal ont été établis d'après un plan d'ensemble soumis à l'approbation du gouverneur et reproduit sur la planche 3.

D'après ce plan, l'établissement occupe un emplacement ayant sensiblement la forme d'un triangle dont la base curviligne suit le bord même de la plage, et qui se trouve partagé en deux parties inégales par le cours d'eau qui arrose le camp. Les chantiers, magasins et ateliers, ainsi que les habitations du personnel libre, sont situés sur la rive gauche de ce cours d'eau, tandis que le camp des transportés est établi sur la rive droite.

A l'angle Est du triangle, près de la mer, une case adossée à l'escarpement de la montagne et entourée d'un petit jardin forme l'habitation du chef de l'établissement, et, par sa situation, surveille l'entrée de l'établissement de ce côté.

Près de là se trouvent : le logement des ouvriers libres, une case en maçonnerie avec devanture en bois, qui renferme la forge et un petit atelier pour les travaux de réparation du matériel, et, enfin, un petit magasin pour les outils et les approvisionnements nécessaires aux travaux.

Les hangars aux bois s'élèvent sur la partie plane du terrain qui s'étend au devant de ces constructions et bordent également l'entrée d'un petit ravin qui, s'engageant entre la forge et la case destinée aux ouvriers, se termine, à une centaine de mètres plus loin, à des pentes escarpées.

Sur le bord même de la plage sont deux groupes de hangars composés chacun de cinq nefs accolées dont l'ouverture est tournée vers la mer. Ces hangars, commodément placés pour l'embarquement des bois, couvrent 880 mètres carrés de superficie, et peuvent contenir 1,300 mètres cubes de bois ; ils sont destinés aux bois en billes de fortes dimensions.

Six autres hangars répartis le long des voies de halage couvrent environ 1,200 mètres carrés et peuvent contenir 3,000 mètres cubes.

Au milieu du groupe de hangars s'élève le bâtiment qui contient la scierie mue par une machine locomobile.

Le long de la rive droite du ruisseau, établis sur une plate-forme à moitié entaillée dans l'escarpement voisin et mis ainsi à l'abri des inondations, s'échelonnent les bâtiments consacrés aux magasins et aux vivres : magasin aux effets d'habillement, magasins aux vivres, boulangerie munie de deux fours en briques.

A la suite vient la case destinée au logement du magasinier distributeur.

Le sommet du triangle opposé à la mer et par lequel entre le ruisseau est occupé par le logement des surveillants, grande case en bois précédée d'un jardin et qu'avoisine l'emplacement des locaux disciplinaires.

Une case construite pour le logement des indigènes, sur le sommet de l'éminence qui s'avance en forme d'éperon entre ces bâtiments et les hangars du petit ravin, complète les moyens de surveillance de l'établissement, qu'elle domine entièrement.

Le camp des transportés, situé sur l'autre rive du cours d'eau, est composé de *paillottes* qui devront faire place à des cases en bois disposées pour loger chacune douze hommes. Il comprend aussi des bâtiments spéciaux pour les cuisines.

Enfin, à l'extrémité de ce camp et sur un petit plateau qui occupe le troisième sommet du triangle, est un emplacement réservé pour l'installation d'un poste militaire.

Il manque à l'établissement ainsi constitué le logement d'un médecin, qu'il deviendra avant peu nécessaire d'y envoyer. Ce logement pourrait être établi à quelque distance du camp, sur les bords du ruisseau ou près de la plage [1].

Une petite jetée en bois sert pour l'accostage des embarcations. Une autre jetée de 45 mètres de longueur s'avance en mer jusqu'aux fonds de 1^{m}50 à mer basse et se termine par une grue en bois pour le chargement des chalands.

---

[1] Vers le commencement de l'année 1872, il n'avait pas encore été attaché de médecin au service de l'exploitation, et il n'y avait pas été envoyé de garnison spéciale.

Les bâtiments qui viennent d'être décrits avaient reçu quelques légères modifications : le hangar aux bois de faibles dimensions, situé le long de la plage, et le hangar aux bois débités, numéroté 12, avaient été enlevés pour laisser plus de place au chantier d'arrivage et on les avait remplacés par un hangar placé sur la limite Nord de l'établissement, le long de la plage, en bordure de la voie de halage construite de ce côté. Une petite écurie avait également été construite, entre ce hangar et le petit jardin du chef de l'établissement, pour abriter les deux animaux qui avaient été envoyés de Nouméa.

§ 2. Mode de transport des bois.

Quatre routes d'exploitation, ouvertes sur une largeur de 2ᵐ50 et garnies de rails en bois reposant sur des traverses espacées de 2 mè‑ tres environ, partent du centre du chantier, desservent la scierie et les magasins et s'éloignent dans la direction des cantonnements boisés.

Les rails de ces routes sont formés de jeunes arbres de brin, de 15 à 20 centimètres de diamètre, choisis autant que possible en bois durs. Ces arbres sont simplement écorcés et maintenus sur les traverses par des chevilles ; ils sont placés de façon que le gros bout soit tourné vers la partie supérieure ; cette disposition facilite la descente des traîneaux, elle est aussi favorable à la conservation des rails qui s'usent ainsi moins vite et ne s'écaillent pas. Les extrémités de ces arbres sont taillées en sifflet et se recouvrent de façon à éviter tout ressaut dans le sens de la descente (planche IV).

Les traverses doivent être enterrées à fleur du sol, de telle façon que dans l'intervalle qui les sépare les rails reposent sur le sol et aient ainsi plus de solidité.

Un ouvrier peut boiser 15 mètres de route par jour, les bois lui étant apportés à pied d'œuvre.

On place toujours une traverse sous chaque joint, et on laisse aux arbres qui forment les rails le plus de longueur possible, sans se préoccuper si leurs extrémités se correspondent des deux côtés de la voie, attendu que les bois qui conviennent pour faire les traverses se trouvant partout en abondance, il est plus économique de mettre une traverse supplémentaire que de couper les arbres, beaucoup plus rares, qui servent à la confection des rails.

Les bois abattus sont transportés sur ces routes à l'aide de traî‑ neaux qui présentent beaucoup d'analogie avec les *schlittes* des Vosges.

Ces traîneaux sont formés d'un cadre en bois composé de deux longs côtés parallèles à la voie, réunis par deux fortes traverses. Ils sont consolidés par des boulons, et munis de boucles pour le halage et l'amarrage des bois.

Chaque traîneau repose sur les rails par les traverses qui sont gar‑ nies de plaques de frottement en tôle. Les grands côtés débordent la voie de chaque côté ; ils sont composés de deux pièces superposées, en forme de moises de 10 centimètres environ sur 15 centimètres d'équarrissage. Les pièces inférieures forment deux joues qui embrassent les rails et servent à guider le traîneau, les pièces supérieures maintiennent la charge de bois.

Pour le transport des menus bois, on emploie un seul traîneau assez grand dont les côtés supérieurs sont relevés en patins à l'avant et qui rappelle ainsi complétement la forme des schlittes, bien qu'il s'emploie différemment, puisque les schlittes glissent sur des routes sans rails, formées de rondins espacés disposés parallèlement comme des traverses.

Pour les bois de fortes dimensions, on emploie deux traîneaux plus petits, placés : l'un sous l'extrémité avant, l'autre sous l'extrémité arrière des pièces, et reliés à l'aide d'une chaîne dont la longueur variable permet de régler l'écartement des traîneaux d'après la dimension des arbres à transporter.

§ 3. Halage.

Le halage est opéré facilement à bras d'hommes, grâce à la disposition du terrain qui permet de ménager presque partout une pente favorable à la traction.

Une équipe de halage se compose habituellement de dix-huit hommes, savoir : un contre-maître pour diriger la manœuvre; un chanteur pour cadencer le pas quand les traîneaux sont en marche et pour régler les efforts quand on amène, au palan ou à la corde, les pièces du point d'abatage jusqu'aux traîneaux ; quatre hommes munis d'anspects pour guider les traîneaux, les pousser et les dégager quand ils rencontrent des obstacles, et enfin douze haleurs qui, munis de bricoles en cuir terminées par un crochet en fer, s'attellent sur une corde à nœuds attachée après le traîneau de tête.

La distance des nœuds est de 1 mètre, les haleurs se placent alternativement à droite et à gauche, de façon à ne pas se gêner mutuellement.

Dans les parties dont la pente est faible et dans les courbes on a soin, lorsque le halage est dans sa période d'activité, de maintenir les rails graissés et, dans le cas du passage fortuit d'un chargement un peu lourd sur une route qui n'a pas été utilisée depuis longtemps, on fait marcher à quelque distance en avant du convoi un homme chargé d'arroser les rails, ou mieux l'on installe, sur l'avant du traîneau de tête, un appareil dont la disposition est facile à imaginer et qui laisse couler un mince filet d'eau sur chacun des rails en avant des plaques de frottement.

Dans les petites pentes de 1 à 2 centimètres par mètre, quand les rails sont graissés, les traîneaux exigent peu d'efforts. Dans les pentes de 2 à 4 centimètres, ils vont sans le secours des hommes, et dans les pentes qui dépassent 4 centimètres, les haleurs sont obligés de se placer à l'arrière pour retenir.

Quand les chemins de halage sont en ligne droite ou ne présentent qu'une courbe peu prononcée, on peut, dans les parties en pente, laisser les traîneaux se lancer pourvu qu'il y ait une partie plane qui puisse les arrêter à leur arrivée à destination.

Dans les endroits où il y a des rampes à monter, ce qu'il n'est pas toujours possible d'éviter, on emploie pour tirer les traîneaux des palans ou même un cabestan qui, monté lui-même sur un traîneau, peut se transporter aisément sur la voie.

Quand le halage devient difficile par suite de l'usure des rails, il faut faire raboter ceux-ci et les graisser à l'huile ou au savon ; l'huile est préférable parce qu'elle empêche l'action nuisible de la pluie et du soleil.

Le chargement des grosses pièces sur les traîneaux se fait de la manière suivante : lorsque le terrain le permet, la pièce étant amenée parallèlement à la voie et en dehors d'elle, on place les traîneaux en face des parties qu'ils doivent supporter directement, et l'on fait monter la pièce, en la roulant, sur un plan incliné formé de deux espars reposant, d'un bout, sur chacun des traîneaux, et, de l'autre, sur le sol.

Si le terrain ne permet pas cette manœuvre, on amène la pièce sur la voie, entre les rails, les traîneaux étant préalablement poussés, l'un en aval, l'autre en amont. On la soulève alors avec des leviers, et l'on engage au-dessous un rouleau que l'on fait reposer sur les rails et que l'on pousse jusqu'à ce qu'elle soit mise en équilibre sur ce point d'appui. On engage alors successivement chaque traîneau en la faisant basculer.

Le déchargement des traîneaux s'opère d'une façon analogue.

§ 4. Route de l'Ouest ou de Nouméa.

La route de l'Ouest, qui se dirige du côté de Nouméa, est ouverte et terrassée sur une longueur de 1,600 mètres, en suivant le lit du petit torrent qui traverse le camp. Elle est terminée par trois embranchements qui desservent des ravins boisés et mesurent ensemble un développement supplémentaire de 1,000 mètres[1].

Les rails en bois sont posés sur une longueur de 1,000 mètres dans la partie la plus voisine du camp, partie qui traverse des cantonnements dont l'exploitation est commencée.

La branche principale de cette route est prolongée par un sentier accessible aux cavaliers et destiné à devenir une voie de communication commode avec Nouméa.

Ce sentier a été tracé, en effet, de façon à abréger le trajet de Nouméa à la baie du Sud en ouvrant une voie beaucoup plus courte et plus accessible que celle du littoral que suivent actuellement les courriers indigènes et qui oblige à traverser, près de leur embouchure, les cours d'eau que l'on rencontre dans le trajet.

Il se dirige à peu près en droite ligne du camp sur le point de rencontre des deux sentiers frayés par les indigènes qui, partant l'un de la plage dite des Ploums et l'autre de l'embouchure de la rivière de Boulari, se réunissent près du pic appelé pic Volcan, pour former le sentier de Yaté et d'Ounia[2].

Depuis la baie du Sud jusqu'à cet embranchement, le sentier en construction aura à traverser le grand plateau ferrugineux. Il rencontrera les contre-forts peu élevés d'un pic qu'il laissera sur la droite et qui n'est autre que le pic marqué 610 mètres sur la carte nº 1915 et désigné par M. Chambeyron sous le nom de *pic du Pin* (carte nº 1960), dénomination qui a perdu actuellement sa valeur par suite de la disparition de l'arbre isolé qui servait à le reconnaître.

Le tracé déjà exécuté rencontre à 7 kilomètres du camp le sentier indigène à peine visible dit des Touaourous, qui va des Ploums à Yaté, et a été suivi par M. Chambeyron dans son excursion, dont il a été question dans le chapitre précédent.

---

[1] Il ne faut pas oublier que la situation décrite dans le texte se rapporte à la fin de l'année 1869. On a fait connaître, en note, les modifications apportées à cette situation et dont on a eu connaissance.

[2] Le pic Volcan a été, dit-on, ainsi nommé lors de l'exploration de la région des Ploums, faite en 1859 par la commission nommée par M. le gouverneur Saisset. Il ne doit son nom qu'à sa ressemblance, comme forme, avec un volcan, dont il ne possède du reste nullement la structure, c'est donc à tort qu'il a été marqué simplement Volcan sur la carte nº 1915 du Dépôt des plans. On ne connait jusqu'ici aucun volcan en Nouvelle-Calédonie, et la nature géologique des terrains coñnus donne lieu de croire qu'il n'en existe pas dans l'île.

Près de ce point de croisement il franchit un mamelon isolé qui a dû servir de poste de combat aux indigènes dans leurs luttes passées. Des amas de blocs de pierre sont, en effet, réunis près de pentes escarpées et étaient évidemment destinés à être lancés sur des assaillants qui se seraient avancés par la vallée de N'go que ce monticule domine complétement.

Un peu plus loin le sentier traverse les deux bras de la rivière N'go, puis un nouveau contre-fort du pic du Pin, et s'engage dans la vallée de la rivière dite des Kaoris.

Là s'arrête, à plus de 12 kilomètres du camp de la baie du Sud, la portion du sentier qu'il a été possible d'ouvrir par les moyens du chantier. Il ne reste que 8 kilomètres à parcourir pour atteindre l'embranchement des sentiers existants de Nouméa à Yaté, mais la difficulté de porter les vivres aux travailleurs jusqu'à une telle distance du camp a forcé d'en arrêter la construction.

Il serait à désirer que ce travail pût être terminé en mettant à réquisition, au besoin, la tribu voisine du chef Candio Madgiri. Ce serait pour elle l'affaire de quelques jours seulement, puisque les transportés qui ont commencé le sentier ouvraient chacun 50 mètres par jour. La réquisition pourrait se borner d'ailleurs à faire porter, par les indigènes, les vivres des travailleurs employés [1].

L'achèvement de ce sentier aurait des avantages considérables, il ouvrirait des relations faciles par terre entre Nouméa et la baie du Sud, car il réduirait d'un jour la durée du trajet pour les courriers indigènes qui mettent actuellement deux jours et demi à faire la route, et il permettrait à un cavalier de faire le même voyage en un seul jour. Enfin, il donnerait à la force armée les moyens de parcourir sans difficultés

---

[1] L'administration locale n'a pas pris les mesures nécessaires pour faire achever le sentier dans ces conditions ; livré à ses propres ressources, le chef de l'établissement n'a pu pousser assez loin les explorations pour trouver le passage qui aurait permis de relier ce tracé aux deux sentiers de Yaté ; il s'est vu réduit à l'infléchir vers le Sud, de façon à regagner la côte par la vallée des Kaoris, et à rejoindre le sentier habituel qui côtoie la mer et contourne le Mont-d'Or, avant de se diriger sur Nouméa.

Ce sentier ainsi prolongé a pu être rendu praticable aux cavaliers et M. le capitaine Froideau l'a parcouru le premier à cheval, de Nouméa à la baie du Sud. Il a 25 kilomètres de longueur, du chantier à la baie des Ploums, où il rejoint les régions habitées.

les contrées désertes du Sud qui ont permis parfois à des transportés évadés de trouver un refuge de quelque durée [1].

---

[1] Ces solitudes ont été témoins du triste dénoûment d'un drame qui a douloureusement impressionné la population de Nouméa. Le 15 mars 1868, 5 ouvriers d'artillerie, profitant du dimanche, étaient allés, avec une frêle embarcation, à la recherche des coquillages sur l'îlot Maître, à 3 milles au large de la rade de Nouméa. Vers trois heures, au moment où ils regagnaient la grande terre, arrive un de ces coups de vent fréquents dans cette saison et qui dénotent le passage d'un cyclone dans le voisinage de l'île. L'embarcation, qu'ils avaient eu l'imprudence de voiler, chavira, en laissant échapper leurs vêtements dont ils s'étaient dépouillés par suite de la chaleur. Restés près du canot renversé, ils essayèrent vainement de le retourner et de le vider.

L'un d'eux, nommé Tillet, ne savait pas nager et devait être soutenu par ses camarades ; un deuxième, Bayle, le savait trop peu pour pouvoir gagner la côte à la nage, mais les trois autres étaient d'excellents nageurs qui, malgré l'état de la mer, devenue rapidement très-mauvaise, se sentaient capables de gagner la terre.

Les deux premiers furent placés sur la quille de l'embarcation que leurs trois camarades essayèrent de pousser devant eux vers la pointe du Ouen-Toro (Mont N'Doï des cartes). Malheureusement, le vent qui fraîchissait de plus en plus et poussait devant lui des lames furieuses, les faisait dévier à l'Est, en les entraînant vers la pleine mer.

A la brume, il devint évident que l'embarcation ne pourrait atteindre la pointe du Ouen-Toro ; deux des nageurs se fatiguaient, le dernier, nommé Sari, plus robuste, les engagea à utiliser le reste de leurs forces pour gagner la côte, tandis qu'il continuerait à accompagner l'embarcation en essayant de la diriger sur la pointe de l'île N'géa, située dans le N.-E.

Sentant leurs forces s'épuiser, ils consentirent à regret à cette séparation, et laissant leurs malheureux compagnons ils se dirigèrent vers la terre qu'ils réussirent à atteindre après avoir nagé pendant près de trois heures.

Ils furent recueillis et habillés par les surveillants du chantier des transportés dit de l'orphelinat, et arrivèrent le soir même à Nouméa, où ils apportèrent la fatale nouvelle.

Cependant, l'intrépide Sari épuisait ses dernières forces pour sauver ses compagnons restés sur le canot, mais la fureur des flots allait toujours en augmentant ; à chaque instant, les lames les enlevaient à leur frêle appui et il ne parvenait qu'avec difficulté à les replacer sur l'embarcation.

Aux dernières lueurs du jour, il put se convaincre que leur unique espoir leur échappait, et que la pointe de terre où ils auraient pu trouver le salut restait au vent. A la prière de ses infortunés camarades, il se décida à chercher du moins à se sauver lui-même et leur disant un suprême adieu, il se dirigea sur la pointe que l'obscurité dérobait de plus en plus à ses yeux.

Il était nuit noire quand il se heurta contre un rocher, sur lequel se hissant avec peine, il tomba évanoui. Il était resté plus de 5 heures sur l'eau.

Le lendemain, il reconnut qu'il était sur un îlot voisin de l'île N'géa ; il gagna celle-ci, puis la grande terre et se dirigea sur Nouméa, après avoir trouvé chez des colons compatissants les vêtements et la nourriture dont il avait besoin. Il

Dans son prolongement ce sentier aura à franchir la rivière des Kaoris, mais il le fera dans sa partie supérieure qui est facile à traverser et il évitera ainsi les difficultés que présente cette rivière dans

arriva en ville vers midi et son récit vint ôter tout espoir de revoir jamais vivants les deux malheureux restés sur le canot.

Cependant ceux-ci continuaient à être le jouet des flots et des courants qui les entraînaient peu à peu dans la direction du canal Woodin. Toute la nuit ils eurent à lutter contre les lames furieuses qui, bien des fois encore, les arrachèrent au support glissant auquel leurs mains crispées se cramponnaient. Chaque fois, Bayle parvint, aux prix d'efforts surhumains, à retirer des flots son compagnon et à l'aider à reprendre sa place sur la quille du canot.

Le jour parut sans leur amener de secours ; parfois le courant les conduisait près des flots ou des bancs de sable dont la mer est parsemée de ce côté et leur rendait un peu d'espoir, mais bientôt ils reconnaissaient avec découragement que les flots les entraînaient de nouveau au large. Aucune voile ne vint leur annoncer une délivrance prochaine, la tempête qui sévissait toujours avec violence avait forcé les côtiers à chercher un refuge dans les baies et n'avait pas permis d'envoyer, de Nouméa, un bateau à leur recherche.

Toutefois, vers midi, le temps s'étant sensiblement amélioré, un bateau pilote put sortir, mais il explora vainement les îlots sur lesquels on pouvait espérer trouver les restes des malheureux naufragés, et il rentra le soir sans nouvelles.

Pendant ce temps, le courant entraînait lentement l'embarcation vers la baie d'Uié et, vers trois heures de l'après-midi, elle passait, à une centaine de mètres de la côte, au pied du pic Ia.

Tillet, épuisé par cette lutte de 24 heures, ayant, dans ses chutes nombreuses, avalé de grandes quantités d'eau de mer, avait le délire. Bayle, d'apparence bien plus chétive, mais soutenu par une énergie peu commune, veillait encore pour tous les deux.

Tout à coup, il crut apercevoir, sur le bord du rivage, un être humain, vêtu de gris, adossé à un arbre près de l'entrée d'une espèce de grotte creusée dans les rochers et qui paraissait tenir dans ses bras un petit enfant. Bayle agita les bras et appela au secours, l'inconnu parut échanger quelques mots avec un compagnon invisible, mais ne changea pas de place ; Bayle réitéra son appel et son oreille surexcitée crut entendre, pour réponse, une phrase ironique. Le courant s'infléchissant dans la baie, entraîna de nouveau lentement l'embarcation au large enlevant aux naufragés leur dernière lueur d'espoir.

De longues heures s'écoulèrent encore ; le canot, parvenu dans des eaux plus calmes, paraissait à peine se déplacer, la nuit s'avançait, bientôt l'obscurité les enveloppa encore une fois tandis que le malheureux Tillet, dans les souffrances de l'agonie, ne cessait de demander de l'eau d'une voix déchirante.

Puis, enfin, l'embarcation cessa d'osciller, elle avait touché terre, la mer se retira et les deux malheureux purent s'étendre sur le sol.

Aux premières lueurs du jour, Bayle, malgré ses souffrances, put se traîner sur la plage pour chercher quelques gouttes d'eau fraîche que continuait à réclamer son camarade mourant ; il réussit à en recueillir dans un fragment d'étoffe arraché à la voile de l'embarcation, mais il était trop tard : à son retour, il ne trouva plus qu'un cadavre, auprès duquel il s'étendit exténué et perdit connaissance.

la majeure partie de son cours, par suite de la largeur et de la profondeur de ses eaux.

Borné à sa partie construite, ce sentier a déjà rendu facile l'explo-

---

Quand il revint à lui, il chercha à reconnaître l'endroit où il se trouvait, mais il ne vit partout que des solitudes inhabitées et sans bornes. Jeté sur la côte Nord de la baie d'Uié, il ne pouvait apercevoir les collines de Nouméa, dont il se croyait séparé d'ailleurs par un bras de mer. Après avoir recueilli, sur la plage, quelques coquillages pour apaiser sa faim dévorante, il ensevelit son camarade dans la voile de l'embarcation et se dirigea sur le sommet des montagnes voisines, pour essayer de découvrir de là une région habitée.

Mais il se trouva alors sur le plateau ferrugineux de la baie du Sud, et aucune trace d'être humain ne vint frapper sa vue, aucun indice ne vint guider ses pas. Pendant 3 jours il erra à l'aventure, en proie aux tortures de la faim, les pieds ensanglantés par les pierres, le corps brûlé par le soleil, et déchiré par les broussailles. Le jeudi seulement, dans la matinée, il aperçut au loin, au fond de ravins boisés, le haut des mâts d'un navire à l'ancre.

C'était le transport la *Bonite* qui faisait un chargement de bois au chantier de la baie du Sud. Cette vue lui rendit un reste d'énergie, il s'engagea dans les fourrés qui le séparaient encore du navire sauveur et dans lesquels il s'égara plus d'une fois, tremblant d'user ses dernières forces pour se frayer un passage et de perdre sans retour la vue de la mâture qui guidait ses pas.

Enfin, le soir à 6 heures, il arrivait au chantier et se faisait reconnaître du chef de l'établissement qui lui prodigua les soins que réclamait son état; il y avait plus de 100 heures qu'il n'avait pris de nourriture.

Le lendemain, un courrier indigène était expédié à Nouméa, et y arrivait le dimanche, 8 jours après la catastrophe, dont il faisait enfin connaître le tragique dénoûment.

Un petit bateau à vapeur fut envoyé immédiatement à la baie du Sud pour ramener Bayle ; il passa, au retour, dans la baie d'Uié, pour relever le corps du malheureux Tillet, mais on le trouva dans un tel état de décomposition qu'il fallut l'ensevelir près du lieu où il avait rendu le dernier soupir.

Le récit fait par Bayle des péripéties de son naufrage attira l'attention sur l'être étrange dont il signalait la présence au pied du pic Ia ; les détails circonstanciés, dont il accompagnait le récit de sa vision, lui donnaient une grande apparence de réalité. Précisément, la rumeur publique se préoccupait à cette époque des mystérieuses aventures d'un transporté évadé, dont, depuis près d'un an, on n'avait pas de nouvelles certaines, mais que des récits légèrement empreints de merveilleux, faisaient apparaître sur différents points de la région Sud de l'île où, disait-on, il vivait en compagnie d'une femme indigène.

On crut être sur la trace de cet être insaisissable et l'on envoya de nouveau, sur les lieux, le même vapeur, portant une petite troupe que Bayle accompagnait pour la guider dans ses recherches. Il reconnut sans peine l'endroit où l'apparition s'était montrée ; mais soit que le transporté mis en alerte par les allées et venues du vapeur, eût jugé prudent de s'éloigner, soit que le malheureux Bayle eût été le jouet d'une hallucination, on ne put trouver en ces lieux aucune trace d'être humain. La grotte même qu'il avait cru entrevoir, n'était qu'un amas

ration de vastes régions autour du camp, dans la direction de Nouméa.
Il a permis de reconnaître que, sur son parcours, en dehors du bassin
secondaire qui entoure le camp, il n'existe pas de grands bois exploitables, mais que l'on en rencontrerait, au contraire, si l'on se dirigeait
sur Nouméa en partant, non plus du sentier actuel, mais de l'embouchure des rivières du port du Carénage, en remontant légèrement au
Nord pour laisser sur la gauche le pic du Pin et passer dans le col peu
élevé qui sépare ce pic de la montagne marquée 640 mètres sur le
croquis d'exploration de M. Chambeyron.

Un chemin tracé de ce côté éviterait les quelques montées un peu
raides que rencontre le sentier actuel, et c'est certainement par cette
voie que devra être dirigée la route destinée à relier, dans l'avenir,
Nouméa à l'exploitation de la baie du Sud, dont les établissements
principaux se seront eux-mêmes, comme nous l'avons indiqué, avancés à cette époque vers le fond de la baie. Cette route, après avoir
franchi le col indiqué ci-dessus, devra s'infléchir un peu au Sud pour
rejoindre ainsi l'embranchement des deux sentiers de Yaté. Elle traversera ou longera dans ce parcours les forêts qui occupent la partie
supérieure de la vallée des Kaoris.

Ces forêts, dont l'étendue semble assez considérable, n'ont pu encore être explorées en détail ; mais il paraît certain qu'elles renferment
des kaoris. Il semble donc que la rivière dont elles contiennent les
sources n'a pas usurpé son nom de rivière des Kaoris, malgré les as-
sertions contraires des explorateurs qui ont cherché, à diverses reprises, à en remonter le cours, mais qui n'ont pu le suivre assez loin
pour atteindre les forêts de l'intérieur.

Les indices qui me permettent d'être aussi affirmatif sont tirés de
l'aspect général de ces forêts vues à quelque distance, et de leur situation au pied des grandes montagnes qui surmontent le plateau ferru-

---

de rochers, simulant, à distance, l'entrée d'une caverne. L'expédition revint sans
avoir éclairci le mystère.

Après son retour de cette excursion, Bayle fit une longue maladie, produite par
le contre-coup des souffrances inouïes qu'il avait endurées. Il se remit cependant
et passa encore près de 2 ans en Nouvelle-Calédonie. Mais, après avoir miracu-
leusement échappé à de si grands dangers, le malheureux ne devait pas revoir
sa patrie. Il mourut à bord de la frégate la *Sybille* qui le ramenait en France,
victime d'une épidémie de fièvre jaune, dont les germes furent introduits à bord
pendant une relâche à Rio de Janeiro, et qui sévit plus particulièrement sur les
passagers venant de la Nouvelle-Calédonie.

gineux. Les personnes qui ont étudié de près la région Sud de la Nou-velle-Calédonie savent combien il est facile de reconnaître à distance, à leur position et à leur aspect, les forêts qui renferment ces arbres gigantesques. Mais ce qui vaut mieux que toutes ces inductions, c'est que la rivière roule dans ses eaux des feuilles de kaori que l'on trouve souvent amassées en grande quantité près de l'embouchure.

En sortant de la vallée des Kaoris, la route de Nouméa entrerait dans celle de la rivière Kouré ou de Boulari. Là encore, elle passerait près des forêts des Kaoris, dont l'existence dans les ravins des affluents supérieurs de cette rivière est signalée par plusieurs explorateurs. Elle pourrait donc probablement servir sur son passage à l'exploitation des forêts intérieures de l'île.

Elle suivait, pour descendre vers la mer, les bords de la rivière de Boulari et viendrait, enfin, rejoindre la route actuelle de Saint-Louis, après un parcours total d'environ 33 kilomètres.

A l'autre extrémité de cette route et à quelque distance de l'embouchure des rivières, il serait facile, avant de quitter le plateau, d'en détacher un embranchement qui se dirigerait sur Yaté en traversant un col peu élevé qui sépare deux ondulations de la chaîne de montagne des lacs. On relierait ainsi Nouméa à Yaté par une route aussi directe que le sentier actuel, et qui, dans la majeure partie de son parcours, emprunterait le tracé de la route de la baie du Sud.

§ 5. — Route du Nord.

Cette route, partant du chantier dans la direction du Nord, s'étend en zigzags dans les ravins boisés qui avoisinent le camp. Elle est ouverte, à la largeur d'exploitation, sur une longueur totale de 900 mètres, et couverte de rails sur une longueur de 300.

Un sentier de 800 mètres environ de longueur réunit, dans le haut du bassin du camp, les routes du Nord et de l'Ouest.

§ 6. — Route du Sud.

La route du Sud dessert deux cuvettes boisées, en forme de cirque, qui se trouvent sur la lisière des forêts dans la direction du Nord [1].

---

[1] Ces cuvettes sont un nouvel exemple de ces formations d'entonnoirs, si fréquentes dans ces régions, et qui semblent dues à des affaissements de quelques ca-

Elle est ouverte sur une longueur de 400 mètres, et redescend par-dessus les bords de la cuvette supérieure dans la baie voisine dite baie des Niaoulis. Les rails sont posés sur une longueur de 200 mètres dans la traversée de la première cuvette qui seule jusqu'ici a été exploitée.

§ 7. — Route de l'Est.

Une quatrième route doit se diriger du côté de l'Est en suivant la plage, pour rattacher au camp plusieurs petits ravins boisés qui débouchent directement sur le bord de la mer, mais jusqu'ici un simple sentier en jalonne la direction.

Ce sentier suit la côte jusqu'à la petite anse à aiguade, située à 2 kilomètres du camp ; il remonte le long du petit ruisseau qui alimente cette aiguade jusqu'à un marécage de 80 mètres de longueur sur 50 à 60 mètres de largueur, situé sur un petit plateau voisin, et qui, desséché par le drainage, a servi à un essai de création de jardin potager dont il sera question plus loin.

Un sentier abrégeant un peu les distances conduit du camp à ce jardin par les hauteurs, et forme le prolongement de l'extrémité de la route du Nord.

Le sentier de la plage, actuellement interrompu à la petite anse indiquée ci-dessus et qui a été dénommée anse du Jardin, devra être prolongé prochainement pour relier au camp actuel les établissements du fond de la baie.

Dans ce prolongement il quittera la plage en se dirigeant en droite ligne sur le confluent des deux rivières du port du Carénage, de façon à éviter les détours de la côte. Il traversera les rivières près de leur embouchure à l'aide de petits ponts jetés de roches en roches sur les

---

vités souterraines. Elles sont voisines l'une de l'autre et occupent le point culminant de l'éminence qui sépare la baie du chantier de la baie voisine dite baie des Niaoulis. Pour éviter d'en faire remonter les pentes aux bois exploités, on a dû creuser de fortes tranchées pour le passage des routes.

Le fond de ces cuvettes est formé de roches qui laissent entre elles de larges fissures et c'est à cette particularité qu'est due, sans doute, l'absence de toute nappe d'eau au fond de ces réservoirs naturels. L'eau de pluie recueillie dans ces entonnoirs et qui se perd dans ces fissures, contribue certainement à alimenter les sources assez fortes que l'on rencontre sur le bord de la plage, entre les deux baies indiquées ci-dessus.

premiers rapides, et gagnera de là, à peu près en ligne droite, le deuxième chantier établi près de la grande cascade.

§ 8. — Chantier du fond de la baie. — Situation, bâtiments.

Le chantier du fond de la baie est établi sur un petit plateau de la rive droite de la rivière qui se déverse dans l'anse voisine du port du Carénage. Il est situé près de l'embouchure de cette rivière, en face d'une source d'eau thermale à la température de 33 degrés, et un peu au-dessous des rapides qui ont reçu, assez improprement, le nom de Grande-Cascade.

Il sera facile, grâce à cette position, d'obtenir sur le chantier, à l'aide d'une dérivation très-courte, une chute d'eau de près de 5 mètres de hauteur et d'un volume assez considérable pour faire marcher plusieurs scies.

A la fin de l'année 1869 il n'existait encore, sur cet emplacement, qu'une grande case en paille pour le logement de dix transportés, et une autre plus petite pour le logement d'un surveillant. Il était devenu nécessaire d'établir, sur ce point, des cases en bois comprenant un logement pour le sous-officier ou surveillant chargé de la direction de cette annexe, un four pour la cuisson du pain, et des cases plus convenables pour les transportés.

§ 9. — Routes et sentiers.

De ce chantier partent un sentier et une route d'exploitation.

Sentier des Lacs. — Le sentier a été tracé pour servir à l'exploration des forêts de l'intérieur. Partant de la source d'eau thermale située sur la rive gauche de la rivière en face du chantier, il gagne immédiatement les crêtes des hauteurs dénudées qui se trouvent à l'Est, traverse le plateau ferrugineux et arrive, après un parcours de plus de 4 kilomètres, à la forêt des Kaoris, située sur le versant Nord de la montagne dont le pied, sur le versant Sud, est baigné par les lacs et que nous désignerons sous le nom de montagne des Lacs.

Il longe tout le bas de cette montagne en traversant la forêt dont nous avons signalé l'admirable végétation et qui possède de nombreux et beaux kaoris.

Il gravit ensuite un petit col pour franchir le dernier contre-fort de cette montagne, et arrive sur le bord du lac en forme de 8, après un parcours total d'environ 8 kilomètres.

Ce sentier prolongé donnera une communication commode entre la baie du Sud et Yaté, dont le lac n'est éloigné également que de 8 kilomètres. Il est presque partout tracé sur un terrain plat ou en pente douce, et sera facilement accessible aux cavaliers. Ainsi continué il complétera le réseau des voies de communication à établir pour assurer la surveillance de cette région.

. Du pied du col indiqué plus haut part une bifurcation qui, restant sur le versant Nord de la montagne, continue de contourner le bassin d'alimentation de la rivière du fond de la baie.

Ce sentier franchit d'abord la partie marécageuse qui constitue le cours supérieur de la rivière, et atteint bientôt les parties boisées qui forment le bassin de son affluent principal de droite.

Il traverse ces nouvelles forêts qui présentent sensiblement le même aspect et la même végétation que celles de la montagne des Lacs. Il atteint les bords de l'affluent principal de droite, puis ceux de la rivière principale elle-même et revient enfin à l'embouchure, après un parcours de 7 kilomètres à partir du col, ce qui donne un total de 12 kilomètres au moins pour le circuit complet du bassin, défalcation faite de l'amorce allant aux lacs.

§ 10. — Route des Kaoris.

Le sentier des Lacs a servi de guide pour l'établissement de la route destinée à l'exploitation des bois de mâture. Il a fait voir, en effet, qu'en traçant cette route le long de la rivière on pourrait, avant d'arriver aux grandes forêts de l'intérieur, exploiter celles des affluents dont la composition est analogue, et arriver ainsi à la mise en exploitation successive de toutes les parties boisées du bassin.

La route a donc été commencée sur la rive droite du torrent, elle en suit le bord jusqu'au premier affluent important, c'est-à-dire sur une longueur de plus de 800 mètres. Elle se continuera plus tard dans cette direction jusqu'à la montagne des Lacs, mais en attendant on a ouvert un embranchement qui, remontant dans le bassin de l'affluent, permettra d'exploiter d'abord la forêt de kaoris la plus rapprochée.

Cet embranchement, au 15 octobre 1869, était déjà terrassé sur une longueur de 700 mètres et était arrivé à moins de 500 mètres de l'entrée de cette forêt. Le travail avançait de 50 mètres par jour, mais, faute d'ouvriers, on n'avait pu encore placer les rails [1].

§ 11. — Ateliers et scieries.

Les ateliers établis à la baie du Sud sont destinés principalement à l'entretien des outils et du matériel de l'exploitation. On s'est attaché à ne leur donner que le moins d'extension possible, les travaux de confection ou de réparation les plus importants devant être effectués à Nouméa. Ils comportent donc seulement une forge, un établi d'ouvrier à fer et un établi d'ouvrier à bois. Toutefois, l'installation d'une scierie à vapeur a obligé à développer un peu plus l'atelier à fer, pour pouvoir opérer sur place les réparations urgentes de la machine.

La scie à vapeur, dont le montage a été terminé au commencement de l'année 1870, est une scie à rubans, locomobile de la force de six chevaux, de la maison Warrall, Elwell et Poulot. Elle est munie d'un banc à avance automatique et peut débiter des pièces de 0^m70 d'équarrissage.

On ne s'est décidé à choisir un moteur à vapeur qu'après s'être assuré que le petit ruisseau qui arrose le camp ne pouvait donner une chute suffisante pour alimenter une scierie hydraulique; mais le choix d'une scie à rubans n'a pas réalisé les avantages qu'on en attendait. Indépendamment, en effet, du défaut de solidité inhérent à tout système locomobile et auquel on s'exposait nécessairement pour obtenir une machine facile à déplacer, il s'est trouvé que la scie à rubans qui fonctionne parfaitement avec des bois tendres et même avec les bois durs ordinaires, n'a pas aussi bien réussi avec les chênes-gommes qui forment l'essence dominante des forêts exploitées. Ces arbres renferment une résine noirâtre qui encrasse rapidement les dents des scies et les a fait jusqu'ici fréquemment casser, malgré toutes les précautions que l'on a pu prendre pour éviter cet accident. Cette scie devra donc être réservée surtout pour les bois tendres, elle rendra en particulier de grands services lors de l'exploitation des kaoris.

---

[1] A la fin de l'année 1871, cet embranchement était terminé et la forêt en question exploitée en grande partie. La route principale avait été prolongée sur une longueur de 5 kilomètres à partir de cet embranchement, et les rails étaient posés sur toute cette longueur.

Le moteur de la scie à rubans est disposé de façon à mettre aussi en mouvement une scie circulaire qui rendra de bons services pour le tronçonnage des bois, le débit des petites pièces, la confection des bardeaux, etc.

Au chantier de la Grande-Cascade nous avons dit qu'il était facile de créer, par une dérivation de peu de longueur, une chute d'eau puissante ; il conviendra donc d'installer sur ce point un moteur hydraulique qui puisse mettre en mouvement plusieurs lames de scies verticales et de scies circulaires.

§ 12. — Situation des cantonnements exploités.

Les cantonnements exploités jusqu'au 15 octobre 1869 se trouvaient près du premier chantier, dans un rayon variant de 200 à 500 mètres. A cette époque, il avait été livré déjà par l'établissement, aux services de la colonie, plus de 960 mètres cubes de bois de charpente, sans compter environ 1,000 perches, espars ou piquets d'entourage (mesurant 60 mètres cubes) ; il en avait été envoyé à Taïti 120 mètres cubes, et il en restait en magasin environ 500 mètres cubes.

L'approvisionnement restant se serait trouvé beaucoup plus considérable si les travaux du deuxième chantier n'avaient dû être entrepris sans attendre l'arrivée du personnel spécial destiné à cette annexe, ce qui n'avait pu se faire qu'au détriment des travaux du premier chantier, sur lequel on manqua ainsi une saison d'abatage dont tous les travaux préparatoires étaient cependant terminés.

Les cantonnements exploités autour du camp ne forment qu'une faible partie de ceux que renferme le bassin secondaire dont il occupe le centre. Toutefois, comme tous ces cantonnements, voisins de la lisière des forêts, renferment beaucoup de bois qui ont subi les atteintes du feu et que l'on est obligé pour ce motif de laisser de côté, il ne faut pas compter qu'ils puissent suffire pendant plus de cinq ans à une exploitation suivie.

Ceux du fond de la baie, beaucoup plus étendus et plus riches, paraissent aussi devoir donner de meilleurs résultats, car ils ont été protégés par leur situation centrale contre les ravages du feu.

Pour la bonne direction des coupes et le tracé des prolongements des routes, il est indispensable qu'un levé topographique bien fait de tout le bassin du Sud permette d'apprécier, avec exactitude, l'étendue et la situation relative des cantonnements boisés et des différents groupes d'essences similaires. Ce travail, tenté lors de l'installation du camp, n'a pu être exécuté alors avec précision à cause des difficultés locales, et n'a donné que des indications vagues à peine suffisantes pour le début des travaux. Le tracé de nombreuses routes et de longs sentiers qui procurent autant de moyens de cheminement, ainsi que les élagages pratiqués sous bois jusqu'à de grandes distances du camp, qui donnent des facilités de visée, sont venus changer les conditions primitives et rendre possible l'exécution de ce travail, qu'il est de tout intérêt de ne pas retarder davantage [1].

§ 13. — Moyen de transport des bois à l'extérieur.

Le transport des bois, de la baie du Sud à Nouméa, ne peut avoir lieu pour le moment que par mer, et n'a été effectué jusqu'ici que par les navires de l'État.

Le faible effectif des bâtiments de la station locale n'a pas permis de rendre ces transports aussi fréquents que l'auraient exigé les besoins. Il en est résulté que les commandes faites par les divers services n'ont pu être satisfaites à temps, et que ceux-ci se sont vus, à plusieurs reprises, dans l'obligation d'acheter au commerce des bois qu'ils auraient pu trouver à bien meilleur compte dans les magasins de l'exploitation.

Pour remédier à ces inconvénients on a cherché à affréter des navires de commerce, mais les conditions faites par les armateurs ont été inacceptables. Presque tous demandaient un droit fixe et considérable d'affrétement par tonneau et par jour, sans vouloir stipuler de délai pour le chargement ou pour le voyage. Ces conditions ne permettaient pas de calculer à l'avance, d'une façon précise, les prix de revient des bois rendus à Nouméa, tout en laissant voir que ces prix seraient excessifs.

Une proposition un peu plus avantageuse fut faite cependant par un entrepreneur anglais qui acceptait un prix basé sur le cubage ; mais ce prix s'élevait à 20 francs le mètre cube plein, ce qui donnait réellement un chiffre exagéré pour le cube utilisable, et dans l'état actuel de l'exploitation, qui ne pouvait livrer les bois qu'en billes, ce système au-

---

[1] Ce travail, à l'époque actuelle, n'a pas encore été exécuté.

rait fait payer en pure perte le transport des croûtes et l'encombre-
ment des pièces rondes.

§ 14. — Essais de transports par radeaux.

Des essais furent entrepris aussi pour faire venir les bois à Nouméa,
par radeaux.

On sait que ce procédé est employé pour amener à Dunkerque des
bois de Norwége et même, dit-on, du Canada. On l'emploie aussi sur
la côte de Californie. Enfin, la compagnie de l'isthme de Suez a fait
également venir des bois du Danube par radeaux. Il est vrai qu'un certain nombre de ces radeaux se perdent périodiquement, mais les bénéfices réalisés sur ceux qui arrivent à bon port compensent et au delà
ces pertes.

Mais tous ces exemples ne s'appliquent qu'à des bois plus légers que
l'eau, et les essais à faire à Nouméa présentaient sur ces derniers ce
désavantage qu'il s'agissait ici de bois denses qui ne flottent pas et qu'il
était nécessaire, par conséquent, de soutenir sur l'eau.

On chercha à imiter dans ce cas les dispositions adoptées à la
Guyane pour les radeaux qui descendent le Maroni (planche V),
mais ne pouvant pour un simple essai employer des flotteurs en tôle
qui auraient coûté trop cher, on les remplaça par des flotteurs en
forme de *rats*, composés chacun de six barriques (six pièces d'une),
placées bout à bout et maintenues par de forts cadres en bois entre-
toisés et boulonnés.

Pour composer un radeau ces flotteurs, placés parallèlement, au
nombre de 5, à 3 ou 4 mètres de distance l'un de l'autre, étaient reliés
par des longuerines solidement boulonnées aux traverses des cadres.

Les pièces de bois reposaient directement sur ces longuerines avec
lesquelles elles étaient brélées à l'aide de cordages.

Un entrepreneur s'offrit pour amener à Nouméa un premier radeau
dont le chargement avait été préparé à l'établissement. Il demandait
pour cette opération un prix de 15 francs par mètre cube de bois rendu
à destination, le cube étant mesuré au 5e déduit, ce qui mettait à peu
près à 7 fr. 50 c. le prix de transport du mètre cube plein.

La traversée de la baie du Sud à Nouméa n'est pas sans présenter
des difficultés; la mer y est parfois assez grosse, et le canal Woodin,
situé entre la Grande-Terre et l'île Ouen, à la sortie de la baie du Sud,

oppose à la marche à certaines heures un courant très-violent. Mais c'est surtout à l'entrée de ce canal, après avoir doublé la pointe de l'île Montravel qui ferme en partie l'entrée de la baie, que l'on trouve un mauvais passage dans lequel la mer ouverte aux lames du large est souvent très-houleuse.

Toutefois, il y a des conditions favorables dont on peut profiter pour faciliter le trajet; ainsi, le courant de flot porte vers Nouméa, les vents régnants soufflent dans cette même direction, et l'on a remarqué que dans la nuit la mer est presque toujours calme, de sorte que le trajet peut être considéré comme possible, à la condition de profiter des heures et des temps convenables.

L'entrepreneur était au courant de toutes ces particularités et connaissait parfaitement les parages qu'il avait à traverser; accompagnant le radeau avec un bateau côtier monté par un équipage indigène, et le faisant marcher tantôt à la remorque, tantôt à l'aide de quelques voiles établies sur des mâtereaux, il réussit à franchir la pointe de l'île Montravel et il était arrivé, au bout d'un jour et demi, vis-à-vis de la pointe du Ouen-Toro ou mont N'doï, c'est-à-dire à l'entrée même de la rade de Nouméa, quand, la mer étant devenue assez grosse, les cordes qui fixaient les pièces de bois et qui se trouvaient être de très-mauvaise qualité se rompirent, le radeau s'inclina et laissa couler son chargement.

Cet insuccès n'était pas de nature à décourager; il indiquait, au contraire, eu égard au mauvais temps que l'on avait rencontré, la possibilité d'une réussite complète, à la condition de modifier quelques parties défectueuses de l'installation, et en particulier de substituer des chaînes aux cordages employés pour bréler le chargement, et de se servir de pitons à œil, traversés par ces chaînes et enfoncés de force dans les pièces de bois, pour les empêcher de glisser à la mer dans les oscillations du radeau.

Toutefois, la tentative ne fut pas renouvelée. Il est certain cependant qu'il y aura lieu de recourir, sans hésitation, à ce moyen de transport quand il s'agira de bois flottables et surtout de bois de mâture, pour lesquels les difficultés que l'on a rencontrées disparaîtront, puisqu'elles tiennent surtout à la densité des bois. A ce point de vue d'avenir l'essai tenté est précieux, car il trace la marche à suivre.

Pour le moment, les radeaux qui avaient été construits en vue du transport des bois à Nouméa, sont utilisés pour opérer les transports

dans l'intérieur de la baie, pour conduire le long du bord les chargements des navires, ou pour amener au chantier les pièces recueillies
sur les différents points de la plage.

Ils sont excellents pour ces trajets qui s'effectuent presque toujours
en eaux très-calmes, mais il serait nécessaire d'avoir pour les remor-
quer une chaloupe à vapeur.

§ 15. — Essais de transport par bateaux de charge.

L'idée des transports par radeaux ayant été abandonnée, il fut question ensuite de faire construire un bateau de charge spécialement destiné au transport des bois. Un entrepreneur offrait de construire dans
ce but un bateau à fond plat non ponté, mais devant se recouvrir à
l'aide de panneaux mobiles comme les bateaux employés au transport
du marbre dans l'Archipel grec.

Ce bateau, d'une contenance de 50 tonneaux, facile à charger et à
décharger et pouvant s'échouer pour ces opérations, aurait été mâté et
gréé en goëlette afin de pouvoir naviguer dans les récifs.

Le transport du bois devait être opéré au prix de 15 francs le mètre
cube mesuré au quart plein (ou cube au quart sans déduction).

On garantissait à l'entrepreneur un transport de 1,800 mètres cubes
de bois dans un délai de quatre ans au plus, et il se chargeait des opérations de chargement et de déchargement.

Cette combinaison présentait de grands avantages ; elle débarrassait
le service de la station locale de toute opération de transport, et assu-
rait l'approvisionnement de tous les services. Elle devait de plus aider
au développement de l'exploitation, car l'entrepreneur était autorisé à
effectuer pour le compte des particuliers et du commerce local le
transport des bois du chantier dans l'intervalle de ses voyages pour
l'administration. Il n'est pas douteux que ces facilités auraient attiré
des commandes nombreuses à l'établissement de la baie du Sud, et
augmenté d'autant les ressources si restreintes de la colonie. Mais
jusqu'en 1870 on était loin de ce résultat : bien que les cessions de bois
au commerce et aux particuliers fussent prévues et autorisées, et que
le tarif très-modéré en eût été publié au *Journal officiel* de la colonie,
il n'avait encore été formulé aucune demande de cession à cause de
la nécessité de prendre livraison à l'établissement même et de l'absence de tout moyen de transport.

Quoi qu'il en soit, le projet d'entreprise fut rejeté par le conseil d'administration de la colonie, qui refusa de voter les quatre à cinq mille francs nécessaires à l'entrepreneur pour commencer sa construction, sans reconnaître que cette modique avance serait rapidement couverte par des bénéfices assurés.

§ 16. — Transports par pontons remorqués.

Heureusement pour les services qui se trouvaient privés, par cette décision, de tout moyen de recevoir les bois qu'ils attendaient, le transport la *Bonite*, qui venait d'être désarmé et transformé en ponton pour l'installation d'un pénitencier flottant, put être laissé assez longtemps à la disposition du service local pour opérer deux chargements de bois qu'il amena à Nouméa, à la remorque d'un des vapeurs de la station.

En dernier lieu, et pour continuer le même genre de transport, on a utilisé la goëlette la *Fine*, qui a été rasée, transformée en ponton et munie de deux sabords de charge. Mais ce ponton, fort petit, ne pourra porter que peu de bois, présentera bien plus de difficultés de chargement que le bateau non ponté dont il avait été question, et devra être remorqué par un vapeur.

Conduit à vide jusqu'à la baie du Sud, il sera laissé à la garde du chef de l'établissement, qui devra en faire opérer le chargement et attendre que le remorqueur puisse effectuer le voyage de retour. Ce système enlèvera donc des bras à l'exploitation et des navires au service de la station locale, et par suite ne présentera pas les avantages d'économie sur lesquels on comptait.

§ 19. — Renseignements généraux sur la nature des bois trouvés.

Soixante-cinq espèces de bois *exploitables* ont été trouvées, jusqu'en 1870, dans le bassin de la baie du Sud [1].

Le service de la direction d'artillerie, ayant reçu des échantillons de la plupart de ces essences, les a soumis à des épreuves de résistance et à des mesures ayant pour but de déterminer leurs propriétés méca-

---

[1] Le nombre des essences exploitables recueillies est, en 1872, de 80; des échantillons de tous ces bois ont été apportés en France par le garde d'artillerie Fournier, et ont été envoyés à l'exposition de Vienne.

niques et industrielles : densité, résistances à la flexion et à la torsion, élasticités de flexion et de torsion, résistance à la rupture, etc.

Ces études ont été poursuivies pendant plus de trois ans et sont détaillées dans la 2e partie de ce travail.

En même temps que s'effectuaient ces recherches, il a été formé un herbier, aussi complet que possible, des 65 essences. Cet herbier est accompagné d'un échantillon de chaque espèce de bois, laissant voir l'écorce, l'aubier et le bon bois, et présentant un côté verni pour permettre de juger de la valeur décorative de l'essence.

Cette collection a permis de déterminer les noms scientifiques des essences, grâce aux travaux de MM. Pancher et Vieillard et des professeurs du Muséum.

Un double de l'herbier est conservé à la direction d'artillerie de Nouméa, avec la série d'échantillons.

D'autres exemplaires, de cette collection, ont été préparés et déposés au musée de la colonie, au musée de Sydney (Australie), au musée de l'exposition permanente des colonies à Paris, et au muséum d'histoire naturelle.

Des échantillons d'un grand nombre d'essences ont aussi été apportés à Nouméa, en dimensions assez fortes pour permettre des essais d'emploi industriel. Quelques-unes de ces essences ont pu déjà être mises en œuvre, ce qui a permis de prouver ce fait, parfois révoqué en doute, que la colonie possède de beaux et bons bois, propres à l'ébénisterie, à la menuiserie, au charronnage et à la charpente. Toutefois, la nécessité de laisser s'opérer une longue dessiccation, lorsque l'on veut employer, d'une façon fructueuse, la plupart des bois de la Nouvelle-Calédonie, a conduit à se contenter de débiter et d'emmagasiner le plus grand nombre des pièces recueillies, en attendant le moment propice pour les employer. Ce simple débit a permis de réunir, sur la façon dont ces bois se travaillent, quelques indications utiles que l'on trouvera résumées dans la 3e partie de ce mémoire.

L'exploitation s'étant trouvée, ainsi qu'il a été dit plus haut, bornée jusqu'en 1870 aux cantonnements voisins du premier chantier, n'a produit, en quantités marchandes, que des bois durs et principalement des bois de charpente; mais le chantier du fond de la baie pourra approvisionner les services de Nouméa de bois de bonne qualité de toute nature.

On a pu s'assurer, en effet, que dans la première forêt que rencontre la route dite des Kaoris, se trouvent, en assez grande abondance, des essences qui peuvent remplacer la plupart des bois usuels de France, tels que l'orme, le frêne et le sapin.

C'est dans cette forêt que les indigènes de l'île Ouen sont venus autrefois chercher des kaoris pour confectionner leurs grandes pirogues doubles. On y trouve encore des marques de leur passage ; on reconnaît aisément, aux débris de bois qui jonchent le sol, les endroits où ils ont façonné et creusé les arbres abattus, et l'on peut suivre les traces du chemin qu'ils avaient frayé et même terrassé dans certains passages pour le halage des pirogues dégrossies.

Dans le voisinage de ces emplacements, se trouvent des kaoris qui peuvent donner, par leur taille, une idée des dimensions prodigieuses qu'atteignent parfois ces arbres. L'un d'eux, parfaitement sain, mesure à la base 8^m60 de circonférence, soit 2^m70 de diamètre, et s'élève droit et régulier jusqu'à sa première branche située à plus de 13 mètres du sol et que surmonte une cime puissante, proportionnée à ces dimensions [1].

D'autres kaoris, de grosseur moins exagérée, mesurent 25 et 26 mètres sous branches. Non loin de là, se trouve un chêne-gomme de près de 6 mètres de circonférence et de 11 à 12 mètres de hauteur sous branches.

Les arbres de cette taille ne seront évidemment jamais que des curiosités, car ils ne pourraient être employés en entier, et l'abatage et le débit en présenteraient d'extrêmes difficultés. Mais les kaoris, de dimensions usuelles, seront une grande ressource pour la colonie. Ils donneront d'excellentes pièces de mâture, fourniront de très-bons bordages et seront utilisables comme bois de fente, dans leurs moindres déchets, pour la fabrication des lattes, bardeaux, etc.

§ 18. Conservation des bois.

Des essais de conservation des bois ont été entrepris sur les chantiers mêmes de la baie du Sud.

On a reconnu déjà que certains bois se conservent bien par l'immersion ; que d'autres, au contraire, ne peuvent supporter cette opération sans être attaqués immédiatement par les tarets. On a trouvé que les

---

[1] Malgré l'opinion émise plus loin, cet arbre aurait été abattu dans le courant de l'année 1870. Après son équarrissage, il mesurait 19 mètres cubes.

uns ne se conservent qu'en restant complétement immergés dans l'eau de mer, tandis que d'autres demandent des alternatives d'immersion dans l'eau douce et dans l'eau salée.

On a rencontré des bois presque incorruptibles, à côté d'essences qu'il a été, jusqu'ici, impossible de conserver par aucun procédé.

Enfin on a constaté que les bois de ce pays, comme ceux de la Guyane, sont sujets à se fendre et à se déjeter, et exigent, avant leur emploi, une longue dessiccation.

Pour déterminer, d'une façon rigoureuse et méthodique, les meilleurs procédés à adopter pour assurer la conservation des différentes espèces, on a entrepris des expériences suivies pour rechercher l'influence de l'époque et du mode d'abatage ainsi que celle des différents modes d'emmagasinage.

A cet effet on abat, tous les 15 jours, 4 arbres destinés aux expériences, deux de chêne-gomme, essence dure, de conservation facile, et deux d'un bois blanc difficile à conserver. Pour chaque essence, l'un des arbres a, préalablement, été écorcé au pied, sur une hauteur de 1 mètre, un mois au moins avant l'abatage, afin d'arrêter le mouvement de la séve ; l'autre a été laissé intact.

De chacun de ces arbres, il est tiré 3 billes, de 2 mètres de longueur environ. La première est conservée sous des hangars; la deuxième est immergée dans une eau alternativement douce et salée, à l'embouchure du ruisseau du camp ; la troisième n'est écorcée qu'au bout d'un mois de dessiccation et est placée alors sous des hangars.

Chaque bille est marquée de numéros de repère et reçoit l'indication de la date de l'abatage.

Un carnet d'expériences sur lequel se trouvent reportés les numéros de repère des billes donne, pour chacune d'elles, tous les renseignements relatifs à l'état de l'arbre, au moment de son abatage, sous le rapport de la floraison et de la fructification, et indique aussi l'état de l'atmosphère.

Enfin, pour permettre d'apprécier, si elle existe, la nature de l'influence de l'âge de la lune sur la conservation du bois, on a choisi, pour époques des abatages périodiques effectués pour ces essais, celles de la pleine lune et de la nouvelle lune [1].

---

[1] La croyance à l'influence de l'âge de la lune, à l'époque de l'abatage, sur la conservation des bois, existe, dans un grand nombre de pays, parmi les fores-

Ces expériences demandent un trop long délai pour que l'on puisse déjà tirer des conclusions de ce qui a été fait jusqu'ici ; mais les carnets d'inscription permettront plus tard d'obtenir des données précises sur ces questions intéressantes [1].

En attendant, et comme il était important d'éviter, dès le début, toute pratique susceptible de nuire à la conservation des bois exploités, on s'est inspiré, dans la conduite de l'exploitation, des considérations suivantes :

Il est certain que les difficultés de conservation des bois, dans les pays chauds, tiennent surtout à l'abondance de la séve qui, par suite de l'élévation de la température, se décompose en entraînant la corruption du bois, ou s'évapore avec trop de rapidité et fait fendre ou déjeter les bois. Toute cause tendant à diminuer l'un de ces deux effets doit contribuer à faciliter la conservation.

C'est ainsi qu'un emmagasinage à l'ombre, dans un endroit aéré, de façon à produire une dessiccation lente, peut suffire pour certains bois. L'immersion, quand elle n'a pas pour effet l'introduction de vers ou de tarets dans l'épaisseur du bois, peut assurer aussi la conservation; elle peut surtout s'opposer efficacement au fendillement, en produisant, par un effet d'endosmose, une substitution graduelle de l'eau à la séve dans les canaux, et ménageant, par cette espèce de transition, une dessiccation plus lente et plus régulière.

D'autre part, s'il existe une époque où la production de la séve se ralentisse, elle devra évidemment être choisie, de préférence, pour l'abatage. Dans les climats tempérés, la saison d'hiver entraîne un arrêt presque complet dans la végétation et se trouve naturellement désignée pour cette opération. Il n'y a rien de semblable dans les régions tropicales : là il n'y a pas de temps d'arrêt dans l'ascension de la séve, mais seulement des périodes de ralentissement ou de repos relatif plus

---

tiers, et se traduit par cette règle uniforme, que l'on ne doit abattre les arbres que pendant le déclin de la lune. Cette croyance est fortement enracinée à la Guyane française, et les colons se conforment soigneusement à la pratique qu'elle prescrit ; elle s'est déjà propagée en Nouvelle-Calédonie, et malgré le peu d'ancienneté de la colonisation de ce pays, quelques-uns des habitants prétendent avoir eu l'occasion d'en vérifier l'exactitude.

[1] Des renseignements reçus depuis la rédaction de ce mémoire font connaître que le procédé d'écorcement sur pied de la partie inférieure des arbres a dû être abandonné, l'écorce en se desséchant sur l'arbre était rapidement attaquée par des vers qui pénétraient jusqu'au cœur. Ce procédé, préconisé par des auteurs anciens, ne serait donc pas applicable dans les pays chauds.

plus ou moins influencées par les circonstances atmosphériques. Il peut donc être plus important, dans ces pays que dans nos contrées, de tenir compte de ces circonstances.

Mais, d'une façon générale, on peut déterminer, pour tous les bois, une époque à laquelle correspond certainement un repos momentané dans la végétation : c'est celle qui suit immédiatement l'arrivée à maturité des fruits.

En choisissant cette époque pour l'abatage, on est donc assuré de se placer dans des conditions avantageuses. Enfin, il y a encore avantage à opérer l'abatage dans la saison des grandes chaleurs, parce que les arbres conservent alors moins d'humidité.

En résumé, les règles adoptées à titre provisoire, sur l'établissement de la baie du Sud, pour faciliter la conservation des bois sont les suivantes : opérer l'abatage, autant que possible, après l'arrivée des graines à maturité et avant l'époque de l'apparition des fleurs, et choisir de préférence la saison des grandes chaleurs ; conserver les bois, à l'ombre, sous des hangars aérés ; enfin immerger ceux qui peuvent supporter ce traitement.

Ces règles peuvent être fort difficiles à suivre d'une façon absolue, car elles ne conduisent pas aux mêmes époques d'abatage pour toutes les essences, et il n'est pas possible de songer, pour certaines d'entre elles, à aller exploiter çà et là des arbres isolés dans l'épaisseur des forêts.

Mais comme dans chaque cantonnement il y a une essence dominante, on se règle sur cette essence pour l'exploitation de ce cantonnement, au risque d'opérer l'abatage de quelques pieds isolés dans une saison peu propice.

§ 19. Immersion des bois.

On a essayé, en Nouvelle-Calédonie, divers modes d'immersion. L'immersion à l'eau de mer n'a donné que de mauvais résultats : en général, la plupart des bois qui y sont soumis sont rapidement envahis par les tarets, qui attaquent même les plus durs et les meilleurs. C'est ainsi qu'une poulie, dont les joues étaient en orme et le réa en gaïac, a été trouvée, après un séjour de 8 mois dans l'eau de mer, complétement hors de service : les tarets avaient totalement perforé le réa, et les joues avaient disparu.

On a obtenu, au contraire, de bons résultats en immergeant les bois dans une eau saumâtre alternativement douce et salée, condition qui se rencontre à l'embouchure des rivières et des petits cours d'eau.

Pour appliquer ce procédé, on a commencé la construction de deux grandes fosses, à l'embouchure de la petite rivière qui traverse le camp. Le mouvement de la marée y produit l'alternative cherchée, mais ces fosses, par leur situation, sont exposées à être comblées et détériorées lors des crues, et elles devront être remplacées par d'autres qu'il sera facile de créer, presque sans travail, dans le fond de la baie, en utilisant, à cet effet, le lit même des rivières, en dessous des derniers rapides.

Ce lit présente, en effet, en ces points, des parties dont la hauteur d'eau varie de 0^m20 à 0^m50, à mer basse, dans lesquelles le courant est très-faible et qui formeront d'immenses fosses d'immersion naturelles.

Une autre fosse d'immersion, commodément placée, pourra être aussi créée facilement, plus près du chantier actuel, en utilisant, à cet effet, la petite anse, dite du Jardin, dont l'entrée est très-resserrée et qui forme un bassin peu profond très-propice pour cette destination [1].

§ 20. Comptabilité et administration.

L'exploitation des bois de la baie du Sud a été, dès le début, organisée pour le compte du service local qui en a supporté toutes les dépenses et en a versé les bénéfices à son budget. Tant qu'elle a pu être considérée comme un essai d'un caractère provisoire, on n'en a pas réglementé l'administration d'une façon particulière, et il n'a pas été installé d'agents spéciaux pour en centraliser la comptabilité. L'administration locale s'est contentée d'en suivre les comptes financiers, au même titre que ceux des autres services du budget de la colonie. Les achats et les envois de matériel pour l'exploitation étaient même opérés directement par les agents du magasin général, sans l'intervention d'un représentant du service et les matières et objets ainsi envoyés n'étaient pas évalués.

Il résultait de cette situation l'impossibilité, pour le directeur de l'exploitation, de se rendre compte des dépenses qu'entraînaient les travaux qu'il était appelé à ordonner et à diriger. Il ne pouvait connaître qu'en fin d'année et par l'intermédiaire de l'administration les

---

[1] Cette fosse a été établie en 1870.

recettes et les dépenses totales du service, sans pouvoir établir leur répartition par nature de travail exécuté.

Cet état de choses a été modifié, à dater du 1er janvier 1870 ; le conseil d'administration ayant prescrit, à cette époque, conformément aux demandes du directeur de l'exploitation, l'établissement d'un système de gestion qui permet de tenir des comptes réguliers et complets.

D'après ce système, la comptabilité *matières* du service est tenue, à la baie du Sud même, par le chef de l'établissement qui remplit, sous ce rapport, les fonctions attribuées dans les directions d'artillerie coloniales aux chefs d'ateliers et aux gardes-magasins.

Il tient donc les inventaires, les carnets et les feuilles d'ouvrage. Celles-ci sont subdivisées en autant de parties distinctes qu'il est nécessaire pour suivre les comptes de chacune des opérations multiples qui composent l'ensemble de l'exploitation. Ainsi, il est ouvert un compte spécial aux travaux de construction et aux travaux d'entretien : des bâtiments, des routes et de l'outillage, et, dans chaque cantonnement exploité, aux travaux d'élagage, d'abatage, de halage, d'emmagasinage, etc.

On peut ainsi apprécier l'influence économique de tel ou tel mode d'exploitation et se rendre compte des rendements comparatifs des différents cantonnements.

Un agent comptable spécial, institué au chef-lieu, y centralise cette comptabilité *matières* et tient la comptabilité *financière*, en remplissant le rôle dévolu au garde comptable des directions d'artillerie. Il établit les états de cession des bois aux divers services et poursuit le payement de la solde ; il est chargé, en outre, conjointement avec les agents du magasin général, de l'achat et de l'envoi des objets de matériel et des approvisionnements sur les chantiers.

Ce système permet de tenir une comptabilité aussi régulière et aussi détaillée que celle des directions d'artillerie et, par suite, de se rendre compte du prix de revient de tous les travaux exécutés ; il donne au directeur du service le moyen de soumettre, chaque année, au conseil d'administration un compte d'opération complet et de mettre celui-ci à même de statuer en connaissance de cause sur la marche à imprimer à l'exploitation [1].

---

[1] Voir, pour plus de détails sur l'organisation de la comptabilité de l'établissement, la décision de M. le contre-amiral Guillain, gouverneur, insérée au *Bulletin officiel* de la Nouvelle-Calédonie, à la date du 25 janvier 1870.

§ 21. Recettes de l'exploitation.

Les bois recueillis dans les magasins de l'établissement sont cédés aux services de la colonie, d'après les demandes et les besoins de ces derniers. Le remboursement s'effectue au compte du service local, conformément à des tarifs fixés par le gouverneur en conseil d'administration.

Des cessions, aux mêmes conditions, ont été faites aussi à la colonie de Taïti. Les bois ainsi cédés ont été expédiés par des frégates se rendant dans cette île, et qui sont venues prendre leur chargement sur le chantier même.

Enfin, les particuliers sont autorisés à acheter les bois provenant de l'exploitation, lorsque la situation des approvisionnements le permet, à la condition, toutefois, de les faire prendre à l'établissement. Le tarif de cession est, naturellement, plus élevé pour les particuliers que pour les services publics ; il est cependant assez faible pour rester avantageux au commerce ; mais jusqu'ici le manque de moyens de transports a empêché les négociants de la colonie de profiter de la facilité qui leur est ainsi accordée.

Le premier tarif, établi pour les cessions de bois de charpente, est daté du 20 avril 1869. Des tarifs successifs ont été publiés au *Bulletin officiel* de la colonie, à mesure que de nouvelles essences de bois ont été recueillies en assez grande abondance pour pouvoir donner lieu à des cessions.

Les prix de cession aux services publics de la colonie variaient, d'après les premiers tarifs, de 22 à 28 francs le mètre cube, mesuré au cinquième déduit, pour les bois de charpente les plus communs (bois de fer et chêne-gomme), à 40 et 50 francs pour les bois d'ébénisterie. Des prix moindres étaient prévus pour les bois blancs communs, les bois de faibles dimensions, les bois de chauffage et les menus produits de l'exploitation.

Pour les services étrangers à la colonie et les particuliers, les prix fixés étaient plus forts de moitié environ.

D'un inventaire établi au 15 octobre 1869, il résultait que l'exploitation avait livré déjà, pour les services publics de la colonie ou pour Taïti, 475 mètres cubes de bois de diverses essences, ayant produit, au taux réduit du tarif des cessions aux services publics, une somme de 10,200 francs environ. Il restait, à cette date, en magasin, 211 mètres cubes de bois valant environ 5,000 francs [1].

§ 22. Personnel.

Le personnel attaché à l'exploitation se composait, au 15 octobre 1869, de :

1 sous-officier d'artillerie, chef de l'établissement [2] ;

1 second sous-officier adjoint au précédent pour la tenue de la comptabilité ;

1 distributeur appartenant à l'administration pénitentiaire et chargé du service des vivres ;

---

[1] En ajoutant à ces chiffres les bois exploités depuis cette époque jusqu'au 1er décembre 1871, on arrive à un total de 1,977 mètres cubes, sur lesquels 1,075 ont été livrées aux services publics, produisant une recette de 31,000 francs environ. Les 902 mètres cubes, restant en magasin à cette époque, représentent, d'après les mêmes bases d'évaluation, une valeur approximative de 30,000 francs.

La valeur des bâtiments de l'exploitation pouvait, à la même époque, être évaluée à la somme de 33,300 francs, et il y avait, sur l'établissement, en outils, machines et matières en approvisionnement, une valeur approximative de 16,500 francs. (Dans ce chiffre figure la scierie locomobile estimée 12,000 francs.)

Pour apprécier la production de l'exploitation, au point de vue économique, il faudrait, du total général de ces valeurs, soit 110,500 francs, rapprocher le chiffre des dépenses réellement faites pour la création de l'établissement et l'entretien du personnel.

Nous n'avons pas les renseignements nécessaires peur faire ce calcul exactement.

Nous savons toutefois qu'au 15 octobre 1869 il avait été dépensé 23,000 francs pour les premiers frais d'installation et les dépenses d'entretien et de solde du personnel pendant les trois années. Nous ignorons quelles ont été les dépenses des années 1870 et 1871, mais il ne semble pas qu'elles aient dû atteindre 20,000 francs. En ajoutant à ces sommes la valeur de la scierie, non comprise dans cette estimation, on arriverait à un chiffre approximatif de 55,000 francs pour les dépenses faites depuis la création de l'établissement jusqu'au 1er décembre 1871.

Il ressortirait de là que l'excédant de la valeur créée par l'exploitation, sur les dépenses faites, serait également d'environ 55,000 francs, non compris la valeur des travaux des routes, jetées, fosses d'immersion, aménagements, etc. Il ne faut pas perdre de vue, d'ailleurs, que cette estimation est faite à un taux excessivement bas, puisque l'on a pris pour base d'évaluation de la valeur des bois les prix réduits du tarif de cession pour les services publics. Quant à l'évaluation de la valeur des bâtiments, elle est faite aussi à un taux très-faible.

[2] C'est le brigadier d'ouvriers, Fournier, qui avait été mis, dès le début, à la tête du chantier. Il a été promu, au bout de peu de temps, au grade de sous-officier, puis mis hors cadres, et enfin, dans le cours de l'année 1870, il a été nommé garde d'artillerie, pour rester attaché à la direction de cet établissement qui lui est surtout redevable de sa réussite.

3 surveillants commandant le détachement de transportés et dont l'un était chargé, à titre provisoire, sous les ordres du chef de l'établissement, de la direction du chantier du fond de la baie ;

2 ouvriers d'artillerie, chargés, l'un de la forge, et l'autre de la machine ;

5 indigènes chargés du service de l'embarcation, des fonctions de courriers et du transport des vivres aux détachements travaillant au loin ;

Enfin 60 transportés.

On a indiqué ci-dessous, à titre de renseignement, la répartition de ces 60 hommes, par profession, telle qu'elle existait réellement à l'époque indiquée plus haut, bien que ce ne fût pas la répartition que réclamaient les besoins du service, mais seulement celle que l'on avait pu obtenir, faute de mieux, en l'absence d'hommes de certaines professions.

On y a joint l'indication de la répartition que l'on avait reconnue nécessaire pour un détachement de 90 hommes demandé, depuis longtemps déjà, en vue des premiers travaux d'installation du 2e chantier, mais qui n'avait pu encore être envoyé.

DÉSIGNATIONS.	RÉPARTITIONS d'un détachement de		OBSERVATIONS.
	60 transportés 1 chantier.	90 transportés 2 chantiers.	
Cuisiniers des chefs de chantiers......	1	2	(a) Cette répartition des manœuvres est chose variable, suivant les besoins du service et les saisons.
— des surveillants...........	1	2	
— du distributeur..........	1	1	
— des transportés..........	1	2	
Boulangers......................	1	2	
Tailleurs.......................	1	1	
Cordonniers.....................	1	1	
Jardiniers......................	2	2	
Ecrivains.......................	»	1	
Charpentiers....................	2	6	
Scieurs de long.................	2	4	
Maçons..........................	2	2	
Manœuvres.. { Construction des routes..	18		
Entretien des routes.....	2		
Élagage...................	4		
Abatage...................	6 } 45 (a)	65	
Halage....................	13		
Travaux de maçonnerie..	1		
Forge et machine.........	1		
TOTAUX.............	60	90	

§ 23. Service des vivres. — État sanitaire.

C'est au point de vue des vivres et de l'alimentation que l'établissement de la baie du Sud présente les conditions les plus défavorables.

Le service des vivres est confié à l'administration pénitentiaire, à laquelle appartient la majeure partie du personnel, et qui est remboursée des cessions qu'elle opère pour le personnel qui lui est étranger. Mais les difficultés qu'elle rencontre sont considérables, par suite de l'impossibilité presque absolue de modifier, à l'aide de vivres frais, la composition de la ration.

On s'est trouvé, en effet, au milieu de forêts luxuriantes, dans cette singulière situation de ne pouvoir faire pousser aucun légume et même de ne pouvoir nourrir de bétail. Le sol, uniquement composé d'argile et de fer, s'est montré rebelle à la production de toute plante potagère ou fourragère.

Les moutons que l'on est obligé d'amener périodiquement pour la nourriture du personnel, ne peuvent être nourris qu'avec du foin pressé, expédié de Nouméa, et dépérissent rapidement. On a pu cependant réussir à trouver quelques espèces de feuilles et d'herbages qu'ils consentent à manger, mais il faut aller, chaque jour, chercher au loin cette nourriture insuffisante.

Quant au sol, on a fait de nombreux essais pour l'amender, et l'on a reconnu qu'il était nécessaire, dans ce but, d'y ajouter l'élément calcaire qui lui fait complétement défaut.

On a déjà pu rendre fertile un petit coin de terre, qui forme le jardin du chef de l'établissement, à l'aide d'apports de tufs crayeux que l'on envoie de Nouméa par toutes les occasions, et l'on agrandit graduellement cet espace, en mélangeant au sol naturel les coquilles et coraux de la plage, recueillis et convertis en chaux.

Ce procédé demande malheureusement beaucoup de temps et de peine. On avait cru pouvoir obtenir, à moins de frais, un emplacement plus propice dans le marécage déjà signalé, dont le fond vaseux paraissait devoir donner, par le drainage, une forte couche de terre végétale. L'opération du drainage a réussi, mais le terrain ainsi obtenu ne contient pas encore les éléments constitutifs d'une bonne terre végétale ; de plus, il renfermait, en abondance, du sulfure de fer, dont l'oxydation, au contact de l'air, brûlait les racines des plantes, et il fallut attendre la fin de cette combustion pour amender à son tour ce terrain par des apports de calcaire.

On reconnut finalement qu'il y aurait plus d'avantages, pour assurer l'alimentation du personnel, à mettre en culture l'île Olliver ou île Casy, qui se trouve au milieu de l'entrée de la baie, et dont le sol, en divers endroits, est relativement assez fertile, sans doute par suite de la présence de roches magnésiennes décomposées, qui remplacent l'élément calcaire.

Une famille indigène de l'île Ouen cultivait autrefois une partie de cette île, mais elle l'avait abandonnée depuis longtemps déjà ; il n'y avait donc aucun inconvénient à envoyer sur ce point les deux jardiniers de la transportation, qui devaient être chargés de mettre en culture le terrain nécessaire pour approvisionner l'établissement de légumes frais. C'est ce qui fut fait au commencement de l'année 1870 ; on confia également à ces deux hommes la garde du troupeau de moutons. Il fut facile de parquer ces animaux dans la petite presqu'île qui renferme le tombeau du pilote Olliver, et ils y trouvèrent un fourrage à leur convenance.

Ce dernier essai a parfaitement réussi : il est possible, actuellement, d'avoir, à la baie du Sud, des légumes frais et de la viande sur pied ; une embarcation vient du chantier, deux fois par semaine, chercher les provisions, et apporte en échange les vivres aux jardiniers.

Les difficultés que l'on a rencontrées, pour assurer aux travailleurs attachés à l'établissement une nourriture hygiénique et des vivres frais, ont eu une influence fâcheuse sur l'état sanitaire. De nombreux cas de scorbut en ont été la suite, mais il est juste de dire qu'ils se sont produits surtout parmi les transportés des détachements récemment arrivés dans la colonie. Ces hommes avaient, sans doute, contracté pendant la traversée le germe de cette maladie, car, plus d'une fois, elle a sévi avec une égale violence sur le pénitencier-dépôt de l'île Nou, à la suite de l'arrivée des nouveaux contingents.

Sous tous les autres points de vue, l'état sanitaire a toujours été excellent. Malgré le séjour continuel des hommes au milieu des bois et leur habitation dans des cases mal disposées, établies près du bord de l'eau; malgré des travaux excessifs, en plein soleil, et même de fréquentes stations dans l'eau, jusqu'à mi-corps, lors de l'embarquement des bois, on n'a eu à signaler aucun de ces cas de fièvres qui auraient été si fréquents, dans toute autre colonie, dans des conditions analogues.

Il faut peut-être attribuer ce résultat inattendu à la salubrité des eaux qui, coulant sur un sol formé, en majeure partie, de minerai de fer, sont fortement chargées de principes ferrugineux.

Quoi qu'il en soit, les seules précautions hygiéniques que l'on ait été conduit à prendre à l'égard des travailleurs de l'établissement sont de faire figurer le vin dans leur ration journalière et de réduire la durée réglementaire des effets d'habillement que l'administration leur distribue. Cette dernière mesure est nécessaire pour tenir compte de l'usure rapide de ces effets, usure due en partie aux pénibles travaux qu'on exige de ces hommes, mais surtout à l'action destructive de la poussière ferrugineuse qui s'imprègne rapidement dans les tissus, et donne à tous les objets et même à la peau une coloration ocreuse caractéristique, qui frappe, à première vue, tous ceux qui visitent cette région.

* * *

CHAPITRE III.

Avenir de l'exploitation.

§ 1. Étendue des richesses forestières de la Nouvelle-Calédonie.

L'exploitation des bois, organisée à la baie du Sud, peut suffire largement pendant de longues années à tous les besoins de la colonie ; elle peut même, sans aucun danger, continuer, comme elle l'a fait jusqu'ici, à satisfaire aux demandes de Taïti, mais indépendamment des conditions pécuniaires qui ne pourraient certainement, vu la distance, être rémunératrices que pour quelques essences propres aux travaux d'ébénisterie, il serait peu prudent de songer à faire de l'exportation et de vouloir envoyer en France les produits forestiers de cette île, ainsi qu'il en a été question déjà.

Tout au moins, une telle entreprise ne devrait-elle pas être encouragée avant que des levers topographiques exacts eussent fait connaître l'étendue réelle et la richesse des cantonnements boisés de cette contrée.

On sait déjà, d'une façon générale, que le bassin de la baie du Sud n'est pas la seule partie de la Nouvelle-Calédonie qui possède de vastes forêts exploitables. Il existe des forêts plus abondantes encore dans la région du Nord, et si cette baie a eu le privilége de motiver la première une exploitation sérieuse, c'est, on l'a vu, que sa proximité de Nouméa, et les commodités que présentaient les dispositions locales ont fait pencher la balance en sa faveur ; mais il n'est pas douteux que, dans l'avenir, on n'arrive à exploiter également les autres forêts de la colonie.

Toutes celles qui sont situées sur la grande terre sont placées, du reste, dans des situations analogues, sur des terrains en pentes et solides ; on sera donc conduit à adopter, pour leur exploitation, le même système de voies de halage et de traîneaux, et ainsi l'établissement actuel pourra servir, pour toutes, de guide et de modèle.

Il existe aussi de grandes et riches forêts aux îles Loyalty, et en particulier à Lifou, mais celles-ci sont situées en terrain plan, et l'on pourra recourir, pour leur exploitation, à des procédés qui se rapprochent davantage de ceux que l'on emploie dans la majeure partie de la France.

Les forêts du Nord de la Nouvelle-Calédonie, et surtout celles des îles Loyalty, renferment un grand nombre d'essences qui diffèrent de celles qui ont été trouvées à la baie du Sud, et ces nouvelles essences, sauf un petit nombre d'exceptions, n'ont pu encore être soumises à des essais suivis ; on peut donc dire que les études déjà entreprises sur les propriétés des bois néo-calédoniens, ne sont qu'une portion minime de celles qu'il faudra poursuivre, pour arriver à la connaissance complète des essences existantes [1].

§ 2. **Durée probable de l'exploitation des cantonnements déjà explorés du bassin de la baie du Sud.**

Les cantonnements boisés du bassin de la baie du Sud qui ont été explorés, de la façon sommaire indiquée précédemment, paraissent pouvoir fournir des bois à la colonie pendant une quarantaine d'années environ ; mais ces prévisions ne s'appuient que sur des évaluations

---

[1] On trouvera, dans la 3e partie de ce travail, les quelques renseignements que l'on a pu recueillir sur les essences déjà signalées dans différentes régions de l'île et de ses dépendances, et en particulier à Lifou.

superficielles, et il ne pourra en être autrement tant que l'on n'aura pas effectué un lever topographique du bassin.

Pour arriver à ce chiffre, on a supposé que le bassin secondaire du camp actuel pourra suffire à une exploitation régulière de 5 ans, en supposant une coupe de 1,000 mètres cubes par an.

Les forêts du bassin du Carénage suffiraient de même à une exploitation régulière de 10 ans. Ces deux bassins ne donneraient des bois blancs qu'en petite quantité.

L'exploitation entreprise par la route dite des Kaoris, dans le bassin de la rivière de la Grande Cascade, en même temps qu'elle fournira des bois tendres, donnera aussi pendant longtemps des bois durs en abondance, mais elle exigera de longs travaux de terrassement pour arriver jusqu'aux forêts que nous avons appelées forêts de l'intérieur.

Du côte de l'anse du Nord, des forêts plus récemment découvertes et qui pourront suffire aussi à une exploitation d'une dizaine d'années, donneront en assez grande quantité des bois blancs et des bois durs, avec plus de facilité d'exploitation.

Ces forêts paraissent pouvoir se relier aisément, d'une part avec celles de la montagne des Lacs, et de l'autre avec celles qui ont été signalées du côté des *Ports Boisés*, et dont l'importance paraît, comme nous l'avons dit, avoir été notablement exagérée.

Dans toutes ces exploitations, on devra avoir soin de ménager les jeunes arbres susceptibles de donner une autre coupe dans l'avenir ; les cantonnements exploités les premiers se trouveront, grâce à cette précaution, plus rapidement en état de fournir une coupe nouvelle, et les travaux de terrassement et d'aménagement exécutés pour la première exploitation pourront sans doute être aisément remis en état et utilisés de nouveau pour la seconde.

Toutefois, la végétation, surtout lorsqu'il s'agit des bois durs, paraît trop lente dans ces régions pour qu'il soit permis d'espérer que les premiers cantonnements exploités se trouveront de nouveau en état d'être mis en coupe réglée lorsqu'on aura terminé la première exploitation des forêts voisines du bord de la mer. Il est probable, au contraire, qu'avant de pouvoir reprendre l'exploitation des premiers cantonnements, les travaux auront dû être poussés, au delà du plateau ferrugineux, jusqu'aux forêts de l'intérieur, et de préférence, sans doute, dans la direction que nous avons assignée à la route future de Yaté à Nouméa.

§ 3. Direction à donner aux travaux.

Il résulte des indications qui précèdent que le centre de l'exploitation devra être transporté prochainement vers le fond de la baie ; les deux principaux centres d'arrivée des routes de halage seront alors, d'une part, le confluent des rivières du port du Carénage, et de l'autre, l'embouchure de la troisième rivière dans le voisinage de la Grande-Cascade. On devra transférer, à proximité de ces points, les ateliers et les camps destinés au logement des ouvriers.

Ces endroits étant peu accessibles aux embarcations, les bois devront être transportés, à l'aide de radeaux, sur le chantier actuel, dont on conservera les magasins, commodément placés, et qui deviendra l'entrepôt du service. On pourrait également établir quelques magasins supplémentaires près de la petite aiguade du port du Carénage, marquée A sur la carte n° 2 ; ces magasins seraient assez commodément placés pour l'accostage, et se trouveraient à peu près à égale distance des deux points d'arrivée des routes ; mais leur situation conviendrait fort peu pour les navires à voiles, à cause de la difficulté de sortir du fond de la baie, sans l'aide de la vapeur, avec les vents qui règnent habituellement dans ces parages.

Nous avons indiqué déjà que si l'on veut obtenir des bois blanc, srapidement et encertaine abondance, sans attendre que les routes d'exploitation soient parvenues jusqu'aux forêts de l'intérieur, il sera sans doute nécessaire d'entreprendre, avant quelques années, l'exploitation des cantonnements boisés voisins de l'anse du Nord, et dont la situation est indiquée approximativement sur la carte n° 2. Les magasins de cette nouvelle exploitation seraient établis sur la pointe qui se trouve sur la rive gauche et près de l'embouchure de la rivière qui arrose le bassin formé par ces forêts.

Une scierie hydraulique pourrait être établie un peu plus haut, sur cette même rivière. Le camp des travailleurs serait placé dans le voisinage.

Les travaux d'exploitation se trouvant ainsi répartis sur trois points assez éloignés, il conviendrait d'établir le logement du chef de l'exploitation en un point central, de façon à lui permettre de se porter aisément sur l'un ou l'autre des chantiers. L'emplacement le plus propice pour cette destination paraît être le fond de la petite anse qui termine à gauche la rade du Nord, au point marqué E. Des sentiers faciles à tracer, relieraient ce point au nouveau chantier et à la plage du bassin intérieur, voisin du port du Carénage, lequel serait rapidement franchi en embarcation.

§ 4. Modification des moyens de transport.

Les moyens de halage des bois auront, sans doute, à subir dans l'avenir quelques modifications ; car, dans la traversée des plateaux ferrugineux, et même en suivant le plus possible les bords des torrents, on rencontrera certainement des passages où la pente du terrain sera trop faible pour rester favorable à l'emploi des traîneaux ; il y aura avantage à se servir, dans ces endroits, de triquebales ou de traîneaux à rouleaux, et peut-être de chevaux, à la condition d'avoir préalablement trouvé le moyen d'assurer la nourriture de ces animaux.

Nous avons dit, en effet, que les terrains de la baie du Sud ne produisaient, dans l'état actuel, aucune plante fourragère propre à la nourriture des animaux : il faudrait donc préalablement y créer des pâturages [1].

§ 5. — Place réservée à la colonisation.

La Nouvelle-Calédonie étant principalement une colonie pénitentiaire, il paraît naturel de ménager, dans l'organisation de l'établissement de la baie du Sud, une place à des transportés libérés qui pour-

---

[1] Il existe en Nouvelle-Calédonie une plante textile (*Pypturus velatinus?*) nommée par les indigènes de certaines tribus, à Bourail entre autres, Aoa, Ahoué ou Ahouin, et qui pourrait sans doute être utilisée pour l'alimentation des chevaux à la baie du Sud. Cette plante présente une grande analogie d'aspect avec du chanvre dont les tiges trop flexibles laisseraient la plante s'incliner sous son propre poids. Elle pousse en champs étendus, vient facilement dans les terrains arides et se rencontre déjà naturellement sur plusieurs points de la baie du Sud. A Bourail, elle est utilisée pour la nourriture des chevaux, qui la recherchent avec avidité. Elle pourrait donc fournir le fourrage qui manque dans le voisinage de l'exploitation de la baie du Sud ; le complément de l'alimentation des chevaux serait obtenu, comme dans le reste de la colonie, à l'aide de maïs que l'on importerait de Nouméa ou d'Australie. Toutefois, cette plante ne vient pas dans les terrains purement ferrugineux, elle ne pourrait donc être cultivée à la baie du Sud que sur le bord même de la mer et dans les parties à filons magnésiens.

raient être appelés à travailler pour leur compte aux différentes parties de l'exploitation, sous la surveillance et le contrôle du chef de l'établissement.

Des emplacements spéciaux pourraient certainement être affectés à l'édification de villages destinés à ces travailleurs libres, mais le grand obstacle à cette création, serait l'absence de terres cultivables.

Il est plus probable que la baie du Sud verra avant peu l'installation de chantiers de construction de bateaux ou de charpentes. Il est certain que de tels ateliers de mise en œuvre, qui exigent relativement beaucoup moins de bras que des chantiers de production ou d'exploitation, seraient bien placés en cet endroit. Jouissant de la faculté de tirer, par cession, de l'établissement même, les bois qui leur seraient nécessaires, il leur serait possible de construire à peu de frais, et de livrer à bon compte, à Nouméa ou dans le reste de l'île, des objets confectionnés, et surtout des cases démontables, qui, pendant longtemps encore, seront les habitations les plus commodes pour les colons appelés à se fixer successivement sur les portions encore inexplorées du territoire.

Dans la situation actuelle de la colonie, les entrepreneurs qui s'établiraient dans de semblables conditions trouveraient certainement un rapide débouché pour leurs produits, et il serait de l'intérêt de l'administration de leur donner toutes facilités d'installation. On pourrait, à cet effet, leur concéder des terrains sur les plages situées à l'Ouest de la baie du chantier actuel. Ils seraient placés ainsi à proximité de l'établissement qui leur fournirait les bois, et de façon cependant à ne pouvoir apporter obstacle au développement ultérieur de l'exploitation, qui n'est appelée à s'étendre que du côté de l'Est ou du côté du Nord [1].

---

[1] Depuis que ces lignes ont été écrites, des événements impossibles à prévoir sont venus donner plus de poids à ces observations. Si une industrie de ce genre s'était établie à la baie du Sud, ainsi que je l'avais conseillé dès 1869, on eût trouvé plus aisément les cases nécessaires au logement des déportés qui ont été envoyés en Nouvelle-Calédonie à la suite des événements de la Commune.

Il est possible aussi que l'une des conséquences de l'arrivée de ces nouveaux colons soit l'établissement d'une petite colonie de déportés dans les parages de la baie du Sud ; si quelques-uns d'entre eux, malgré les difficultés de l'alimentation, voulaient tenter, pour leur compte, une exploitation forestière, et si l'administration croyait devoir favoriser cette tentative, je pense qu'on devrait les laisser s'installer, de préférence, dans la rade du Nord, pour les tenir éloignés des chantiers de la transportation, à laquelle on réserverait alors les établissements du fond de la baie.

DEUXIÈME PARTIE.

Etude des propriétés physiques et mécaniques des bois de la Nouvelle-Calédonie.

INTRODUCTION.

Considérés au point de vue abstrait de leur application industrielle, les bois sont des substances solides et fibreuses, douées comme tous les corps solides de propriétés physiques et de propriétés mécaniques déterminées, dont la mesure peut servir à les différencier entre elles, à les classer, et même jusqu'à un certain point, à les définir.

Mais, par suite de leur origine végétale, ces substances présentei une texture hétérogène qui entraîne de grandes variations dans la vi leur d'une même propriété physique ou mécanique mesurée pour le différents échantillons d'une même essence.

On ne doit donc pas s'attendre à trouver, dans la détermination des propriétés physiques ou mécaniques des bois, des nombres précis et constants, comme on peut en obtenir pour les corps solides du règne minéral. Mais on peut, du moins, arriver à fixer des limites entre lesquelles oscilleront les nombres qui, pour chaque essence, représenteront les mesures d'une propriété donnée.

C'est ainsi, par exemple, que l'on a trouvé que la densité du hêtre varie de 0,618 à 0,811, sa cohésion de 6,5 à 8,5, et son coefficient d'élasticité de 950 à 1483. (*Mémoire sur les propriétés mécaniques des bois*, par Chevandier et Wertheim.)

Ce seul exemple suffit pour montrer à quelles variations sont exposées, dans une même essence, les propriétés physiques et mécaniques, et met en évidence les difficultés que l'on doit rencontrer pour fonder sur l'étude de ces propriétés, une classification des bois.

Cependant il est un fait constant, c'est qu'à l'aspect, au poids spécifique, à la façon dont il se met en œuvre, à la résistance qu'il présente aux outils, en un mot, d'après un certain ensemble de propriétés caractéristiques, un ouvrier reconnaît un bois qu'il a l'habitude de travailler, sans avoir pour cela besoin de voir l'arbre sur pied et de constater ses propriétés botaniques.

Il arrive même fréquemment qu'un ouvrier qui travaille un bois exotique qui lui était jusque-là inconnu, et dont il ignore la provenance, l'assimile sans hésiter à un bois indigène qui lui est familier, et lui en donnerait même le nom s'il n'en différait le plus souvent par la couleur.

Ces deux essences présentent évidemment, sous tous les autres rapports, un ensemble d'analogies qui explique la confusion, ou tout au moins justifie le rapprochement que fait l'ouvrier. Classées d'après la réunion de leurs propriétés similaires, elles devraient certainement occuper des places voisines et pourraient sans doute se remplacer dans la plupart de leurs applications industrielles, bien que leurs caractères botaniques puissent être fort différents.

Il existe donc un ensemble de propriétés dont la réunion doit suffire pour caractériser une essence et permettre de la classer, au point de vue industriel, au milieu de ses similaires.

Si l'on pouvait établir exactement quelle est la série de ces propriétés, déterminer la façon de les mesurer et de les grouper, fixer enfin le rapport qui existe entre chacune d'elles et les différents genres d'applications industrielles dont les bois sont susceptibles, on aurait du même coup non-seulement un guide certain pour l'utilisation rationnelle des essences déjà connues, mais encore un moyen sûr de déterminer le meilleur emploi à assigner aux espèces nouvelles que l'on peut trouver dans des régions inexplorées, et dont il n'a encore été fait aucun essai industriel.

Jusqu'ici il ne paraît avoir été fait sur les bois aucune recherche à ce point de vue général. Je ne connais, du moins, aucun ouvrage dans lequel on se soit préoccupé de déterminer, d'une façon précise et méthodique, la nomenclature des mesures à prendre pour arriver à la connaissance des propriétés caractéristiques dont l'étude est nécessaire pour la détermination complète de la nature d'un bois d'essence donnée, ou dans lequel on ait réuni, pour les différents bois usuels, les groupes de chiffres qui peuvent constituer, pour ainsi dire, les définitions mathématiques des essences, de façon à les classer méthodiquement sous le rapport de leurs diverses propriétés.

Les recherches faites jusqu'ici par divers auteurs, sur quelques-unes des propriétés physiques ou mécaniques des bois, se rattachent plutôt à l'étude générale de ces propriétés dans les corps solides, qu'à l'étude spéciale des bois eux-mêmes.

C'est ainsi que les densités des bois ont été déterminées surtout dans les travaux d'ensemble pour la recherche des densités de tous les corps connus, et que l'élasticité et la cohésion ont été étudiées à propos de recherches générales sur les lois de l'élasticité ou sur la résistance des matériaux. Mais les résultats n'ont pas été groupés, en ce qui concerne spécialement les bois, de façon à faire ressortir les analogies ou les différences que présentent les diverses espèces.

On conçoit de quelle utilité un semblable travail, réunissant les essences connues et employées par l'industrie dans les différentes contrées, serait dans les pays nouvellement habités où tout encore est à créer, et quels renseignements précieux j'aurais pu y trouver, en particulier, en Nouvelle-Calédonie, pour l'étude des essences que les explorations faisaient successivement découvrir dans les forêts de l'île.

En l'absence d'un pareil ouvrage, je m'étais proposé de relever dans les livres que je pourrais avoir à ma disposition, les renseignements qu'il me serait donné de recueillir sur les bois usuels, en les coordonnant, autant que possible, pour arriver à grouper, pour chaque essence, les principaux éléments qui peuvent, en quelque sorte, servir à en déterminer la constitution.

Je supposais qu'il me serait facile ensuite, en effectuant, sur les bois indigènes, les mesures nécessaires pour déterminer les propriétés correspondantes, de pouvoir reconnaître rapidement les analogies existant entre ces bois et ceux de France. J'aurais pu dès lors fixer immédiatement l'emploi convenable à leur donner.

Malheureusement, la Nouvelle-Calédonie, dépourvue à peu près de toutes ressources, ne possédait pas les livres qui m'étaient indispensables pour ces recherches, et par suite des lenteurs administratives il me fallut près de trois années pour les recevoir de la métropole.

Dans l'intervalle, je m'étais décidé à déterminer moi-même, à l'aide de quelques échantillons de bois usuels de France, réduits malheureusement à cinq essences, qui seules figuraient dans les approvisionnements de la colonie, les principales mesures qui m'étaient nécessaires, et j'avais pu obtenir ainsi quelques points de repère pour les comparaisons que je désirais établir entre ces essences et celles de la Nouvelle-Calédonie.

Mais par suite de ces contre-temps, les études auxquelles j'ai pu me livrer sont restées bien insuffisantes; le service qui m'a été confié depuis mon retour en France ne m'a pas permis de compléter certaines mesures en vue desquelles j'avais rapporté des fragments de tous les échantillons soumis à Nouméa à des essais mécaniques, et les résultats acquis sont restés bien incomplets.

Je ne me hasarderais pas à les exposer, si je n'espérais, en le faisant, contribuer à attirer l'attention sur ce genre de recherches que je crois trop négligé, et qui peut conduire à des résultats pratiques et intéressants, et si je ne croyais rendre service à ceux qui seraient tentés d'entreprendre des études de ce genre, en leur présentant un résumé des définitions, des données théoriques et des méthodes d'expérimentation auxquelles il peut leur être utile de recourir.

Quelque incomplet que soit ce résumé, il a nécessité de ma part beaucoup de recherches, et m'a conduit à consulter un grand nombre d'ouvrages. Aussi, bien qu'il ne m'ait pas toujours été possible de me procurer tous ceux que j'aurais voulu mettre à contribution, je pense qu'il pourra éviter aux personnes qui viendraient à s'occuper du même sujet, une perte de temps notable et des recherches assez longues, et qu'il pourra à ce point de vue être de quelque utilité.

J'ai eu soin d'ailleurs de citer, chaque fois que l'occasion s'en est présentée, la liste des ouvrages qui, à différentes époques, ont traité des questions se rattachant à ce genre d'études.

CHAPITRE PREMIER.

NOTIONS THÉORIQUES SUR LES PROPRIÉTÉS PHYSIQUES ET MÉCANIQUES DES BOIS. PROCÉDÉS DE MESURE DE CES PROPRIÉTÉS.

Division adoptée. — Les caractères physiques et mécaniques qui peuvent servir à déterminer l'aptitude spéciale de chaque essence aux divers emplois dont elle est susceptible, m'ont paru devoir être classés comme suit :

1° Caractères physiques :

Couleur propre et aspect particulier du bois travaillé ;

Densité ou poids spécifique ;

2° Caractères mécaniques :

Dureté dans les différents sens, pouvant servir à mesurer l'aptitude des bois à recevoir les divers genres de travaux ;

Élasticité sous les efforts de compression, d'extension, de flexion, de torsion et de glissement.

Cohésion ou résistance à la rupture sous les mêmes efforts.

Nous allons examiner successivement ces différents caractères, en indiquant, s'il y a lieu, les procédés de mesure qui peuvent être employés pour les déterminer, et les principes théoriques sur lesquels reposent ces procédés.

I. — Propriétés physiques.

1° COULEUR.

Classification des couleurs. — La couleur du bois et son aspect particulier, lorsqu'il est travaillé, ne constituent pas des caractères qui soient susceptibles d'une définition rigoureuse et d'une détermination précise ; ils n'ont d'ailleurs d'importance réelle qu'au point de vue de l'emploi des essences à des travaux de luxe ou de fantaisie, et ne peuvent être mis sur le même rang que les autres caractères spécifiques des bois, puisqu'ils peuvent être dissimulés ou altérés, à l'aide de peintures ou de procédés chimiques, sans que les propriétés usuelles des échantillons ainsi traités en soient sensiblement modifiées.

Comme ils sont cependant susceptibles d'acquérir une importance relative dans quelques cas spéciaux, il peut être utile de les soumettre aussi à l'étude. On pourrait, dans ce but, établir des termes de comparaison en créant, pour ainsi dire, une *gamme de couleurs* des bois, à l'aide d'une série convenablement choisie d'échantillons d'espèces connues, disposés dans un ordre chromatique, de façon à permettre d'assigner à chaque essence un numéro de classement approximatif, entre tel ou tel degré de l'échelle de cette gamme.

Il conviendrait peut-être aussi d'avoir une gamme de couleurs spéciale pour les bois non vernis et une autre pour les bois vernis, attendu que l'opération du vernissage altère souvent, d'une quantité notable et d'une façon fort variable, pour les différentes essences, la teinte propre de chaque bois. Toutefois, comme cette altération varie aussi considérablement avec la nature du vernis, et même avec la manière de l'employer, il serait peut-être plus nuisible qu'utile de chercher à opérer le classement, par teintes, des bois vernis.

Un tel genre de classification ne peut d'ailleurs donner de renseignements satisfaisants que pour des bois de teinte uniforme, et laissera toujours subsister de grandes difficultés pour définir complétement l'aspect des bois veinés ou tachetés de plusieurs couleurs. Pour ces bois on arrivera bien à définir, par comparaison, la teinte propre des couleurs composantes, mais sans pouvoir faire connaître sans doute, d'une façon satisfaisante, la disposition des dessins qu'elles forment, à moins que, par hasard, ces dessins ne présentent de l'analogie avec ceux qui caractérisent quelque espèce bien connue.

Aucun travail de classement de ce genre n'a été fait que je sache pour les bois connus et employés dans l'industrie. On ne pourrait d'ailleurs entreprendre un essai de cette nature qu'à la condition de pouvoir choisir les types destinés à composer la gamme au milieu d'un grand nombre d'échantillons de bois usuels travaillés.

Je n'avais pas, à ma disposition, en Nouvelle-Calédonie, des ressources suffisantes pour entreprendre ce travail et j'ai dû me contenter de désigner les teintes par les dénominations habituelles des couleurs qui s'en rapprochent le plus et de citer, de mémoire, comme terme de comparaison, les essences connues dont l'aspect présente avec elles quelque analogie.

2° DENSITÉ OU POIDS SPÉCIFIQUE[1].

Variations de la densité. — La densité est l'élément le mieux défini et aussi le mieux connu pour les bois usuels. Il s'agit là, en effet, d'une propriété susceptible d'une détermination rigoureuse et sur la définition de laquelle tout le monde est d'accord.

Les recherches sur les densités des bois en usage dans l'industrie ont d'ailleurs été multipliées et l'on trouve, dans tous les traités de physique ou dans tous les ouvrages relatifs aux constructions, les valeurs déterminées par les différents observateurs.

Les variations de densité dans une même essence sont relativement considérables ; le poids spécifique varie avec la situation de l'échantillon étudié dans l'arbre et avec les conditions extérieures, sol, exposition, etc., dans lesquelles l'arbre a végété.

---

[1] La densité est la masse de l'unité de volume, et le poids spécifique le poids de l'unité de volume ; ce dernier varie avec l'intensité de la pesanteur, mais l'unité de poids variant dans le même rapport, le nombre qui mesure le poids spécifique reste constant et égal au nombre qui mesure la densité ; on peut donc dans la pratique employer indifféremment ces deux expressions.

Il dépend aussi de l'état de siccité de l'arbre et se modifie à la suite de l'immersion dans l'eau douce ou dans l'eau de mer, et d'une façon légèrement différente dans ces deux cas ; il est même ·sensible aux variations hygrométriques de l'atmosphère.

Causes de variation de la densité.—Duhamel du Monceau a le premier étudié l'influence de.la siccité et de l'immersion sur le poids spécifique des bois. Ses expériences très-nombreuses, détaillées dans son *Traité de la conservation et de la force des bois*, livre 1er, chap. V, l'ont conduit aux conclusions suivantes, que nous reproduisons à peu près textuellement :

1° Il faut beaucoup de temps pour que les bois immergés n'absorbent plus d'eau.

2° L'eau douce pénètre plus promptement dans les bois que l'eau de mer.

3° Un morceau de bois saturé d'eau de mer se charge encore d'eau douce quand on le plonge dans ce fluide.

4° Cette eau d'absorption se dégage assez promptement par l'exposition à l'air, et entraîne avec elle les parties les plus solubles de la séve.

5° Les bois imbibés d'eau de mer ne se dessèchent jamais parfaitement et absorbent l'humidité de l'air.

6° Les bois parfaitement secs sont très-hygrométriques, ils augmentent ou diminuent de poids suivant que l'air est sec ou humide.

7° Les bois complétement imbibés d'eau sont aussi hygrométriques, et leur poids varie suivant l'état de l'atmosphère, alors même qu'on les tient sous l'eau.

8° Les bois qui ont été flottés perdent plus de leur poids en se desséchant que ceux qui ne l'ont point été, et ils en perdent plus quand ils ont été plongés dans une eau courante que lorsqu'ils ont été mis dans une eau dormante, ou lorsqu'ils ont été tantôt immergés et tantôt exposés à l'air.

Relation de la densité avec l'humidité. — MM. Chevandier et Wertheim, dans leur *Mémoire sur les propriétés mécaniques des bois,* — Paris. — 1848, — rendent compte aussi de nombreuses recherches sur la densité.

Ils ont étudié spécialement les relations qui peuvent exister entre les variations de l'humidité du bois et celles de sa densité et de son coefficient d'élasticité.

Ils prenaient d'ailleurs, pour mesure de l'humidité des bois, le rapport du poids de l'eau contenue dans le bois au poids de ce bois divisé par 100, c'est-à-dire que l'humidité était exprimée en centièmes du poids du bois. Ils déterminaient le poids de l'eau contenue, en desséchant les bois dans une étuve et notant les pertes de poids successives jusqu'au moment où le poids devenait stationnaire.

Pour déterminer les variations du coefficient d'élasticité, dont nous rappelons plus loin la définition, ils se servaient de la relation qui lie la vitesse du son v au coefficient d'élasticité E, et mesuraient, pour chaque humidité observée, la vitesse du son dans le barreau étudié.

Ils obtenaient cette vitesse en faisant vibrer une longueur déterminée du barreau fixé dans un étau et comptant le nombre de vibrations longitudinales exécutées par seconde; ces vibrations étaient d'ailleurs, à cet effet, enregistrées sur un plateau recouvert de noir de fumée et animé d'un mouvement de rotation dont la vitesse se déduisait à chaque instant de l'examen de la courbe tracée également sur le noir de fumée par un diapason vibrant, d'après la méthode imaginée par le physicien Duhamel.

En appelant :

l la longueur de la tige vibrante,

a son épaisseur ou son diamètre,

d sa densité,

v la vitesse du son dans cette tige,

n le nombre de vibrations longitudinales,

et E le coefficient d'élasticité, on a la relation :

$$n = \frac{v}{l} \text{ et } v = \sqrt{\frac{gE}{d}}.$$

Si l'on connaît non pas le nombre n de vibrations longitudinales, mais le nombre n' de vibrations transversales, qui est plus facile à mesurer, on peut d'ailleurs calculer n à l'aide des relations suivantes données par Poisson:

$$n' = n + 2{,}05610 \frac{a}{l},$$

pour les tiges prismatiques, et

$$n' = n + 1{,}78063 \frac{a}{l},$$

pour les tiges cylindriques.

MM. Chevandier et Wertheim désignent par c le coefficient de variation de la densité pour une perte d'humidité de 1 pour 100, coefficient qu'ils calculent par la formule :

$$c = \frac{d - d'}{d\,(h - h')},$$

en appelant d et d' les densités aux humidités h et h'.

Ils appellent c' le coefficient de variation de la vitesse du son pour une même perte d'humidité et calculent ce coefficient par la formule :

$$c' = \frac{v' - v}{v\,(h - h')},$$

v et v' représentant les vitesses du son qui correspondent aux mêmes valeurs de l'humidité.

Ces coefficients sont liés aux variations du coefficient d'élasticité par la relation :

$$E' = E\,(1 - cH)\,(1 + c'H)^2,$$

en appelant H la variation de l'humidité du bois.

Le tableau suivant fait connaître les valeurs des coefficients c et c' trouvés par MM. Chevandier et Wertheim pour les principaux bois usuels ; on y a ajouté la valeur de la contraction linéaire transversale pour une perte de 1 p. 0/0 d'humidité.

BOIS.	VALEUR de c.	VALEUR de c'.	CONTRACTION linéaire pour $H = 1$.
Chêne	0,00420	0,00805	0,00461
Hêtre	0,00486	0,01068	0,00442
Frêne	0,00501	0,00489	0,00121
Orme	0,00386	0,01006	0,00294
Peuplier	0,00450	0,00592	0,00583
Acacia	0,00555	0,00576	0,00300
Sapin	0,01034	0,00797	0,00467
Pin	0,01056	0,01369	0,01093·

On voit, d'après ce tableau, que pour la plupart des bois, le sapin faisant seul exception, on a $c < c'$ ou au plus $c = c'$ (comme pour le frêne) ; dans ce cas, le coefficient d'élasticité augmente avec la dessiccation.

Mais si l'on a $c > c'$, comme pour le sapin, la marche du coefficient d'élasticité doit dépendre du rapport entre c et c'.

D'après les nombres trouvés pour le sapin il y aurait même un maximum pour H = 23,21 ; cette conséquence a besoin de vérification.

Si l'on avait $c = 2\,c'$ (ce qui ne s'est jamais présenté), l'élasticité diminuerait toujours avec la dessiccation.

Mais lorsque la dessiccation est poussée jusqu'à ne laisser que 10 p. 0/0 d'humidité, les bois deviennent peu flexibles et cassants; de là viendrait l'opinion de la plus grande force du bois vert.

Mode de mesure de la densité. — Nous n'avons cité ces résultats que pour faire voir les difficultés que présente l'étude des propriétés mécaniques des bois lorsque l'on veut faire intervenir les variations introduites par la dessiccation.

En ce qui concerne en particulier la densité, les chiffres indiqués font voir la grandeur des variations que peut produire la dessiccation.

Déjà Duhamel du Monceau avait signalé que le bois vert peut perdre par la dessiccation $\frac{1}{5}$ de son poids, et que l'immersion à l'eau de mer peut augmenter ce poids dans la même proportion. L'eau douce l'augmente même du tiers, et pour le sapin la variation est plus considérable encore et peut arriver à doubler le poids de la pièce immergée aussi bien pour l'eau de mer que pour l'eau douce.

On conçoit donc, qu'à moins de faire des recherches scientifiques d'un caractère aussi délicat que celles de MM. Chevandier et Wertheim, qui se proposaient surtout de rechercher les variations des propriétés mécaniques dans une même essence, suivant la position des barreaux étudiés dans l'arbre, suivant l'âge et la provenance des bois, etc., il est inutile de chercher à déterminer ces propriétés avec une précision trop grande et que, pour la densité spécialement, il n'y a pas lieu d'employer des procédés de mesure susceptibles de donner un grand nombre de chiffres décimaux exacts.

Ce que demandent surtout les études des bois faites au point de vue industriel, ce sont des densités moyennes et par suite des mesures faites sur des échantillons assez volumineux.

On devra donc employer pour déterminer la densité des bois, soit la méthode de la balance hydrostatique, soit la simple pesée d'échantillons cubiques dont les dimensions auront été mesurées avec soin.

Duhamel du Monceau a employé le premier procédé. Ses échantillons étaient suspendus à l'une des extrémités du fléau d'une balance, à un seul plateau ; on attachait à leur partie inférieure un poids additionnel connu, susceptible de les empêcher de flotter sur l'eau, et après avoir mesuré leur poids dans l'air, on les plongeait dans l'eau avec le poids additionnel dont on avait préalablement déterminé la perte de poids par une mesure directe. Le rapport du poids de l'échantillon à sa perte de poids dans l'eau donnait la densité.

En Nouvelle-Calédonie, n'ayant pas à ma disposition une balance qu'il fût commode de transformer en balance hydrostatique, j'ai fait préparer des échantillons cubiques de 4 centimètres environ de côté, dont les trois dimensions ont été mesurées exactement avec un demi-mètre à coulisse et qui ont ensuite été pesés avec une balance donnant les centigrammes.

Il ne m'a pas été possible de déterminer d'une façon précise l'état de siccité du bois au moment des pesées et j'ai dû me contenter de noter, d'après l'époque connue de l'abatage ou d'après l'apparence des échantillons, s'il était vert ou sec à ce moment.

II. — Propriétés mécaniques.

1° DURETÉ.

Rôle de la dureté. — La dureté des bois peut jusqu'à un certain point servir à mesurer leur aptitude à recevoir le travail des différents outils ; mais c'est dans cet ordre d'idées que l'étude des bois présente certainement, dans l'état actuel de la science, le plus d'incertitude et de difficulté.

Bien que l'on entende dire, à chaque instant, qu'un bois est plus ou moins dur, ou plus ou moins difficile à travailler, on ne peut en réalité, assigner aucun sens précis à ces expressions, attendu que leur signification varie suivant le genre de travail auquel elles s'appliquent et il est indispensable, pour ce motif, de préciser l'espèce de l'outil employé ou la nature de l'opération à laquelle on suppose le bois soumis.

On conçoit, en effet, qu'un bois puisse être difficile à clouer ou à percer à la vrille quoiqu'il soit facile à raboter, et qu'un bois facile à clouer puisse, par exemple, être difficile à tourner.

Je ne connais d'autre travail spécial sur la résistance des bois à l'action des différents outils que les recherches faites par M. Coquilhat, capitaine d'artillerie belge, et qui ont été publiées en 1850 dans le

Journal des armes spéciales sous le titre: *Expériences sur la résistance utile produite dans le forage et le sciage des bois, faites à Tournay, en 1848 et 1849.* Mais dans ces recherches, entreprises comme complément d'expériences analogues sur la résistance utile produite par le forage des métaux et des pierres, M. Coquilhat ne s'est pas préoccupé de rechercher à quelles propriétés élémentaires du bois devaient être rapportés les chiffres qu'il a trouvés, ni de donner une définition de ces propriétés qui se rapportent évidemment à ce que l'on désigne habituellement sous le nom de dureté.

Différents genres de dureté. — M. Hugueny, professeur au lycée de Strasbourg, a consacré un volume à l'étude de la dureté des corps [1], mais il s'occupe spécialement de celle des métaux et n'a pas donné une définition et des procédés de mesure qui puissent s'appliquer sans modification à l'étude des bois. Il a été toutefois conduit à distinguer la dureté *normale*, qui produit la résistance qu'un corps oppose à l'enfoncement normal d'une pointe, de la dureté *tangentielle* qui produit la résistance qu'oppose ce corps au déplacement latéral de la pointe enfoncée d'une quantité déterminée.

Il mesure la dureté normale par l'effort nécessaire pour enfoncer d'une quantité déterminée et très-petite une pointe de forme donnée, et la dureté tangentielle par l'effort nécessaire pour déplacer cette pointe en la maintenant enfoncée à la même profondeur.

Il a construit des appareils très-précis, fondés sur l'emploi de vis micrométriques, pour mesurer ces différents efforts et a pu ainsi vérifier que la dureté varie, dans les substances cristallisées, suivant l'orientation des axes des cristaux par rapport à la direction de la pointe et à celle de son mouvement.

Il a été amené, enfin, à distinguer deux genres de dureté, selon que l'enfoncement de la pointe produit, dans la surface essayée, une dépression sans déchirures ou une raie à bords séparés, c'est-à-dire selon que l'on dépasse la limite d'élasticité sans atteindre la limite de résistance à la rupture, ou que l'on atteint cette dernière limite.

Il est évident que le premier genre de dureté doit être en relation avec la limite d'élasticité du corps étudié, et que le second doit être en relation avec sa résistance à la rupture.

---

[1] Recherches expérimentales sur la dureté des corps et spécialement sur celle des métaux.

Dans l'étude des bois, ce qu'il importe surtout de déterminer, c'est la résistance qu'ils opposent aux différents genres de transformations que l'on doit leur faire subir, transformations qui toutes s'exécutent à l'aide d'outils produisant des ruptures ou des séparations de fibres, c'est-à-dire que c'est le second genre de dureté, celle qui doit se trouver en relation avec la résistance du bois à la rupture que l'on doit considérer.

Le premier genre de dureté ne joue, en effet, un rôle important que dans des emplois généralement restreints, par exemple l'emploi du bois pour l'impression, dans lequel la dureté de la planche gravée contribue à augmenter le nombre des tirages, ou pour la confection d'aires ou de planchers sur lesquels doivent se mouvoir des corps pesants, meules, roues, traîneaux etc., auquel cas, la dureté facilite la manœuvre de ces corps.

Influence de la direction des fibres sur la dureté. — Mais, en se bornant même à l'étude du second genre de dureté, il est facile de se rendre compte qu'il ne suffit pas, comme le fait M. Hugueny, de distinguer une dureté normale et une dureté tangentielle, et qu'il faut évidemment aussi faire intervenir la direction des fibres du bois.

Si l'on suppose, en effet, un outil tel qu'une lame de rabot, agissant sur la face plane d'un morceau de bois, il est certain qu'il éprouvera une résistance différente si cette face plane est normale aux fibres du bois supposées sensiblement parallèles, ou si, au contraire, cette face plane est dans le plan des fibres. Dans ce dernier cas enfin, la résistance sera probablement différente si l'outil travaille dans le sens de la longueur des fibres, ou si, au contraire, il travaille perpendiculairement à ces fibres, dans le sens de la largeur du plateau.

De ces trois résistances, la première dépend évidemment de la résistance élémentaire des fibres du bois à la rupture transversale ou plutôt au *cisaillement transversal* ; la deuxième dépend en majeure partie de la résistance à la séparation des fibres dans le sens longitudinal ou à la *fente longitudinale* ; la troisième enfin dépend principalement de la résistance à la séparation des fibres dans le sens transversal ou à la *fente transversale*.

Si au lieu d'agir sur un plan parallèle aux fibres, ou sur un plan normal, la lame de rabot agissait dans un plan oblique, la résistance opposée par le bois serait évidemment une composante de deux de ces résistances élémentaires ou même de toutes les trois, et l'on conçoit que, par une étude approfondie, on puisse arriver à déterminer la résistance qu'éprouvera cet outil, connaissant les trois résistances élémentaires indiquées ci-dessus, et la direction donnée à l'outil dans le travail.

On peut faire des observations analogues sur l'emploi des différents outils qui servent à travailler les bois, et l'on est amené ainsi à reconnaître que la résistance totale qu'ils éprouvent doit être une fonction de ces trois résistances élémentaires, fonction qui doit varier avec la forme de l'outil et avec la direction du travail.

Ces considérations suffisent pour montrer les difficultés que rencontre l'étude générale de la résistance des bois.

Elles font pressentir qu'au point de vue purement scientifique, il devrait être suffisant de déterminer, pour chaque essence, les trois résistances élémentaires que nous avons appelées résistance au cisaillement, résistance à la fente longitudinale et résistance à la fente transversale. Mais pour obtenir ces données, il faudrait encore déterminer, par l'expérience, la manière dont ces trois genres de résistance se lient à la forme de l'outil et à son genre d'action, et la façon dont elles se composent entre elles, suivant la direction du travail par rapport aux fibres.

Mesure de la dureté. Procédé de Muschenbroeck. — Un moyen simple de déterminer ces résistances élémentaires paraît être d'ailleurs d'essayer de fendre ou de couper des morceaux de bois de largeur et d'épaisseur déterminées, en employant des coins ou couteaux effilés d'angle donné et de largeur au moins égale à la largeur du morceau. La résistance pourrait se mesurer par le nombre de coups nécessaires pour produire la séparation du morceau, à l'aide de la chute d'un poids donné tombant sur le coin, d'une hauteur constante.

C'est précisément le procédé qu'a employé le physicien Muschenbroeck, en 1729, et qui se trouve décrit dans son ouvrage [2] et dans le livre précédemment cité de M. Hugueny [1].

Il se servait de l'appareil représenté sur la planche VI. Cet appareil se composait d'une boule d'ivoire A suspendue par un fil à un support B et formant ainsi un pendule que l'on écartait de la verticale d'une quantité constante en amenant le fil en contact avec une règle C.

---

[1] On verra plus loin, à propos du glissement, un autre moyen de déterminer ces trois résistances élémentaires.

[2] Physicæ experimentales et geometricæ dissertationes. — Introductio ad cohærentiam corporum firmorum. — Cap. X. — Tentamen de corporum duritie, 1729-1756.

Le manche du coin ou outil tranchant D était placé dans la verticale du point de suspension et le morceau de bois E soumis aux épreuves était appliqué contre un bloc de plomb F pesant 100 livres et formant une masse immobile dépourvue d'élasticité.

Les morceaux de bois soumis aux épreuves étaient des parallélipipèdes droits à base carrée dont le côté avait 4 millimètres environ (0,15 de pouce).

Muschenbroeck ne les a malheureusement soumis qu'à des essais de rupture transversale ; il n'a donc essayé de déterminer que ce que nous avons appelé la résistance au cisaillement transversal, à laquelle il a donné le nom de dureté. Il a d'ailleurs appliqué le même genre de mesure à un certain nombre de métaux.

Il a pris pour mesure de cette dureté, non pas le nombre de coups nécessaires pour produire la scission complète du morceau, mais ce nombre de coups divisé par le poids spécifique de la matière, en se basant sur cette remarque, que plusieurs corps de poids spécifique différent étant donnés, comme ils ne renferment pas la même quantité de matière sous le même volume et que les parallélipipèdes soumis aux essais ont la même dimension, ce n'est pas une même quantité de matière que le couteau divise ; elle est plus grande pour les corps plus denses, moindre pour les autres, et, par suite, le nombre de coups portés sur le coin ne peut représenter la dureté qu'à la condition de le diviser par le poids spécifique de la matière qui l'a fourni.

Cette remarque judicieuse, qui donne ainsi la *dureté rapportée à l'unité de masse*, est très-importante et trouvera également son application à propos de la détermination des autres propriétés mécaniques des bois.

Résultats trouvés. — Je reproduis ici, à titre de renseignements, les principaux résultats obtenus par Muschenbroeck. Les décimales indiquées dans la colonne : Nombre de coups, proviennent de ce que la boule était élevée à une hauteur plus faible que la hauteur normale lorsque l'opérateur s'apercevait qu'après un nombre entier de coups, il n'était plus nécessaire d'en employer un semblable aux précédents pour terminer la scission.

J'ignore quel était le poids de la boule, la hauteur à laquelle elle était élevée et l'angle du tranchant du couteau, angle qui d'ailleurs a dû varier légèrement pendant le cours des expériences, l'outil s'étant trouvé par deux fois émoussé et ayant dû être aiguisé.

J'ai indiqué comme comparaison les duretés obtenues aussi pour quelques métaux usuels.

NOMS DES BOIS et des métaux.	NOMBRE de coups.	POIDS spécifique.	DURETÉ.
BOIS.			
Sapin....................................	10,625	0,550	12,145 [1]
Buis.....................................	42,000	1,031	40,737
Cerisier.................................	9,876	0,623	15,852
Ebène....................................	15,612	1,177	13,264
Hêtre....................................	13,596	0,854	15,960
Frêne....................................	18,750	0,840	22,321
Gayac....................................	64,843	1,333	48,644
Noyer....................................	20,000	0,631	31,695
Cèdre....................................	17,000	0,765	23,533
Tilleul..................................	7,065	0,639	11,057
Orme.....................................	17,293	0,600	28,821
MÉTAUX.			
Plomb....................................	27	11,825	2,304
Etain....................................	35	7,471	4,550
Cuivre rouge.............................	99	8,784	11,278
Or de ducat..............................	240	18,261	13,142
Argent hollandais de peu de valeur.......	171	10,340	16,536
Laiton...................................	312	8,000	39,000
Fer de Suède.............................	616	7,645	80,575

[1] L'un de ces trois nombres doit être inexact.

Ces expériences indiquent, comme on le voit, des nombres fort variables pour les différentes essences de bois, et se prêtent bien à une classification de ces essences d'après leur dureté.

Les résultats qu'elles ont donnés pour les métaux sont également fort remarquables et on les a trop souvent perdus de vue ; il est certain, par exemple, qu'elles constituent un procédé bien préférable au poinçon Rodman, pour déterminer les duretés relatives des corps, car elles permettent d'obtenir une précision beaucoup plus grande ; et cependant, dans ces dernières années, on a eu souvent recours à cet instrument dans ce genre de recherches, en laissant dans l'oubli le procédé de Muschenbroeck.

En ce qui concerne les bois, ces expériences mériteraient d'être reprises et complétées en opérant sur tous les bois usuels, mais en préparant les morceaux de bois éprouvés de façon à effectuer la scission dans les trois directions principales que nous avons indiquées plus haut. Il y aurait lieu aussi d'apporter à l'appareil des modifications destinées à en rendre le maniement plus commode et plus précis.

La boule d'ivoire pourrait être remplacée, par exemple, par un poids cylindrique suspendu à une tige métallique, de façon à former un pendule rigide qui serait d'un maniement plus rapide et qui frapperait le couteau plus régulièrement, à la condition de disposer l'appareil de telle sorte que le choc eût lieu au centre de percussion du système formé par le pendule et le poids. On pourrait encore substituer au choc du pendule celui d'un poids déterminé qu'on laisserait tomber librement d'une hauteur constante.

Relations entre les propriétés mécaniques et la structure intime des bois. — Ces mesures et surtout la comparaison des résistances élémentaires à la rupture des mêmes essences, dans les différents sens, conduiraient sans doute à des rapprochements intéressants sur les analogies que présentent certains bois sous le rapport de la facilité de travail par les différents outils; toutefois, dans l'état actuel de nos connaissances, ces expériences isolées ne pourraient donner que des renseignements incomplets sur la résistance des bois aux différents genres de travaux, résistance qu'il serait surtout important de connaître au point de vue pratique.

Mais au point de vue scientifique, il nous paraît probable que les résultats numériques des mesures des duretés, dans les trois directions principales, complétés par les mesures des propriétés élastiques dont il sera question plus loin, et rapprochés minutieusement d'un examen microscopique de la structure intime des diverses essences éprouvées, donneraient sur la constitution des bois et sur la cause des variations de leurs propriétés mécaniques des notions intéressantes.

Dans un examen de cette sorte, on devrait évidemment rapprocher des résultats numériques des épreuves mécaniques les chiffres obtenus en comparant, dans les différentes essences, les données fournies par l'examen microscopique sur la forme, la grandeur et le nombre des cellules et des fibres, l'épaisseur de leur parois, leur longueur et leurs dimensions comparatives.

Peut-être pourrait-on arriver ainsi à trouver une certaine relation entre ces différents éléments, de telle sorte qu'à l'avenir l'examen microscopique d'un bois pourrait permettre de prévoir, par analogie, quelles doivent être ses propriétés mécaniques.

J'avais conservé, pour chacune des essences de bois dont j'ai pu étudier les propriétés mécaniques à Nouméa, six petits cubes de quatre centimètres de côté qui, après avoir servi aux déterminations de densité, devaient être utilisés pour effectuer des mesures de dureté par le procédé de Muschenbroeck ; je me proposais même de joindre à ces recherches une étude microscopique, en réclamant au besoin l'aide d'un observateur expérimenté, mais les événements de ces dernières années ne m'ont pas permis de réaliser ce programme, et ces échantillons restent en réserve en attendant l'occasion de compléter ces études.

Mesure de la résistance des bois à l'action des outils. — Quant à la résistance propre de chaque bois au travail de différentes sortes d'outils, le procédé le plus commode pour la déterminer par des mesures directes, paraît être celui qu'a imaginé M. Coquilhat, et qui est décrit dans les ouvrages qu'il a publiés sur ce sujet, de 1843 à 1850 [1]. Ce procédé, qui n'est applicable toutefois qu'aux outils qui travaillent par rotation, est indiqué sur la planche VI ; il consiste à placer la pièce de métal ou de bois qui doit être travaillée sur le plateau d'un tour animé d'un mouvement de rotation convenable ; l'outil, dont l'axe est placé sur le prolongement de l'axe de rotation du plateau, est porté par un charriot qui lui permet d'avancer progressivement ; il est pressé sur la pièce qu'il s'agit de travailler par une force constante qui n'est autre qu'un poids que l'on règle à volonté et qui, par l'action d'une corde passant sur une poulie de renvoi tend à faire avancer le charriot.

Comme le plateau tourne en entraînant la pièce travaillée, on empêche l'outil de prendre aucun mouvement de rotation et l'on mesure l'effort qu'il est nécessaire d'exercer à cet effet.

Cette mesure s'obtient en fixant horizontalement, au-dessous de la tige de l'outil et dans un plan normal à sa direction, un levier rigide sur lequel peut se déplacer un poids convenable. On arrive assez vite à trouver par tâtonnement la position pour laquelle, en travail courant, le poids fait équilibre à la force qui tend à faire tourner l'outil.

Si l'on suppose qu'un trou cylindrique de diamètre d soit déjà percé dans la matière attaquée et que l'outil, de forme quelconque, attaque à

---

[1] Coquilhat. — Expériences sur la résistance produite dans le forage des bouches à feu. — Liége, Desoer, 1863.

Id. De la quantité de travail absorbée par le frottement dans le forage des bouches à feu.

Id. Expériences sur la résistance utile produite dans le forage du fer et de la pierre, ainsi que dans le forage et le sciage du bois. (*Journal des armes spéciales*, 1850.)

la circonférence en deux points diamétralement opposés, de façon donner à ce trou un diamètre D; si l'on admet qu'à chaque tour il pénètre d'une quantité δ, et si de plus on appelle R la force nécessaire pour arracher la matière sur l'unité de longueur du tranchant de l'outil et pour une pénétration égale aussi à l'unité de longueur, il est facile de reconnaître que l'outil pénétrant de la quantité δ, l'effort exercé à chaque instant sur l'unité de longueur du tranchant sera $R\delta$, et comme le tranchant travaille sur une longueur égale à $\dfrac{D-d}{2}$, l'effort total qu'il développera sera $R\delta . \dfrac{D-d}{2}$.

Cette force peut être considérée comme appliquée, de chaque côté, au milieu de l'arête tranchante, dont la distance à l'axe du cylindre creusé est :

$$\frac{D+d}{4}.$$

Or, d'après la disposition adoptée, cette force fait à chaque instant équilibre au poids placé sur le levier horizontal qui empêche l'outil de tourner, les moments de ces deux forces par rapport à l'axe commun de l'outil et du plateau doivent donc être égaux, et si l'on appelle :

P le poids suspendu, et l sa distance à l'axe lorsqu'il fait équilibre à la résistance de l'outil, on doit avoir :

$$Pl = 2\,R\delta \left(\frac{D-d}{4}\right)\left(\frac{D+d}{2}\right) = R\delta\,\frac{D^2 - d^2}{4},$$

d'où l'on déduit :

$$R = 4\,\frac{Pl}{\delta\,(D^2 - d^2)}.$$

Si l'outil, au lieu d'agrandir un trou déjà fait, opère un premier forage en travaillant sur toute l'étendue du diamètre D, la formule se réduit à :

$$R = 4\,\frac{Pl}{\delta D^2}.$$

Expériences de M. Coquilhat. — On voit donc que le procédé adopté par M. Coquilhat permet de déterminer, pour chaque matière travaillée, un coefficient numérique R qui doit représenter la résistance qu'oppose cette matière à l'unité de longueur du tranchant de l'outi pour une pénétration égale aussi à l'unité de longueur.

La détermination de ce coefficient peut donc servir à classer les différents matériaux d'après leur résistance à l'action des différents outils; M. Coquilhat a étudié ainsi comparativement les résistances du fer forgé, de la pierre calcaire, du grès et enfin des différents bois, en employant comme outils, pour les métaux et la pierre, deux espèces de forets (foret à langue de carpe et foret à conducteurs), et pour le bois une gouge, une mèche anglaise et une scie.

Pour pouvoir étudier l'action de cette dernière, M. Coquilhat avait confectionné une scie cylindrique, en enroulant une lame de scie très-flexible et l'engageant dans une rainure circulaire pratiquée dans la tête d'un plateau en bois monté sur le charriot du tour, de façon à laisser déborder les dents de la scie de un centimètre environ; une tige centrale s'engageant dans un trou pratiqué à l'avance servait à guider la marche de l'outil, et l'on dégageait fréquemment au ciseau le bois attaqué, pour livrer passage au plateau.

Malgré les précautions prises, cet outil n'a donné que des résultats assez incertains, parce qu'il a été impossible de donner à la scie une forme exactement cylindrique; mais cette disposition fait concevoir comment on pourrait, d'une façon analogue, étudier l'action des outils qui ne travaillent pas habituellement par rotation, comme par exemple les lames de rabot.

Dans l'étude des propriétés des bois, le procédé de M. Coquilhat permet aussi, jusqu'à un certain point, d'étudier l'influence de la direction des fibres par rapport à celle de l'action de l'outil, car on peut, par exemple, disposer les fibres de la pièce de bois parallèlement à l'axe du tour ou perpendiculairement à cet axe et faire travailler ainsi l'outil dans une direction normale ou dans une direction tangentielle à ces fibres. On peut aussi les placer obliquement; mais par suite du mouvement de rotation, il n'est pas possible, dans le travail de l'outil tangentiellement aux fibres, de séparer l'étude de l'action parallèle à la direction des fibres de celle de l'action normale à cette même direction.

Nous reproduisons ici, à titre de renseignements, les valeurs que M. Coquilhat a trouvées pour différents bois et différents outils pour le coefficient R, en y ajoutant comme comparaison les valeurs correspondantes trouvées pour les métaux et les pierres. Ces valeurs supposent que l'on a adopté pour unité de poids le kilogramme, et pour unité de longueur le millimètre; nous y avons ajouté l'indication de la quantité de travail (exprimée en kilogrammètres) nécessaire pour réduire en sciure, copeaux ou limaille un centimètre cube ou pour enlever une couche de 1 millimètre d'épaisseur sur une surface de 10 décimètres carrés [1].

GENRE D'OUTIL.	MATIÈRES.	DISPOSITION des fibres du bois par rapport à l'outil.	RÉSISTANCE R.	QUANTITÉ de travail T.
			Kilog.	Kgm.
Gouge de menuisier.	Chêne sec.........	Suivant l'axe.........	6,100	12,200
Idem............	Idem...........	Perpendiculaire	6,600	13,200
Mèche anglaise......	Idem...........	Suivant l'axe........	16,600	33,200
Idem...........	Idem..........	Perpendiculaire.......	4,000	8,000
Scie cylindrique.....	Idem..........	Suivant le plan de la scie............	6,000	12,000
Mèche anglaise......	Hêtre sec.........	Suivant l'axe........	6,000	1,2000
Idem...........	Idem..........	Perpendiculaire	2,500	5,000
Foret à conducteurs,	Fonte forte traitée..	....	86,400	173,000
Idem...........	Bronze...........	....	65,000	130,000
Idem...........	Fer forgé.........	....	176,000	352,000
Foret en langue de carpe............	Pierre calcaire de Tournay, nº 1...	....	84,000	168,000
Idem...........	Idem., nº 2....	....	31,500	63,000
Idem...........	Idem., nº 3....	....	292,000	584,000
Idem...........	Idem., valeur moyenne.....	....	136,000	272,000
Idem...........	Grès grisâtre d'Ath..	....	88,000	176,000

On voit que les expériences n'ont été faites que sur deux essences de bois, il serait fort intéressant de les reprendre en les complétant; mais je n'avais pas connaissance des travaux de M. Coquilhat lorsque j'ai exécuté en Nouvelle-Calédonie mes expériences sur les bois de ce pays et je n'ai pu trouver dans cette colonie les ouvrages qui en contenaient le compte rendu, je n'ai donc pu prendre des mesures de ce genre.

Si l'on voulait comparer simplement la résistance de différents bois à l'action d'un outil perforant, on pourrait encore se contenter d'un procédé plus simple, analogue à celui qu'emploient les compagnies de chemin de fer pour constater la dureté des rails; il suffit, en effet, pour obtenir ce résultat, de soumettre le bois essayé à l'action d'un foret vertical chargé d'un poids constant et qui reçoit son mouvement de rotation à l'aide d'une manivelle et d'engrenages, lui laissant toute liberté de monter et de descendre. En comptant le nombre de tours nécessaires

---

[1] Cette quantité de travail, en conservant les notations et les unités indiquées plus haut est donnée par la formule : $T = 1.000\ R\delta$.

pour que la lame du foret descende d'une quantité donnée, on obtient un nombre qui peut servir à représenter la dureté du bois ou plutôt sa résistance à l'outil employé.

Je n'ai pas cru devoir recourir à ce procédé qui ne peut donner que des indications bien incomplètes, et je me suis contenté, par suite, de faire connaître pour les bois que j'ai étudiés, et par des indications aussi précises que possible, la façon dont ils se comportent sous les différents outils, autant du moins qu'il a été possible aux ouvriers de l'apprécier.

2° ÉLASTICITÉ ET RÉSISTANCE DES BOIS A LA RUPTURE.

Notions générales sur les propriétés élastiques des bois. — Nous arrivons ici aux propriétés les plus importantes des bois , au point de vue de leur application industrielle , à celles du moins dont l'influence est la plus évidente et qui, pour ce motif, ont été le plus étudiées. Elles constituent de fait, à elles seules, les propriétés mécaniques des bois, car nous avons vu que le caractère désigné sous le nom de dureté en dépend intimement et que ce n'est que par suite de l'insuffisance de nos connaissances scientifiques qu'il n'est pas possible, actuellement, de déduire de la connaissance de la résistance à la rupture la valeur de la dureté envisagée sous les différents points de vue.

L'étude des propriétés mécaniques des bois, appuyée sur des données scientifiques précises, est, toutefois, de date relativement récente.

Les premières recherches, qui avaient été entreprises au point de vue de l'étude de la résistance des matériaux, se sont bornées à la mesure des résistances à la rupture par traction et par compression.

Sur ce point spécial, des essais nombreux ont été faits et les résultats s'en trouvent consignés , en particulier, dans les ouvrages suivants :

Parent : *Expériences sur la résistance des bois de chêne et de sapin ; — Mémoires de l'Académie des sciences,* 1707-1708 ;

Muschenbroeck : *Introductio ad philosophiam naturalem. Lugdini Batavorum,* 1762 ;

Buffon : *OEuvres,* tome X ;

Duhamel du Monceau : *Traité de la conservation et de la force des bois,* 1780 ;

Giraud : *Traité de la résistance des solides,* 1798 ;

Perronnet: *OEuvres,* tome I.—*Mémoires sur les pieux et pilotis,* 1782;

Bélidor : *Architecture hydraulique*, 1782 ;

Rondelet : *Art de bâtir*, 1814 ;

Barlow : *Essay on the strength of timber*, 1817 ;

Ebbels et Tredgold : Divers ouvrages et *Art du charpentier*.

Mais ce n'est qu'en 1815 que M. Charles Dupin, alors ingénieur des constructions navales, vint ouvrir une voie nouvelle en publiant le compte rendu des expériences qu'il avait faites à Corfou pour étudier la flexibilité des bois et déterminer expérimentalement les principales lois de l'élasticité.

Les résultats de ces essais parurent dans le tome X du journal de l'École polytechnique, sous le titre : *Expériences sur la flexibilité, la force et l'élasticité des bois.*

A dater de cette époque, les recherches scientifiques, qui avaient jusque là manqué de bases précises, se multiplièrent et permirent rapidement d'aborder les problèmes les plus compliqués.

Dès 1821, Navier, dans un mémoire célèbre *sur les lois de l'équilibre et du mouvement des corps solides élastiques*, fondait *la mécanique moléculaire* ou théorie générale de l'élasticité. Fresnel, Cauchy, Poisson, Clausius, Lamé et Clapeyron, Duhamel, Poncelet, Clebsch, Kirchhoff, Green, Thomson, Gauss, etc., contribuaient successivement à en développer les applications.

Nous ne pouvons citer tous les ouvrages ou mémoires originaux qui ont paru depuis cette époque ; nous n'indiquerons que ceux qui, plus spécialement destinés à l'enseignement, résument les connaissances acquises et peuvent être consultés avec fruit, tels sont les suivants :

Navier : *Leçons sur la résistance des matériaux professées à l'école des ponts et chaussées*, 1826 ;

Cauchy : *Exercices de mathématiques*, 1827 ;

Poncelet : *Mécanique industrielle*, 1839 ;

Lamé : *Théorie de l'élasticité*, 1853.

L'ouvrage de M. le général Morin : *Résistance des matériaux*, 3e édition, 1862, résume, sous une forme élémentaire, l'état actuel des connaissances sur l'élasticité, tandis que le résumé des leçons de Navier *sur la résistance des corps solides*, réédité en 1864, par M. *Barré de Saint-Venant*, avec des notes et des appendices qui en font un traité entièrement nouveau, donne, sous une forme savante et rigoureuse, l'exposé complet des connaissances théoriques sur ces questions.

M. de Saint-Venant a du reste, par ses propres travaux, consignés dans les notes de ce dernier ouvrage, contribué à compléter les solutions théoriques de la plupart des questions d'élasticité et en particulier de celles de la flexion et de la torsion en tenant compte, dans les calculs, des mouvements de glissement des molécules que l'on négligeait jusque-là. Il a donné, enfin, en tête de l'ouvrage, l'historique le plus complet qui existe des recherches faites jusqu'à l'époque actuelle sur l'élasticité, historique savant et plein d'intérêt que devront consulter tous ceux qui voudront connaître l'étendue des recherches faites dans cette branche des connaissances humaines.

A ces ouvrages, il faut ajouter les comptes rendus de quelques expériences récentes qui se rapportent plus spécialement au sujet qui nous occupe, à savoir :

Savart : *Mémoires de l'Académie des sciences*, 1830. Axes d'élasticité, lignes nodales ;

Chevandier et Wertheim : *Mémoires sur les propriétés mécaniques des bois*, 1848 ;

Wertheim : *Note sur la torsion des verges homogènes* [1]. — *Annales de physique et de chimie*, 3ᵉ série, tome XXV.

Bonniceau : *Notes et expériences sur la torsion des bois*.

Différents modes d'action à considérer. — Si, pour fixer les idées, on considère un corps prismatique, on est conduit à distinguer divers genres d'efforts parmi ceux auxquels il peut être soumis :

1º Un effort dirigé dans le sens de la longueur du solide, de manière à l'étendre ;

2º Un effort dirigé dans le sens de la longueur du solide, de manière à le comprimer ;

3º Un effort dirigé perpendiculairement à la longueur du corps, de façon à le faire fléchir ;

4º Un effort qui tend à tordre le corps ;

5º Enfin un effort qui tend à faire glisser les parties les unes devant les autres.

Ce dernier genre d'efforts se manifeste accessoirement dans la flexion et la torsion, dans lesquelles toutes les fibres n'éprouvent pas des variations égales, mais il peut aussi avoir lieu seul, par exemple dans

---

[1] Les formules données dans cette note pour la torsion sont inexactes ; ce fait a été signalé par M. de Saint-Venant.

cisaillement d'une pièce solide, sous l'action d'une force transversale s'exerçant parallèlement au plan où la séparation s'opère.

Nous étudierons successivement ces différents genres d'efforts, en rappelant succinctement, en ce qui les concerne, les faits connus et les principes admis. Nous décrirons les appareils les plus simples imaginés pour les mesurer, et nous ferons connaître l'application que nous avons pu en faire nous-même pour l'étude que nous avions entreprise.

Nous adopterons les notations de Navier qui sont admises dans l'enseignement de l'école des ponts et chaussées et qu'a employées aussi M. le général Morin.

1º Extension.

Déformations produites par la traction. — Si l'on soumet un barreau d'un corps solide à un effort de traction, il se produit un certain allongement qui dépend de l'effort produit, des dimensions du barreau, de la nature propre du corps et du sens de l'action.

On a constaté depuis longtemps qu'entre certaines limites ces allongements sont proportionnels aux forces qui les produisent, mais qu'au delà de ces limites cette proportionnalité cesse et que les allongements croissent alors plus rapidement que les forces auxquelles ils sont dus.

On sait aussi que tant que les allongements sont proportionnels aux forces qui les produisent, ils disparaissent complétement si ces forces viennent à cesser leur action, et l'on dit alors que l'élasticité du corps n'a pas été altérée.

Au contraire, lorsque les allongements ont cessé d'être proportionnels aux forces qui les produisent, les corps ne reviennent pas complétement à leur forme primitive lorsque les forces cessent d'agir. Ils restent en partie allongés, et l'allongement qui persiste se nomme *allongement permanent*, par opposition à l'allongement proportionnel à l'effort exercé, qui disparaît avec lui et que l'on appelle *allongement élastique*.

Limites d'élasticité. —On voit, d'après ces indications, que le point où l'élasticité d'un corps est altérée, ou sa *limite d'élasticité*, peut se déterminer de deux façons, soit en cherchant le moment où se produisent les premiers allongements permanents, soit en déterminant le moment où les allongements observés cessent d'être proportionnels aux charges.

Le premier procédé a été à peu près seul employé jusqu'en ces derniers temps, il présente, dans la pratique, de grandes difficultés d'application ; aucun corps, en effet, ne possède une élasticité parfaite : des allongements permanents, ou tout au moins *persistant* pendant un certain temps, peuvent être produits par l'action plus ou moins prolongée d'efforts relativement faibles, et la cause de ces résultats est encore inconnue ; des allongements *thermiques*, dus aux variations de température produites par l'extension, viennent aussi modifier les résultats observés ; il en résulte que, suivant le degré de précision des instruments que l'on possède , on peut fixer la limite d'élasticité d'un corps plus ou moins loin, selon la grandeur du premier allongement temporaire qui devient perceptible. Aussi Wertheim, qui employait ce procédé et qui se servait d'instruments d'une grande précision, en même temps que, l'un des premiers, il signalait cette production de déformations permanentes dès les premiers efforts, s'est-il vu obligé de fixer arbitrairement une limite aux mesures de ces allongements. Il a proposé de considérer comme limite d'élasticité le moment pour lequel l'allongement permanent produit dépasse un demi-millionième de la longueur du corps étudié. Il a fait remarquer d'ailleurs qu'il indiquait cette limite afin que les chiffres qu'il avait obtenus fussent comparables avec ceux donnés par d'autres auteurs, et il signale qu'il aurait trouvé des limites de beaucoup inférieures, s'il s'était arrêté aux premiers allongements permanents mesurables.

L'importance du travail de Wertheim a fait généralement admettre cette convention, et l'on peut dire qu'elle est acceptée, en France du moins, comme une définition nouvelle de la limite d'élasticité.

C'est un fait regrettable qui, en éloignant de la recherche des causes de ces allongements permanents très-petits, qui se produisent presqu'au début de toute action sur les corps élastiques, a retardé pendant quelque temps les progrès de la science.

En cherchant, au contraire, à déterminer la limite d'élasticité par la recherche du moment où les allongements cessent d'être proportionnels aux efforts exercés, on reconnaît bientôt que si, rigoureusement parlant, les allongements observés ne sont jamais, même au début, complétement proportionnels à ces efforts, ils ne s'écartent d'abord que fort peu de cette proportionnalité, mais qu'il est un point au delà duquel l'écart s'accuse franchement. Il en résulte que si l'on construit une courbe en portant, en abscisses, les efforts exercés et, en ordonnées, les allongements correspondants, il est un point où cette courbe qui, au début, conservait une direction à peu près rectiligne, s'infléchit tout à coup et cesse absolument de pouvoir être confondue avec une ligne droite ce point correspond évidemment à la limite d'élasticité, et le tracé de la courbe donne le moyen de le déterminer sans se préoccuper des allongements permanents de cause inconnue qui se sont produits jusque là et qui, il faut d'ailleurs le reconnaître, ainsi que nous l'avons indiqué plus haut, ne sont souvent que des allongements de nature particulière qui persistent bien pendant quelques heures, mais qui disparaissent, le plus souvent, au bout de quelques jours de repos.

C'est ce procédé que nous avons employé exclusivement pour déterminer la limite d'élasticité dans nos expériences sur les bois faites à Nouméa [1].

Nous croyons d'ailleurs avoir été un des premiers à en faire ressortir la supériorité et à en préconiser l'emploi, et lors même que nos travaux n'auraient pas eu d'autre utilité, il leur restera toujours ce mérite d'avoir contribué à propager cette méthode qui est devenue réglementaire dans les fonderies de la marine pour la mesure de la limite d'élasticité des métaux employés à la fabrication des bouches à feu.

Lois des allongements élastiques. — Les expériences faites sur différents corps solides, en particulier sur les métaux et sur les bois, ont démontré que les allongements élastiques sont proportionnels, pour un même corps, à la section droite du barreau et à sa longueur, de sorte qu'en appelant :

l l'allongement élastique ;
L la longueur du corps ;
P l'effort exercé ;
A l'aire de la section droite du corps ;
Et E un coeficient constant pour un même corps, on a :

$$l = \mathrm{E}\,\frac{\mathrm{PL}}{\mathrm{A}}.$$

---

[1] On trouvera des exemples de courbes de cette espèce en consultant les planches X et XI qui accompagnent le chapitre II de la deuxième partie.

Si l'on appelle i l'allongement par mètre courant, on a $i = \dfrac{l}{L}$ et la formule peut s'écrire :

$$E = \frac{P}{Ai}.$$

Cette relation peut servir à calculer, pour chaque corps, le coefficient particulier E que l'on appelle *coefficient*, ou mieux *module d'élasticité*, et que l'on déterminait le plus souvent, autrefois, en exprimant P en kilogrammes et A en mètres carrés ; on a adopté généralement maintenant de préférence le millimètre pour unité de longueur, afin de ne pas avoir à considérer des nombres trop grands, et c'est à cette convention que nous nous conformerons.

Axes d'élasticité. — Il faut remarquer toutefois que pour les corps hétérogènes, comme le bois, ce coefficient varie suivant le sens dans lequel agissent les efforts d'extension relativement à la direction des fibres. Mais, dans ce cas, on considère habituellement le sens dans lequel le corps présente la plus grande résistance, et le module d'élasticité des bois à l'extension s'entend, à moins d'indications contraires, du module d'élasticité pris dans le sens de la longueur des fibres.

Les expériences de Savart, sur les vibrations des verges et des disques en bois, ont permis de constater d'ailleurs qu'il y a lieu, pour la mesure de l'élasticité, de distinguer trois directions principales : la direction située dans le plan des couches ligneuses de l'arbre et parallèle à l'axe de la tige, la direction perpendiculaire à la première et dans le même plan, et enfin la direction perpendiculaire aux couches. L'axe de plus grande élasticité correspond à la première, et celui de la plus petite à la seconde.

On retrouve ainsi les trois directions suivant lesquelles il convient d'étudier les propriétés de résistance des bois et que nous avons signalées déjà à propos de la dureté.

Savart a de plus étudié, par l'observation de la formation des lignes nodales, la façon dont les axes d'élasticité se distribuent dans les disques de bois coupés obliquement par rapport aux fibres. Ces expériences[1] seraient d'un grand secours pour l'étude de la variation de résistance qui peut résulter, dans l'emploi des différents outils, de la direction plus ou moins oblique, par rapport aux fibres, donnée à la tranche de cet outil.

---

[1] *Annales de physique et de chimie*, 2ᵉ série, tome XL.

Charge de rupture. — Si la traction augmente indéfiniment, le barreau finit par se rompre, et l'expérience a démontré que la résistance des bois à la rupture par extension est proportionnelle à la section transversale des pièces et indépendante de leur longueur, quand celle-ci est assez faible pour que le poids propre du solide puisse être négligé.

Si l'on désigne par P' l'effort nécessaire pour produire la rupture, et par E' un coefficient constant pour un même corps, on a donc :

$$P' = E' A ;$$

Mais, dans ce cas encore, il faut remarquer que pour les corps hétérogènes, ce coefficient varie suivant le sens de l'effort et que pour les bois, par exemple, il est plus fort quand il agit dans le sens des fibres, que quand il s'exerce dans le sens perpendiculaire.

Raideur. — Le module d'élasticité peut être pris pour mesure de la *raideur* du corps, on dit, en effet, qu'un corps est d'autant plus raide qu'il faut une plus grande force pour y produire une déformation déterminée et la raideur d'un barreau soumis à un effort donné est, en conséquence, mesurée par le rapport de la variation de la force exercée à la variation correspondante de l'allongement produit.

Dans la formule :

$$P = \frac{EAl}{L},$$

la raideur serait donnée par la dérivée $\frac{dP}{dl}$, on aurait donc, en l'appelant ε :

$$\varepsilon = \frac{EA}{L}.$$

On voit donc que si l'on suppose une barre de longueur et de section égales à l'unité, sa raideur est mesurée par le module d'élasticité, puisque dans ce cas $\varepsilon = E$.

La raideur reste constante tant que les allongements restent proportionnels aux charges, c'est-à-dire tant que la limite d'élasticité n'est pas dépassée ; si, en deçà de cette limite, elle éprouve de légères variations, c'est que l'élasticité du corps n'est pas parfaite ; on peut donc dire que la constance de ce rapport caractérise l'état d'élasticité parfaite, état qui ne se rencontre d'ailleurs d'une façon absolue dans aucun corps.

Courbe des allongements. — Si l'on construit une courbe en prenant pour abscisses les tractions exercées sur un barreau donné, et pour ordonnées les allongements par mètre courant correspondants, nous avons dit déjà que cette courbe se confondra sensiblement avec une ligne droite, tant que les allongements resteront proportionnels aux tractions, c'est-à-dire, tant que la limite d'élasticité ne sera pas dépassée.

Cette ligne droite passera par l'origine des coordonnées et la cotangente de l'angle α, qu'elle fait avec l'axe des x, mesurera le produit du module d'élasticité multiplié par l'aire de la section droite du barreau :

$$\operatorname{cotang} \alpha = \frac{P}{i} = AE.$$

Au delà de la limite d'élasticité, la courbe s'élèvera au-dessus de la ligne droite et tournera sa convexité vers l'axe des x, en s'élevant de plus en plus rapidement, jusqu'à la charge de rupture où elle s'arrête brusquement.

Une courbe ainsi construite suffit pour représenter complétement les propriétés élastiques développées par l'extension dans un barreau d'essence donnée.

En effet, l'inclinaison de la ligne droite qui peut la remplacer au début donne, comme nous l'avons dit, le coefficient d'élasticité. Les coordonnées de l'extrémité de cette ligne droite, ou du point où elle cesse de se confondre avec la courbe, font connaître la charge limite d'élasticité et l'allongement correspondant.

La forme de la courbe au delà de cette limite et le point où elle s'arrête montrent aux yeux la façon dont se comporte le bois sous des efforts croissant jusqu'à la charge de rupture, et permet de reconnaître, par comparaison, les différences que présentent, sous ce rapport, les divers échantillons éprouvés.

Résistances vives d'élasticité et de rupture. — Il est même possible d'obtenir, à l'aide de ces courbes, une mesure mathématique de ces différences. En effet, lorsqu'un corps s'allonge sous l'action d'une force qui le tire dans le sens de la longueur, sa résistance à cette déformation développe, pour chaque élément de l'allongement total, une quantité de travail mesurée par le produit de l'effort exercé et de cet allongement.

Il résulte de là que, si l'on mesure l'aire de la courbe construite ainsi qu'il a été dit plus haut, on aura la valeur du travail pour un allongement donné, correspondant à l'ordonnée extrême.

Cette quadrature, effectuée depuis l'origine des coordonnées jusqu'à l'ordonnée correspondant à la limite d'élasticité, donne le travail développé par la résistance du corps pour arriver à cette limite. Poncelet a donné à ce travail le nom de *résistance vive d'élasticité* [1], et il le désigne par la lettre T_e .

Si l'on pousse la quadrature jusqu'à l'ordonnée qui correspond à la rupture, on aura le travail total qui a été nécessaire pour rompre le corps, travail que le même auteur nomme *résistance vive de rupture*, et qu'il représente par la lettre T_r .

On voit que le travail T_e ou la résistance vive d'élasticité est donné par l'aire du triangle dont la hauteur est l'allongement total correspondant à la limite d'élasticité et la base, cette charge limite elle-même, ce qui donne, en kilogrammes, pour un barreau de section droite A, l'unité de longueur étant le mètre :

$$T_e = \frac{1}{2} \text{EAL}i^2.$$

Quant à la résistance vive de rupture, elle ne peut être obtenue qu'en mesurant graphiquement l'aire de la courbe.

Plus la résistance vive d'élasticité d'un corps sera considérable, et plus ce corps sera susceptible de conserver son élasticité sous l'action des efforts qui tendent à l'allonger, plus sera grande aussi la charge que l'on peut lui faire supporter, sans danger, d'une façon permanente.

Plus la résistance vive de rupture sera considérable, et par conséquent supérieure à la résistance d'élasticité, et moins il y aura de danger à dépasser accidentellement la charge limite que le corps doit être appelé à supporter d'une facon permanente.

Coefficients de sécurité. — La grandeur relative de ces deux quantités peut donc donner des indications utiles au point de vue de l'emploi des matériaux dans les constructions. Le rapport de la première à la seconde peut servir, par exemple, à mesurer la *sécurité relative* de

---

[1] En Angleterre, la résistance vive est désignée par le mot *résilience*, proposé par Young.

l'emploi de matériaux qui peuvent être soumis à des efforts accidentels si, ce qui est le cas habituel, on s'impose la règle de ne faire supporter, comme charge permanente, qu'un effort fixé d'après une certaine relation avec la charge correspondant à la limite d'élasticité.

Nous désignerons, d'après ce qui précède, le rapport de ces deux résistances vives, sous le nom de *coefficient de sécurité*. Il est évident que selon l'usage auquel sont employés spécialement les matériaux, on peut obtenir d'autres coefficients de sécurité, ayant une signification analogue, en considérant soit le rapport de l'allongement au moment de la rupture à l'allongement correspondant à la limite d'élasticité, soit encore le rapport de la charge de rupture à la charge limite d'élasticité.

D'après le mode d'emploi habituel des matériaux de construction, c'est même ce dernier qu'il y a le plus souvent intérêt à considérer ; il a l'avantage, d'ailleurs, de présenter à l'esprit un sens plus précis que le rapport des résistances vives, et d'être aussi plus facile à déterminer.

Variations de la raideur. — La construction des courbes indiquées ci-dessus peut encore fournir des renseignements sur la variation de l'élasticité, ou plutôt de la raideur des corps, lorsque la charge qui correspond à la limite d'élasticité est dépassée. La cotangente de l'angle que fait avec l'axe des x la tangente en chaque point de cette courbe représente, en effet, la raideur en ce point, raideur qui, d'après la forme de la courbe dont la convexité est tournée vers l'axe des x, va toujours en diminuant depuis la limite d'élasticité jusqu'à la rupture.

La variation plus ou moins considérable de la raideur, entre ces deux limites extrêmes, peut servir aussi d'élément pour caractériser les corps éprouvés. Pour les métaux tels que le fer et l'acier, la raideur subit un changement relativement brusque, dans le voisinage de la limite d'élasticité, puis elle conserve sensiblement sa nouvelle valeur, comme s'il s'était produit un changement d'état du corps, ayant eu pour résultat de constituer un nouveau métal, toujours élastique, mais de raideur moindre. Pour les bois, le phénomène est différent : une fois la limite d'élasticité atteinte, la raideur décroît progressivement jusqu'au moment de la rupture, mais sans variations brusques et sans discontinuité bien apparente.

Mesure des effets d'extension. — Telles sont les notions théoriques générales admises sur les propriétés élastiques des corps sollicités à l'extension.

Le procédé employé pour mesurer ces propriétés consiste ordinairement à charger directement, à l'aide de poids placés dans un plateau, une barre ou une tige du corps éprouvé, suspendue verticalement et retenue, par sa partie supérieure, dans un étrier solidement fixé. On détermine les allongements produits en mesurant l'écartement de deux repères tracés sur la barre vers ses extrémités ; cette mesure se fait au cathétomètre dans les expériences précises.

Appliqué aux métaux, ce procédé est simple et commode, parce que l'on peut prendre le métal en fils ou en verges très-minces et éviter ainsi la nécessité de recourir à des charges trop lourdes. Il est, en outre susceptible d'une grande précision, parce qu'on peut prendre les fils assez longs pour amplifier les variations de longueur de façon à pouvoir les mesurer aisément.

Mais avec les bois il n'en est plus de même ; on est obligé de prendre des barreaux de bois assez épais pour rendre peu sensibles les défauts d'homogénéité, et la longueur de ces barreaux est forcément limitée par celles des pièces dont ils sont tirés. Il faut donc employer des charges très-fortes, et l'on ne peut néanmoins obtenir que des allongements très-petits ; il en résulte que les mesures directes de l'élasticité des bois par l'extension sont peu commodes, aussi ont-elles été rarement tentées.

Il n'en est pas de même des mesures de résistance à la rupture ; celles-ci n'exigeant pas d'instruments de précision ont été effectuées plus souvent.

Les seuls expérimentateurs qui aient fait des recherches complètes, par ce procédé, sur les propriétés élastiques, sont MM. Chevandier et Wertheim, dans les études si délicates dont il a déjà été question plus haut. Ils avaient à leur disposition des cathétomètres très-précis, et ont pris toutes les précautions pour assurer la rigueur des mesures. Néanmoins, ils ont eu soin de vérifier leurs résultats à l'aide d'expériences de flexion beaucoup plus faciles à effectuer avec les bois que des mesures directes d'extension. C'est également ce dernier procédé que nous avons choisi en Nouvelle-Calédonie pour nos expériences. Les détails suivants font connaître sur quelles considérations théoriques il est basé, et quels sont les appareils de divers genres qui permettent d'en réaliser l'emploi.

2. — Flexion.

Lois des flexions élastiques. — Lorsqu'un solide rectangulaire, pos
horizontalement sur deux points d'appui, fléchit sous l'action d'une
charge placée en son milieu et agissant verticalement, sa face inférieure devient convexe et sa face supérieure concave.

On a pensé pendant longtemps que, dans ce cas, toutes les fibres
longitudinales formées par les molécules des corps s'allongeaient à
partir de celles qui sont placées à la face concave; Galilée et Leib-
nitz avaient admis cette hypothèse et y avaient appliqué le calcul;
Mariotte d'abord, puis Jacques Bernouilli, ont établi les premiers, par le
calcul, que cette supposition n'était pas d'accord avec les faits, et que
certaines fibres doivent être comprimées.

Les expériences de Duhamel du Monceau ont, pour la première fois,
permis de vérifier que, dans la flexion des bois, il y a extension des
fibres situées à la partie convexe et refoulement de celles qui sont à la
partie concave, et que nécessairement il existe par suite, à l'intérieur
des corps, une couche de fibres de longueur invariable [1].

Les expériences faites, en 1851 et 1856, au Conservatoire des arts
et métiers, par M. le général Morin, pour constater la compression et
l'extension des différentes parties des solides fléchis, ont établi, en
outre, que, dans les limites de flexions que la pratique peut admettre
et même au delà, et lorsque les solides ont des sections transversales
symétriques dans le sens vertical, de sorte que le centre de gravité de
ces sections se trouve au centre de leur hauteur, l'on peut, pour le
bois, la fonte et le fer, regarder comme suffisamment établis par l'expérience les faits suivants :

1° Les raccourcissements des fibres placées à la surface concave
sont égaux aux allongements des fibres placées à la surface convexe ;

2° Les raccourcissements et les allongements sont proportionnels
aux charges qui produisent les flexions.

Les lois principales de la flexion des bois ont été déterminées par
les expériences de Ch. Dupin, faites en 1813, à l'arsenal de Corcyre.

---

[1] Cette démonstration a été obtenue en pratiquant un trait de scie vertical de
profondeur variable au milieu de barreaux de bois, tantôt à la partie inférieure,
tantôt à la partie supérieure, et recherchant les modifications que cette opération
apportait à la résistance des barreaux.

Ces recherches ont démontré que, toutes choses égales d'ailleurs, les flexions des pièces posées sur deux appuis et chargées au milieu de leur longueur, sont :

1° Proportionnelles aux charges 2P qu'elles supportent ;

2° En raison inverse du produit de la largeur a et du cube de la hauteur b de la pièce ;

3° Proportionnelles au cube de la portée $2c$.

Formules des flexions pour un corps quelconque. — En appliquant, sur ces données, le calcul à l'étude des phénomènes de la flexion, on est arrivé aux conclusions suivantes :

1° La ligne des fibres invariables passe par le centre de gravité de la section transversale ;

2° La valeur de l'allongement ou du raccourcissement proportionnel i' éprouvé, dans la flexion, par une fibre longitudinale quelconque, est donnée par les formules :

$$i' = \frac{Mv'}{EI} \qquad \text{et} \qquad M = \frac{EI}{r},$$

en appelant :

I le moment d'inertie de la section considérée, par rapport à l'axe autour duquel se fait, dans cette section, la rotation nécessaire pour la flexion ;

M le moment des forces extérieures ;

v' la distance, à l'axe de rotation, de la fibre dont on cherche l'allongement ;

Et r le rayon de courbure de la courbe formée par la ligne des fibres invariables, au point où elle rencontre la section que l'on considère.

Mais il ne faut pas perdre de vue que ces formules générales ne s'appliquent que si les flexions sont renfermées dans les limites étroites pour lesquelles elles sont proportionnelles aux charges. Au delà de ces limites, en effet, les résistances à l'extension et à la compression cessent d'être égales comme le supposent les calculs, la couche des fibres invariables cesse de passer par le centre de gravité des sections transversales et se rapproche de plus en plus du côté où la résistance est plus grande.

Si l'on considère le cas d'un solide posé sur deux appuis et chargé en son milieu, on a, en appelant :

$2c$ la portée totale ou l'écartement des points d'appuis ;
2P la charge totale :

$$M = Pc, \qquad \text{d'où :} \qquad Pc = \frac{EI}{r}.$$

On a aussi pour expression générale de la flèche de courbure :

$$f = \frac{1}{3} \frac{Pc^3}{EI}.$$

La variation proportionnelle d'une fibre donnée devient :

$$i' = \frac{Pcv'}{EI} = \frac{3fv'}{c^2}.$$

et l'effort supporté par une fibre est :

$$Ei' = \frac{3Efv'}{c^2}\,[1].$$

Formules pour un barreau prismatique. — Si l'on considère, au lieu d'un corps quelconque reposant sur deux appuis, un barreau prismatique, ce qui est le cas habituel pour les épreuves de bois, et si l'on appelle a sa largeur et b sa hauteur, les formules précédentes se simplifient.

En remarquant que le moment d'inertie de la section rectangulaire est donné par la formule :

$$I = \frac{1}{12} ab^3,$$

on obtient pour la flèche de courbure :

$$f = \frac{4Pc^3}{Eab^3};\qquad\qquad (1)$$

---

[1] Ces formules supposent qu'il n'y a pas de glissement de molécules et que les différentes sections planes, normales à la longueur, que l'on peut imaginer dans le corps avant la flexion, restent encore planes à la fin ; M. de Saint-Venant a établi les formules rigoureuses en tenant compte du glissement et du gauchissement qui en résulte pour ces sections ; et il a démontré que les corrections à apporter aux formules données ci-dessus, pour tenir compte de ce fait, sont négligeables lorsque la longueur du corps considéré est notablement supérieure à ses dimensions transversales, ce qui a lieu d'ordinaire.

pour la variation proportionnelle des fibres extrêmes :

$$i' = \frac{6Pc}{Eab^2} = \frac{3fb}{2c^2},\qquad(2)$$

et pour l'effort supporté par ces fibres :

$$Ei' = \frac{6Pc}{ab^2} = \frac{3}{2}\frac{Efb}{c^2}.\qquad(3)$$

La formule (1) montre que l'observation de la flèche f d'un barreau prismatique reposant sur deux appuis distants d'une longueur $2c$ et chargé d'un poids 2P permet de calculer le module d'élasticité ou la raideur E; on en déduit en effet :

$$E = \frac{P}{f} \times \frac{4c^3}{ab^3}.$$

Courbe des flexions. — Une seule expérience suffirait, à la rigueur, pour ce calcul, si l'on suppose la raideur constante; mais si, au lieu de se contenter d'une seule épreuve, on charge le barreau de poids croissants, en mesurant à chaque fois la flexion correspondante, on pourra éliminer les erreurs accidentelles des mesures, et compenser les légères variations de la raideur ; on obtiendra ce résultat en construisant, comme nous l'avons supposé pour les essais d'extension, une courbe à l'aide des points obtenus en prenant les charges pour abscisses et les flexions par unité de longueur pour ordonnées.

Cette courbe devra se confondre d'abord avec une ligne droite passant par l'origine, puisque les flexions sont, au début, proportionnelles aux charges, et ce n'est que lorsque ces charges dépasseront la limite d'élasticité que la courbe s'écartera de la ligne droite. On sait d'ailleurs que, dans ce cas, les flexions augmentent plus rapidement que les charges, donc la courbe s'élèvera au-dessus de la ligne droite qui se confondait d'abord avec elle et présentera sa convexité à l'axe des x.

Par analogie avec ce que nous avons développé au sujet des épreuves d'extension, on reconnaît qu'une telle courbe, prolongée jusqu'au point correspondant à la charge de rupture, donnera à la fois :

Par l'angle α que forme avec l'axe des x la ligne droite qui peut la remplacer à l'origine, le *module d'élasticité* ou la *raideur élastique* à l'aide de la relation :

$$\operatorname{cotang} \alpha = \frac{P}{f} = E \times \frac{ab^3}{4c^3};$$

Par le point où la ligne droite cesse de se confondre avec la courbe, la charge et la flèche qui correspondent à la *limite d'élasticité ;*

Par l'aire du triangle rectangle dont les ordonnées de ce point forment les deux côtés, ce que l'on peut appeler la *résistance vive d'élasticité de flexion*, mesurant le travail nécessaire pour atteindre par flexion la limite d'élasticité du barreau;

Par l'aire totale de la courbe prise jusqu'au point correspondant à la rupture, ce que nous désignerons par la *résistance vive de rupture par flexion*, mesurant le travail nécessaire pour produire par flexion la rupture du barreau éprouvé;

Par le rapport de ces deux derniers nombres, le *coefficient de sécurité* pour l'emploi du bois dans ces conditions;

Enfin, par les variations d'inclinaison de la tangente à la courbe, les variations successives de la *raideur.*

Relations entre les effets de flexion et les effets d'extension. — Mais de ces mesures on peut, de plus, déduire les renseignements correspondants relatifs aux efforts d'extension ; il suffit, à cet effet, de recourir aux formules (2) et (3).

Appliquée à la flèche f' correspondant à la limite d'élasticité, la première :

$$i' = \frac{3f'b}{2c^2},$$

donne l'allongement des fibres correspondant à la limite d'élasticité.

La seconde :

$$Ei' = 6\,\frac{Pc}{ab^2} = \frac{3}{2}\,\frac{Ef'b}{c^2},$$

donne la traction dans le sens des fibres correspondant à cette même limite.

Si l'on applique cette dernière formule à la charge de rupture, on aura la résistance à la rupture par extension; toutefois, cette marche exige que la formule soit applicable encore au delà de la limite des allongements proportionnels ; or, nous avons vu qu'elle cesse d'être exacte dans ce cas, car elle suppose que la résistance à l'extension et la résistance à la compression restent égales, ce qui est loin de se réaliser quand on approche de la rupture.

Quoi qu'il en soit, et à défaut d'expériences précises, nous prendrons la valeur donnée par cette formule pour mesure conventionnelle de la résistance à la rupture par extension, bien qu'il paraisse à peu près établi qu'au moment de la rupture la résistance à l'extension pour les bois devient environ double de la résistance à la compression, de sorte que l'on devrait prendre, pour mesure de la résistance à la rupture par extension, une valeur égale aux $\frac{4}{3}$ de celle donnée par la formule, tandis que la résistance à la rupture par compression ne serait que les $\frac{2}{3}$ de cette même valeur.

En admettant que les formules ci-dessus s'appliquent dans toute l'étendue des épreuves, on pourra aussi déterminer aisément, à l'aide des résistances vives d'élasticité et de rupture par flexion, les résistances vives d'élasticité et de rupture par extension correspondantes; en effet, ces résistances vives sont représentées par la somme des produits de l'effort exercé Ei' et de l'allongement correspondant i', c'est-à-dire par :

$$\Sigma . Ei' \times i',$$

ou, d'après les formules données ci-dessus, par :

$$\Sigma \left(\frac{3}{2} \frac{Ef'b}{c^2} \times \frac{3}{2} \frac{f'b}{c^2} \right),$$

ou :

$$\left(\frac{3}{2} \frac{b}{c^2} \right)^2 \Sigma \left(\frac{4Pc^3}{ab^3} \cdot f' \right),$$

ou enfin :

$$\frac{9}{abc} \Sigma (Pf').$$

Or $\Sigma (Pf')$ représente ce que nous avons appelé la résistance vive de flexion, résistance vive d'élasticité si f' est la flexion correspondant à la limite d'élasticité, résistance vive de rupture si f' est la flèche de rupture; donc on obtiendra les résistances vives d'extension, en multipliant par $\frac{9}{abc}$ les résistances vives de flexion correspondantes.

On peut également, à l'aide des raideurs déduites de la courbe des flexions, déterminer les raideurs qu'auraient données les expériences d'extension, car en représentant par ε' la cotángente de l'angle que forme avec l'axe des x la tangente en un point de la courbe des flexions, on obtiendra la raideur à l'extension ε par la formule :

$$\varepsilon = \varepsilon' \times \frac{4c^3}{ab^3}.$$

Mesure des effets de flexion. — On voit, d'après ce qui précède, que les expériences sur la flexion suffisent à elles seules pour déterminer tous les éléments, relatifs aux propriétés élastiques des corps, qui pourraient être fournis par des expériences directes d'extension. Les épreuves de flexion sont d'ailleurs beaucoup plus faciles à exécuter que ces dernières, surtout sur des barreaux de bois, car elles donnent le moyen d'obtenir, avec des charges peu considérables, des déformations aisément mesurables, alors même que les dimensions des barreaux sont relativement considérables ; aussi a-t-on souvent recours à ce procédé pour étudier les propriétés élastiques des corps, et c'est celui que nous avons appliqué en Nouvelle-Calédonie.

Les appareils employés pour soumettre les barreaux de bois aux épreuves de flexion sont de deux sortes : les uns agissent par l'intermédiaire de leviers qui multiplient dans un rapport donné l'action des poids appliqués ; les autres agissent par l'action directe de poids suspendus au milieu de la longueur des barreaux éprouvés.

Appareil de Rochefort. — Comme exemple des premiers appareils, nous donnons sur la planche VII le dessin d'une *romaine* établie d'après le type d'un appareil construit à la direction d'artillerie de Rochefort, sur les indications de M. Dufaure, chef d'escadron d'artillerie de la marine, mais dans le tracé de laquelle on a cherché à faire disparaître quelques défauts que présentait ce dernier appareil.

Dans cette romaine, le barreau de bois, dont la section carrée a deux centimètres de côté, repose sur les angles arrondis de deux prismes en fer distants de 20 centimètres. Au milieu de la distance de ces deux points d'appui, un piston en fer, guidé dans une douille verticale et terminé à sa base par un prisme renversé, sert à transmettre l'effort au milieu du barreau.

Cet effort est exercé sur la tête du piston par l'intermédiaire d'un levier qui amplifie, dans le rapport de 10 à 1, l'action des poids placés dans un plateau suspendu à son extrémité.

Un levier coudé, dont le grand bras, en forme d'aiguille légère, se déplace devant un cercle gradué, indique, en les amplifiant, les déplacements du piston et sert à mesurer les flexions du barreau.

Cet appareil, d'un maniement commode, a l'inconvénient de ne pas mesurer les efforts exercés avec une grande précision, par suite des variations qu'éprouve forcément la longueur du petit bras de levier et des frottements qui se produisent sur l'axe et dans la douille du piston lorsque ce dernier s'abaisse.

De plus, il ne permet d'essayer que des barreaux de dimensions trop faibles pour qu'il soit possible de rendre négligeables les causes d'erreurs dues aux défauts d'homogénéité du bois, et aux irrégularités de débit et de préparation des échantillons soumis aux essais. Eu égard, en effet, aux dimensions des fibres des bois et à celles des défauts apparents que présente leur structure, eu égard aussi à l'influence que de légères variations dans les dimensions de leur section peut avoir sur leur résistance, il est admis généralement que l'on ne doit pas soumettre à des épreuves de résistance des barreaux dont la section ait moins de 4 centimètres de côté; c'est sur des barreaux de cette grosseur qu'ont été effectuées la plupart des mesures consignées dans les traités scientifiques, et si l'on voulait employer à de nouvelles recherches une machine du genre de celle qui vient d'être décrite, il conviendrait tout au moins d'en augmenter les dimensions, de façon à pouvoir l'appliquer aux essais de barreaux de 4 centimètres de côté et de 1 mètre de longueur entre les points d'appui.

Appareil de Nouméa. — La machine que j'ai employée en Nouvelle-Calédonie opérait sur des barreaux de cette dernière dimension ; elle agissait, de plus, par charge directe et permettait d'accroître graduellement et sans chocs l'effort exercé sur le barreau, surtout dans le voisinage de la rupture.

Cette machine est figurée sur la planche VIII; elle se compose d'un chevalet AA dont les montants verticaux sont reliés, à leur partie supérieure, par deux traverses horizontales BB formant moises et suffisamment écartées pour laisser passer entre elles le barreau à essayer.

Ce barreau repose sur les angles arrondis de deux prismes triangulaires en fer CC portés par les montants et distants exactement de 1 mètre.

Il est engagé dans un étrier renversé qui s'appuie également sur lui par un angle arrondi, et auquel se suspendent les poids destinés à opérer les efforts de flexion. Cet étrier glisse d'ailleurs entre deux guides verticaux EE en bois qui le maintiennent au milieu de la longueur du barreau.

Pour opérer d'une manière commode le chargement du barreau, en évitant les variations brusques nuisibles à la régularité des expériences, on employait une grande caisse rectangulaire en bois doublée de zinc F, qui, suspendue directement après l'étrier, pouvait être remplie graduellement d'eau à l'aide d'un robinet G alimenté par un réservoir supérieur.

Cette caisse était munie d'un flotteur qui, par l'intermédiaire d'une petite chaîne passant sur deux poulies, faisait mouvoir une aiguille K, qui parcourait une échelle graduée tracée sur le devant de la caisse et faisait connaître ainsi, à chaque instant, le poids total suspendu après le barreau.

Pour faciliter la manœuvre de l'appareil et permettre de soulever aisément la caisse qui, même vide, pesait environ 63 kilogrammes, on avait placé à la partie inférieure une forte vis verticale terminée par un croisillon en bois O, sur lequel reposait directement la caisse. Cette vis s'engageait dans un écrou fixé sur le sol ; en la faisant tourner à la main, dans le sens convenable, on pouvait, au début des expériences, soulever suffisamment la caisse pour permettre de l'accrocher à l'étrier porté par le barreau d'essai. En tournant ensuite en sens inverse, on faisait descendre la vis, qui laissait la caisse suspendue après le barreau, constituant ainsi une charge initiale de 63 kilogrammes.

En laissant la caisse s'emplir d'eau, on pouvait porter graduellement cette charge à 250 kilogrammes. Ce poids n'étant pas suffisant pour provoquer la rupture de la plupart des essences, on avait d'ailleurs ajouté, sur les côtés de cette caisse, deux planchettes VV fixées solidement, et sur lesquelles on pouvait empiler des poids rèctangulaires en plomb, pesant chacun 10 kilogrammes.

Comme ce n'est qu'à la fin des essais, et lorsque les barreaux ont pris déjà une flexion très – sensible, qu'il est dangereux de les charger brusquement, on commençait les expériences en plaçant les poids additionnels, et l'on terminait l'opération en augmentant la charge à l'aide de l'eau, lorsque la flexion obtenue (environ 2 centimètres) faisait connaître qu'il ne fallait continuer qu'avec précaution. On ajoutait alors, pour chaque lecture, le total des poids portés par la caisse aux chiffres indiqués par le flotteur.

Pour mesurer les flexions, on employait une échelle en bois, graduée en demi-millimètres qui, glissant librement entre deux guides verticaux, venait reposer directement sur l'étrier engagé au milieu du barreau et, par suite de son poids, en suivait tous les mouvements.

Un fil métallique très-fin, tendu horizontalement devant cette échelle, servait à apprécier ses déplacements ; il était fixé après deux petits boutons SS, pouvant glisser à frottement dur dans deux rainures verticales, ce qui permettait de le faire coïncider à la main avec le zéro de l'échelle. On avait d'ailleurs la précaution d'amener cette coïncidence avant chaque essai, afin de tenir compte des défauts de confection des barreaux, qui pouvaient n'être pas toujours parfaitement dressés.

Une fois la caisse suspendue au barreau, on lisait la flexion produite par cette charge, et on introduisait un peu d'eau, de façon à amener le poids total à 70 kilogrammes. On opérait alors à partir de ce poids, en augmentant successivement la charge de 10 en 10 kilogrammes, soit par l'addition de poids sur les planchettes, soit par une introduction d'eau dans la caisse, et l'on notait à chaque fois la flexion correspondante.

On avait soin, en même temps, de faire descendre graduellement la vis placée sous l'appareil, de façon à maintenir constamment le croisillon qui la surmonte à 2 ou 3 centimètres au plus au-dessous du fond de la caisse, ce qui permettait d'éviter la chute de l'appareil lors de la rupture du barreau.

Cette machine donnait aussi le moyen de décharger aisément le barreau, lorsqu'il n'avait pas été poussé jusqu'à la rupture, et d'étudier la façon dont il se comportait dans ces conditions ; on pouvait, en effet, alléger graduellement la caisse en ouvrant le robinet inférieur T, et observer ainsi les flexions correspondant à des charges décroissantes. Ce même robinet servait à vider la caisse à la fin de l'opération : l'eau tombait dans une cuvette U, terminée par un conduit qui la dirigeait dans une citerne placée sous le bâtiment. Une pompe aspirante et foulante, la prenant dans cette citerne, pouvait la renvoyer dans le réservoir supérieur pour de nouvelles mesures.

Cet appareil a servi pour les nombreux essais de barreaux effectués à Nouméa et dont les résultats sont résumés plus loin. Il s'est toujours parfaitement comporté, il est d'un maniement commode, et donne une grande précision ; c'est donc la disposition qu'il conviendrait de reproduire, si l'on avait à construire une machine pour éprouver les barreaux à la flexion. Dans une usine où l'on disposerait d'une certaine quantité de limaille de fonte, on pourrait d'ailleurs remplacer la caisse destinée à recevoir l'eau par un récipient plus petit, dans lequel on verserait graduellement la limaille, en prenant des dispositions spéciales pour connaître facilement le poids introduit.

3° Compression.

Lois des compressions élastiques. — Les corps soumis à des efforts de compression présentent des effets d'élasticité analogues à ceux qui sont produits par la traction.

Les raccourcissements, tant qu'ils ne dépassent pas une certaine limite, sont proportionnels à l'effort exercé. Ils varient aussi proportionnellement à la longueur des corps et en raison inverse de sa section, de sorte qu'ils peuvent être représentés par une formule analogue à celle qui donne les allongements des corps soumis à la traction, formule qui dans le cas actuel est :

$$r = \frac{E'PL}{A},$$

En appelant :

r le raccourcissement total ;

Et E' le coefficient d'élasticité de compression.

D'après les expériences de M. le général Morin, citées à propos de la flexion, ce coefficient est d'ailleurs égal au coefficient d'élasticité d'extension.

Résistance à l'écrasement. — Si l'on dépasse la limite d'élasticité, les effets qui sont produits sur les corps solides par des efforts d'extension dépendent essentiellement de la constitution de ces corps et de leurs proportions.

S'ils sont grenus, comme la fonte ou les pierres calcaires compactes, ils s'écrasent en se fendillant et, dans ce cas, si le corps comprimé a la forme d'un cube, il se partage en pyramides ayant leur sommet commun au centre.

S'il s'agit, au contraire, de corps fibreux tels que les bois, comprimés dans le sens de la longueur des fibres, il faut distinguer le cas où ils sont courts, et celui où leur longueur excède de huit à dix fois le côté de leur base. Dans le premier cas, les fibres refoulées s'écartent, le corps se renfle en tous sens vers le milieu. Dans le **second cas**, il y a d'abord une compression, quelquefois insignifiante, mais au **delà** d'une certaine limite le corps fléchit, cède et se rompt.

La mesure de la résistance à la rupture des corps de cette espèce ne doit évidemment être effectuée que sur ceux de la première forme, trop courts pour fléchir sous l'effort exercé.

Ces conditions rendent d'ailleurs fort difficile la mesure des autres effets de la compression sur les corps, aussi les études directes de compression ont-elles toujours été bornées à la mesure de la résistance de rupture.

Mesures des effets de compression. — On emploie habituellement, à cet effet, des presses hydrauliques permettant d'évaluer l'effort exercé et avec lesquelles on produit l'écrasement de petits cubes des substances étudiées.

L'appareil à levier, construit à la direction d'artillerie de Rochefort, pour étudier la flexion des bois, peut aussi être utilisé pour produire l'écrasement, ainsi que l'indique la planche VIII. Il suffit, à cet effet, de remplacer le piston terminé par un angle arrondi, par un piston à face plane, comprimant le prisme de bois à essayer contre la base de l'appareil; mais cette machine est trop faible pour opérer sur des morceaux de bois de grosseur suffisante pour qu'il soit possible d'obtenir avec elle des résultats suffisamment exacts.

N'ayant pas, en Nouvelle-Calédonie, d'appareil convenable pour faire des essais de ce genre, je n'ai pas exécuté de mesures de compression sur les bois de ce pays ; les seules mesures de résistance à l'écrasement, dans le sens des fibres et dans le sens perpendiculaire, qu'il était possible d'obtenir par ce procédé, n'auraient donné, d'ailleurs, que des renseignements peu utilisables au point de vue de l'emploi des essences.

4° Torsion.

Effets de la torsion. — La résistance des bois aux efforts de torsion, résistance que l'on a moins souvent à examiner que les autres actions mécaniques, joue cependant un rôle important dans certains modes d'emploi des bois, tels, par exemple, que la confection des arbres de couche pour transmission de mouvement, celle des manches ou hampes pour différents instruments ou outils, celle encore des vis d'établi ; elle intervient aussi dans la résistance des avirons et même dans celle des bois de mâture, car les mâts subissent sous les efforts de la voilure une véritable torsion dans certaines évolutions du navire.

Il est facile, d'ailleurs, de reconnaître que les effets de torsion de barreaux découpés parallèlement aux fibres, doivent être liés principalement aux propriétés élastiques et à la résistance du bois dans le sens normal aux fibres, tandis que les effets de compression, d'extension et de flexion de ces mêmes barreaux sont liés plus spécialement aux propriétés élastiques et à la résistance dans le sens même des fibres.

Les essais de torsion ont donc, au point de vue de l'étude complète des propriétés mécaniques élémentaires des bois, une importance incontestable et il est à regretter, pour ce motif, qu'ils soient trop souvent négligés.

Lois de la torsion. — Coulomb, en 1784, étudia, le premier, la torsion des fils circulaires ; il en démontra expérimentalement les lois, et appliqua le calcul au cas d'un cylindre à base circulaire. Cauchy, en 1829, soumit au calcul le cas de la torsion d'un prisme rectangulaire, mais il admit que les sections normales à l'axe et primitivement planes restaient planes encore après la torsion. Il négligeait ainsi l'effet du glissement des molécules les unes sur les autres et arriva par suite à des formules inexactes.

Ces erreurs furent signalées par M. de Saint-Venant et reconnues par Cauchy en 1854 ; les formules inexactes ont cependant été admises encore par Wertheim et se retrouvent aussi dans le résumé des expériences faites par M. Bonniceau sur la torsion des bois.

Le moyen le plus commode d'étudier la torsion des bois consiste à employer des barreaux rectangulaires placés horizontalement, dont une extrémité est solidement encastrée dans un logement de même section et dont l'autre extrémité reçoit un mouvement de torsion par l'intermédiaire d'un plateau à gorge, sur lequel s'enroule une corde tendue à l'aide de poids que l'on fait varier à volonté.

Lors de la torsion d'un prisme de cette forme, les faces latérales primitivement planes se gauchissent et prennent la forme d'hyperboloïdes; les sections normales primitivement planes se gauchissent aussi, de façon que leurs éléments restent normaux aux fibres du prisme tordues en hélice.

Si le prisme est à section carrée, cette section se divise en 8 triangles déterminés par les diagonales et par les lignes joignant les milieux des côtés et qui se gauchissent alternativement en saillie et en creux.

Si la section est un rectangle, la division en 8 parties, par des lignes passant au centre de figure, subsiste tant que le plus grand côté ne dépasse pas le produit de l'autre par 1,4513 ; mais le creux n'est pas symétrique à la saillie dans chaque quart de section. Au delà de cette limite, la section ne se divise plus qu'en quatre parties rectangulaires déterminées par les lignes qui joignent les milieux des côtés ; ces parties se gauchissent encore alternativement en saillie et en creux.

Les points faibles dans la torsion d'un prisme rectangulaire sont, par suite, dans chaque section, les milieux des petits côtés, c'est donc par les fibres médianes de chaque face que doivent se produire les ruptures.

Ce résultat qu'indique la théorie est vérifié par l'expérience, tandis que dans l'hypothèse de la permanence des sections planes la rupture devrait se produire sur les arêtes.

Formules de la torsion. — Les formules de la torsion, en adoptant les notations de Navier, sont les suivantes.

Si l'on appelle :

a la longueur du solide depuis sa section fixe jusqu'à la section dans laquelle agit la force de torsion ;

r le rayon de sa section si elle est circulaire ;

b et c les côtés de cette section si elle est rectangulaire ;

P la force de torsion ;

R le bras de levier avec lequel elle agit ;

0 l'angle décrit par les diamètres de la section extrême [1] ;

Et enfin G un poids, constant pour chaque espèce, représentant la résistance spécifique de la torsion ou le *module d'élasticité de torsion ;*

On a, dans le cas de la section circulaire :

$$G = \frac{P}{0} \times \frac{6aR}{r^4},$$

Et dans le cas de la section rectangulaire :

---

[1] Plus exactement 0 représente la longueur de l'arc correspondant à l'angle de torsion dans le cercle dont le rayon est l'unité ; par conséquent, si l'angle dont il s'agit est exprimé en degrés sexagésimaux, il faut multiplier le nombre de degrés par $\dfrac{\pi}{180}$ pour obtenir la valeur 0 qui doit figurer dans les formules.

$$G = \frac{P}{\theta} \times \frac{3\,(b^2 + c^2)\,a\mathrm{R}}{b^3 c^3} \times \mu.$$

μ est un coefficient de correction qui s'obtient par le calcul d'une série convergente dont M. de Saint-Venant a donné le développement en fonction de b et c et des tangentes hyperboliques de multiples de $\dfrac{\pi b}{2c}$.

La valeur de ce coefficient est de 0,84340 lorsque $b = c$; elle augmente ensuite en convergeant vers l'unité lorsque b devient plus grand que c et atteint déjà la valeur 0,90902 lorsque $b = 5c$; on peut, par suite, la supposer égale à 1 lorsqu'il s'agit de la torsion de prismes très-plats.

On doit donc prendre, pour le cas de la torsion d'un prisme à base carrée, la formule :

$$G = 0,84340\,\frac{P}{\theta} \times \frac{6a\mathrm{R}}{b^4}.$$

Le rapport du moment PR de la résistance élastique du carré à la torsion au moment de la résistance correspondante du cercle inscrit, en tenant compte de la relation $b = 2r$, est donc :

$$\frac{0,84340}{\dfrac{3\pi}{16}} = \frac{0,8434}{0,539} = \frac{1}{0,710}.$$

Les formules données par Cauchy et Navier ne différaient des précédentes que par la suppression du coefficient de correction μ ; elles n'étaient donc exactes que pour les tiges cylindriques, et donnaient pour le rapport des moments des résistances élastiques de la section carrée et de la section circulaire inscrite la valeur $\dfrac{1}{0,589}$.

Ces formules ne s'appliquent que pour de petites valeurs de θ ; on voit qu'elles indiquent que les angles de torsion sont proportionnels aux charges et à la longueur des barreaux tordus, et que, pour les prismes à section carrée ou pour les tiges cylindriques, ces mêmes angles sont inversement proportionnels à la quatrième puissance du côté ou du rayon de la section.

L'angle de torsion est inversement proportionnel au module d'élasticité G, ce module peut donc mesurer la *raideur d'élasticité de torsion*.

M. de Saint-Venant a démontré d'ailleurs que, dans les corps solides homogènes, ou plutôt dans les corps isotropes, c'est-à-dire dans ceux qui sont d'égale élasticité en tous sens à chaque point, le coefficient G doit être lié au module d'élasticité E par la relation :

$$G = \frac{2}{5} E.$$

Cette relation ne peut s'appliquer au bois par suite de sa structure hétérogène, mais elle peut, jusqu'à un certain point, servir à calculer quel doit être le coefficient d'élasticité dans le sens normal aux fibres, si l'on admet que la résistance à la torsion ne dépende que de ce coefficient.

Si l'on admet que les résistances des éléments du solide conservent entre elles les mêmes rapports, alors même que l'angle de torsion devient assez considérable pour produire la rupture, on peut obtenir les formules donnant la résistance à la rupture par torsion.

En appelant T un poids exprimant la résistance à la torsion rapportée à l'unité de surface, à l'instant où la rupture a lieu, on obtient alors pour un corps à section circulaire la formule :

$$T = P \times \frac{2R}{\pi r^3},$$

et pour un corps à section rectangulaire :

$$T = P \times \frac{R}{bc^2} \times \frac{\gamma}{2\mu},$$

la fraction $\frac{\gamma}{2\mu}$ étant un coefficient de correction dont l'inverse $\frac{2\mu}{\gamma}$ est égal à 0,20817 lorsque $b = c$ et augmente ensuite en convergeant vers la limite $\frac{1}{3}$ ou 0,33333 lorsque b devient plus grand que c ; ce coefficient atteint déjà la valeur 0,29150 lorsque $b = 5c$, on peut donc sans grande erreur le supposer égal à $\frac{1}{3}$ pour les prismes très-plats ; on a donc les formules :

$$T = P \times \frac{R}{0{,}20817\, b^3},$$

pour les prismes à section carrée, et :

$$T = P\, \frac{3R}{bc^2},$$

pour les prismes très-plats [1].

En supposant les corps homogènes, on devrait avoir entre le nombre T et la résistance P à la rupture par extension la relation :

$$T = \frac{4}{5}\, P,$$

Mais on ne peut s'attendre à ce que cette relation soit vérifiée, même dans le cas d'homogénéité parfaite, parce qu'à l'instant de la rupture les actions intérieures ne sont pas telles qu'on l'a supposé dans les solutions analytiques, solutions qui sont essentiellement fondées sur la supposition que le changement de figure est très-petit.

D'après ces formules, la résistance à la rupture est indépendante de la longueur du prisme, mais l'angle dont le corps est tordu au moment où il se rompt est proportionnel à cette longueur.

Mesure des effets de torsion. — Les expériences de torsion sur les bois sont faciles à faire avec des prismes à section rectangulaire ; c'est avec des barreaux de 1 mètre de longueur libre, et à section carrée de 4 centimètres de côté qu'ont été faits nos essais à Nouméa ; ce sont ces mêmes dimensions que M. Bonniceau avait adoptées pour ses expériences.

---

[1] Navier ne tenant pas compte du coefficient correctif $\dfrac{\gamma}{2\mu}$ avait donné pour les prismes rectangulaires la formule :

$$T = P \times \frac{3R\ \sqrt{b^2 + c^2}}{b^2 c^2},$$

qui pour la section carrée se réduit à :

$$T = P \times \frac{3R\ \sqrt{2}}{b^3}.$$

La résistance à la rupture obtenue dans ce dernier cas serait donc à la résistance calculée par la formule exacte dans le rapport de $3\sqrt{2} \times 0{,}20817$ à 1, ou de 0,8812 à 1, ou encore de 1 à 1,135.

L'appareil que nous avons employé et qui est un perfectionnement de celui de M. Bonniceau, est représenté sur la planche IX.

Il était placé dans l'angle formé par deux murs en pierres et se composait d'une douille rectangulaire en tôle, encastrée et scellée dans l'un des murs pour recevoir l'une des extrémités des barreaux, et de deux équerres en fer, voisines et parallèles, scellées dans le mur perpendiculaire et supportant les extrémités en forme de tourillons d'une pièce en bronze, percée, suivant son axe, d'un trou de 4 centimètres de côté. Cette pièce que le barreau pouvait traverser à frottement doux présentait extérieurement dans sa partie moyenne une partie également quadrangulaire, destinée à s'engager dans la mortaise de même forme d'un disque en bois, de 50 centimètres de rayon, engagé entre les deux supports.

Une gorge était creusée sur la tranche de ce disque ; une corde, fixée à l'aide d'un nœud et d'une ferrure spéciale en un point de cette gorge, pendait à droite et à gauche, supportant d'un côté un plateau destiné à recevoir des poids, et de l'autre une masse destinée à faire équilibre au plateau vide.

La face extérieure du disque portait sur la circonférence une division en degrés sexagésimaux, et une aiguille en fer, fixée après l'équerre, servait de repère pour mesurer l'amplitude de la rotation.

Grâce à ces dispositions, lorsque l'on voulait étudier la torsion d'un échantillon de bois déterminé, on n'avait qu'à introduire un barreau de ce bois, de 4 centimètres d'équarrissage et de 1^{m}20 environ de longueur, dans l'ouverture carrée du coussinet en bronze en le poussant jusqu'à ce que son extrémité vînt s'encastrer dans le logement ménagé dans le mur.

On exerçait alors, avec la main, une légère pression sur le plateau pour déterminer le contact des faces du barreau et des faces d'appui de l'appareil, et dans cette position, on amenait exactement au zéro la pointe de l'aiguille, opération que permettait le mode de fixation de cette aiguille, montée à frottement dur sur son axe comme une branche de compas.

Cela fait, l'appareil était prêt à fonctionner ; en ajoutant dans le plateau des poids successifs, on lisait à chaque fois, en regard de l'aiguille, l'angle de torsion correspondant, et l'on pouvait continuer ainsi jusqu'à la rupture. Celle-ci n'exigeait pas habituellement une charge de plus de 50 kilogrammes.

Lors de la rupture, le disque tournait rapidement jusqu'à ce que le plateau chargé du poids vînt se poser sur un support préparé à hauteur convenable ; si les morceaux n'étaient pas séparés, on achevait leur séparation en faisant tourner le disque à la main, et l'on enlevait alors aisément les deux tronçons de leurs encastrements ; on déchargeait le plateau, et l'appareil se trouvait prêt pour une nouvelle expérience.

Courbe des torsions. — Après avoir mesuré ainsi les angles de torsion correspondant à des charges régulièrement croissantes, on peut, par analogie avec ce que nous avons indiqué pour les essais d'extension et de flexion, construire par points des courbes représentant les variations des propriétés élastiques lors de la torsion, courbes que l'on obtiendra en prenant pour abscisses des longueurs proportionnelles aux poids, et pour ordonnées des longueurs proportionnelles aux angles de torsion.

D'après ce qui précède, chacune des courbes ainsi obtenues se confondra sensiblement avec une ligne droite tant que l'élasticité ne sera pas altérée ; mais au delà du point correspondant à la limite d'élasticité, comme l'expérience constate que près de la rupture les torsions deviennent relativement plus considérables, la courbe s'élèvera plus rapidement en présentant sa convexité à l'axe des x.

On pourra donc, en cherchant à tracer la droite qui se confond avec la courbe à l'origine, se servir de cette droite pour déterminer les éléments, charge et angle de torsion, qui correspondent à la limite d'élasticité ; éléments qui ne seront autres que les coordonnées du point où la courbe obtenue se sépare de la ligne droite. A l'aide de ces deux quantités P et θ (cette dernière supposée exprimée en degrés sexagésimaux) on calculera le module d'élasticité de torsion G par la formule :

$$G = 0,84340 \times \frac{180\,P}{\pi\theta} \times \frac{6aR}{b^4}.$$

On obtiendra d'ailleurs la résistance à la torsion, rapportée à l'unité de surface, qui correspond à la limite d'élasticité, par la formule :

$$T = P \times \frac{R}{0,20817\,b^3}.$$

Cette même formule, en y remplaçant P par la charge qui a produit la rupture, donnera de même la résistance à la rupture par torsion, en admettant, comme nous l'avons dit, que les lois de la torsion subsistent jusqu'à ce moment.

Si l'on remarque que le travail de la force qui produit un déplace-cement de torsion est mesuré par le produit de cette force par ce dé-placement, on voit que l'on pourra, en mesurant l'aire de la courbe jusqu'au point correspondant à la limite d'élasticité, déduire de la va-leur de cette aire celle de la résistance vive élastique de torsion ; elle sera donnée, en effet, par la formule :

$$T = \frac{\pi}{180} \times A.$$

En appelant A l'aire mesurée, ou si l'on observe que, dans le cas ac-tuel, cette aire est un triangle rectangle dont les côtés sont P et θ, on aura :

$$T = \frac{\pi}{180} \times \frac{1}{2} P\theta.$$

La première de ces formules, en mettant à la place de A l'aire totale de la courbe, mesurée jusqu'au point correspondant à la rupture, don-nera de même la résistance vive de rupture par torsion, mais dans ce cas l'aire, ne pouvant être déterminée par le calcul, devra être me-surée graphiquement.

En prenant le rapport de la résistance à la rupture par torsion, à la résistance correspondant à la limite d'élasticité, ou bien le rapport des résistances vives correspondantes, on peut enfin obtenir, pour la tor-sion, des coefficients de sécurité analogues à ceux dont il a été question pour l'extension et la flexion.

Les expériences de torsion faites en Nouvelle-Calédonie sur un grand nombre de barreaux avec l'appareil décrit ci-dessus, nous ont permis de construire la courbe de torsion de chacun de ces barreaux, et de déterminer ainsi toutes les constantes spécifiques énumérées ci-dessus dont on trouvera au chapitre suivant les valeurs moyennes.

5º Glissement.

Effets du glissement. — On a remarqué depuis longtemps que les lois de l'élasticité de flexion et celles de l'élasticité de torsion, telles qu'elles sont habituellement admises, ne peuvent être appliquées avec exactitude qu'autant que la longueur du solide prismatique considéré est beaucoup plus grande que sa section transversale.

Lorsqu'il en est autrement, il faut tenir compte de la résistance au glissement des molécules les unes sur les autres.

Cette résistance, que Coulomb avait signalée le premier, a été nommée force transverse par M. Vicat, qui l'a définie : « La résistance à toute disjonction par le mouvement tangentiel des parties les unes sur les autres ou à tout effort qui tend à diviser un corps en faisant glisser, pour ainsi dire, une de ses parties sur l'autre, sans exercer ni pression ni tirage hors de la face de rupture. »

Elle a reçu depuis le nom de résistance au cisaillement, terme expressif proposé par M. Love.

C'est d'elle évidemment, ainsi qne nous l'avons signalé déjà à propos de la dureté, que dépend surtout la résistance des corps à l'action des outils, et si, pour les bois, cette résistance varie avec le sens de l'action par rapport à la direction des fibres, c'est que la résistance au cisaillement varie elle-même avec le sens de l'effort exercé. Elle est habituellement plus forte dans le sens normal aux fibres que dans une direction tangentielle, ce qui nous a conduit déjà à employer, pour ce dernier cas, l'expression de résistance à la fente, soit longitudinale, soit transversale.

La résistance au glissement intervient, ainsi que nous l'avons vu, dans les phénomènes de flexion et surtout dans ceux de torsion ; mais elle est souvent aussi mise en jeu, à peu près exclusivement, dans un grand nombre de circonstances où les pièces solides sont sollicitées à rompre par glissement parallèle aux faces de rupture. Dans ce cas se trouvent les tourillons, les tenons, les crochets, ainsi que les goujons, les clefs ou clavettes, etc. On peut encore ajouter les corbeaux, taquets ou tasseaux, les boulons de chaînes plates et de poulies, les queues d'aronde et les bouts de pièces moisées ou embrevées, les dents d'engrenage ou d'embrayage, les bagues ou embases, les filets de vis et d'écrous, les chevilles et rivets.

Dans des pièces de charpente d'assez grande longueur posées sur deux appuis et chargées en leur milieu, il y a près des points d'appui une tendance à rompre par glissement dont il faut tenir compte. Dans es rais des roues en mouvement, la partie inférieure et la partie supérieure étant sollicitées à fléchir en sens inverse, il y a au milieu de leur longueur effort de glissement sans flexion.

Mesure de la résistance au glissement. — La résistance au glissement est proportionnelle à l'aire de la section transversale dans laquelle
l'effort est exercé.

M. Vicat la déterminait en faisant pénétrer dans le corps étudié un
poinçon cylindrique en acier à base plane, et en prenant soin d'employer
comme appui une pièce métallique percée d'un trou cylindrique, du
même diamètre que le poinçon et placé sur son prolongement. Cette
méthode est peu précise, les diverses normales à la surface de séparation qui est, dans ce cas, la surface latérale du petit cylindre enlevé,
sont convergentes et non parallèles comme elles le seraient dans le cas
d'une scission plane, et elles doivent opposer une bien plus grande
résistance à l'action qui les incline sur cette surface avant de les en séparer ; il en résulte que les chiffres donnés par M. Vicat doivent être
supérieurs aux véritables résistances de glissement.

Il est préférable d'adopter le procédé employé dans les expériences
faites dans les ateliers de MM. Gouin et Cie, et qui consiste à cisailler
une tringle du corps étudié, en en séparant transversalement des tran-
ches ou rondelles, par des efforts agissant dans le plan même de séparation. Ce résultat était obtenu en introduisant cette tringle, à section
circulaire, dans trois trous de même forme, se correspondant et d'un
diamètre égal à celui de la tringle ; ces trous étaient ménagés dans une
pièce plate en acier trempé et dans une pièce à fourchette de même
matière comprenant exactement l'autre entre ses deux branches. On
produisait ensuite la séparation en tirant fortement les deux pièces en
sens contraire et l'on mesurait l'effort exercé.

M. de Saint-Venant indique aussi le moyen de déterminer la résistance au glissement en profitant des épreuves de torsion faites par le
procédé indiqué à l'article précédent ; il suffit, en effet, en opérant avec
précaution, d'observer le moment où se produisent les premières fentes
longitudinales ; on observe la charge appliquée et l'on calcule, par les
formules données pour la mesure de la résistance à la rupture par torsion, la résistance qui correspond à cette charge.

Ce dernier procédé ne peut s'appliquer aux bois à cause de leur
structure hétérogène : il est donc préférable d'adopter pour eux la seconde méthode. On remplacerait, dans ce cas, les trous circulaires de
la plaque et de la fourchette par trois trous carrés égaux dans lesquels
on engagerait, avec un léger forcement, un prisme, à base carrée, du
bois à observer.

En essayant successivement des prismes découpés dans le sens de la longueur des fibres , puis des prismes ayant leurs arêtes perpendiculaires à celles-ci et en ayant soin, dans ce dernier cas, d'opérer l'effort de séparation tantôt dans le sens de la longueur des fibres et tantôt dans le sens perpendiculaire , on obtiendra avec facilité , par ce procédé, les trois résistances que nous avons appelées : résistance au cisaillement transversal, résistance à la fente longitudinale et résistance à la fente transversale.

Ce procédé, qui constitue certainement le mode de mesure le plus simple pour la détermination des trois résistances élémentaires qui influent principalement sur la valeur de la résistance des bois à l'action des différents outils, exige toutefois que l'on puisse produire et mesurer un effort de traction assez considérable, si l'on veut opérer sur des prismes assez gros pour que l'on puisse compter sur une certaine précision. Ces prismes ne doivent pas, en effet, avoir moins de 2 centimètres de côté, et dans ces conditions, ils pourront parfois développer une résistance qui s'élèvera à plusieurs milliers ʔ kilogrammes.

Je n'avais pas, en Nouvelle-Calédonie, les moyens de produire et de mesurer des efforts de cette grandeur, et je n'ai pu par suite, déterminer les résistances transverses des bois que j'ai étudiés.

Cependant la détermination de ces résistances, dans les trois directions principales, me paraît tellement importante actuellement que je regrette de n'avoir pas cherché à l'opérer tout au moins d'une façon approximative.

En se contentant, au besoin, de cisailler des réglettes de bois de 1 centimètre carré de section et même moins, on pourrait employer une machine fort simple formée d'un grand levier en fer, analogue à celui de la romaine figurée sur la planche VII. Ce levier serait embrassé à une faible distance du pivot par une fourchette fixe verticale également en fer ; les deux joues de cette fourchette et le levier lui-même seraient percés de trois mortaises horizontales correspondantes dans lesquelles on engagerait les réglettes de bois à cisailler. En suspendant des poids de plus en plus lourds à l'extrémité du levier, ou même en déplaçant le long de cette tige un poids constant, on produirait des efforts croissants jusqu'à ce que la rupture s'effectuât.

Le levier de l'appareil n'éprouvant pas de déplacements sensibles pendant l'expérience, cette machine ne présenterait pas, pour ces essais, les inconvénients que nous avons signalés dans l'emploi de la machine de Rochefort pour les épreuves de flexion.

Il aurait été d'autant plus intéressant de déterminer, même avec une faible approximation, les résistances transverses des différents bois, dans les trois directions principales, qu'aucune mesure méthodique de ce genre n'a encore été entreprise. J'ai d'ailleurs des raisons de penser que la détermination de ces résistances m'aurait permis de compléter le travail que j'avais en vue lorsque j'ai entrepris l'étude des bois de la Nouvelle-Calédonie et de formuler d'une façon plus précise des conclusions sur la meilleure marche à suivre pour la détermination des propriétés mécaniques qui peuvent servir à faire connaître la valeur industrielle des essences. Ces trois résistances élémentaires, desquelles doivent dépendre plus ou moins directement la plupart des propriétés mécaniques des bois, me paraissent aujourd'hui, au terme de la longue étude que je résume ici, constituer les premiers éléments à déterminer dans la recherche des propriétés d'une essence donnée ; peut-être même constituent-elles, avec la densité et les coefficients d'élasticité dans les mêmes directions, les seules constantes spécifiques qui soient nécessaires à la détermination complète d'un bois, au point de vue mécanique.

Il serait à désirer que ceux qui sont en position d'entreprendre des recherches sur les bois dirigeassent leurs études dans cette voie, et je ne puis qu'attirer, sur ce point, l'attention des personnes qui liront ce travail.

3° VARIATIONS DES PROPRIÉTÉS MÉCANIQUES AVEC L'ÉTAT DE LA PROVENANCE DES BOIS.

Avant d'indiquer les résultats numériques des mesures des propriétés mécaniques effectuées sur les bois de la Nouvelle-Calédonie, il est utile de faire connaître brièvement l'influence que peuvent avoir sur ces propriétés les conditions variables dans lesquelles se sont trouvés les barreaux essayés.

MM. Chevandier et Wertheim ont étudié les variations de la densité et des propriétés mécaniques :

1° Dans les différentes couches d'un même arbre, en allant du centre à la circonférence ; 2° avec la hauteur des barreaux ou des billes dans l'arbre ; 3° avec l'âge de l'arbre et l'exposition du sol qui l'a produit.

Variations dans les différentes couches. — Dans l'examen comparatif des différentes couches d'un même arbre, ils ont été conduits à distinguer la nature de l'arbre et son âge.

En ce qui concerne la nature de l'arbre, pour le sapin, le pin, le charme, le frêne, l'orme, l'érable, le sycomore, le tremble et l'aune, les quatre propriétés : densité, vitesse du son, coefficient d'élasticité et cohésion, vont à peu près constamment en *augmentant* du centre à la circonférence, excepté pour les couches tout à fait voisines de l'écorce.

Dans les gros bois résineux, le coefficient d'élasticité est quelquefois plus que doublé à la circonférence.

L'acacia donne à peu près les mêmes résultats.

Pour le chêne, le bouleau et le hêtre, le maximum est environ au tiers du rayon à partir du centre, quand ces arbres sont vieux.

Sous le rapport de l'influence de l'âge, il paraît probable que pour tous les jeunes arbres les propriétés augmentent du centre à la circonférence, que pour les arbres à aubier (comme les trois derniers) les couches centrales s'oblitérant pour former le cœur amènent un renversement dans la marche des propriétés mécaniques, ce qui n'a pas lieu pour les essences dont toutes les couches restent perméables aux liquides, tels que les bois résineux et les bois blancs.

Variations avec la hauteur. — Il convient ici de distinguer deux cas.

Si l'on compare des barreaux comprenant les mêmes fibres annuelles, il y a diminution très-notable de force à mesure qu'on s'élève.

Si l'on compare des billes de toute l'épaisseur de l'arbre, attendu que *ce sont seulement les couches extérieures qui se continuent jusqu'en haut,* avec les arbres à aubier dont ces couches sont les plus faibles, on obtiendra également une diminution ; mais s'il s'agit d'arbres résineux dont les couches extérieures sont les plus fortes, il peut y avoir compensation et même accroissement des propriétés ; cependant le cas habituel est la diminution avec la hauteur.

Influence de l'âge et de l'exposition du sol. — L'élasticité et la cohésion paraissent diminuer avec l'âge.

Les bois venus en terrains secs paraissent plus élastiques que ceux venus en terrains fangeux ou humides. Les terrains perméables paraissent donner des bois plus élastiques.

Le module d'élasticité ne paraît pas modifié par l'époque ou le procédé d'abatage.

L'épaisseur des couches ligneuses paraît sans influence excepté pour le sapin, pour lequel l'élasticité est d'autant plus forte que les couches ligneuses sont plus minces ; mais, pour des couches de même largeur, situées à différentes distances du centre, l'élasticité est toujours plus forte dans celles qui en sont le plus éloignées.

L'amincissement des couches n'est donc pas la cause première de l'augmentation d'élasticité qu'on trouve dans le sapin, en allant du centre à la circonférence.

Variations avec l'humidité. — La limite d'élasticité s'élève avec la dessiccation, ce qui explique pourquoi les bois très-humides prennent plus facilement que les bois secs des courbures permanentes.

Elle est plus élevée pour les bois desséchés à l'air et au soleil que pour les bois desséchés naturellement dans un local clos ; elle peut aller, pour les bois secs, jusqu'au double de la valeur trouvée pour les bois verts.

Dans les bois fortement desséchés à l'étuve, la limite d'élasticité coïncide presque avec la charge qui précède la rupture, c'est-à-dire que, dans ce cas, les bois ne peuvent presque plus prendre d'allongements permanents.

On trouvera, dans le chapitre suivant, les valeurs numériques obtenues par MM. Chevandier et Wertheim pour les propriétés mécaniques des bois usuels de France, valeurs que nous avons rapprochées des résultats fournis par les bois de la Nouvelle-Calédonie.

Les nombres qu'ils ont donnés sont uniformément ramenés à 20 p. 0/0 d'humidité ; la difficulté de déterminer l'humidité des échantillons soumis aux essais ne nous a pas permis d'opérer avec cette précision, et nous nous sommes contenté de noter si le bois soumis aux essais était de fraîche coupe ou s'il avait subi à l'air une dessiccation de quelque durée.

CHAPITRE II.

Résultats des mesures numériques effectuées en Nouvelle-Calédonie.

1° DISPOSITION DES TABLEAUX RÉUNISSANT LES RÉSULTATS MOYENS DES MESURES.

Indications portées sur les tableaux. — Les tableaux qui suivent réunissent les résultats moyens des expériences que nous avons faites en Nouvelle-Calédonie pour déterminer un certain nombre des constantes spécifiques qui caractérisent les propriétés mécaniques des bois, à savoir : la densité, les constantes relatives à l'extension et les constantes relatives à la torsion.

Nous avons joint à ces chiffres les résultats des mesures analogues prises par différents observateurs et que nous avons pu nous procurer, mesures dues, en ce qui concerne les constantes relatives à l'extension, à MM. Chevandier et Wertheim pour les bois de France, à M. de Lapparent et à M. Dufaure pour les bois de la Guyane et pour quelques bois de France, et, en ce qui concerne les constantes relatives à la torsion, à M. Bonniceau pour un très-petit nombre de bois de France [1].

Nous aurions voulu y ajouter les constantes déterminées par MM. Lallemant et Morchain pour les bois de la Guadeloupe et de la Réunion, mais il ne nous a pas été possible de le faire parce que ces officiers n'ont opéré que sur des barreaux de 1 centimètre d'équarrissage, et qu'ils n'ont donné que les charges de rupture par flexion, ou même simplement le rapport de ces charges de rupture et le rapport des flèches de courbure aux éléments correspondants obtenus avec le chêne, sans avoir adopté pour unités les mêmes valeurs et sans que le premier ait d'ailleurs indiqué la flèche qu'il a admise pour le chêne [2].

Les nombres donnés dans nos tableaux sont les moyennes des résultats déduits par le calcul des épreuves faites, autant que possible, sur trois échantillons au moins de chaque essence.

Les bois ont été classés par famille, d'après l'ordre de la classifica-

---

[1] Ces résultats sont consignés dans les ouvrages suivants :
Chevandier et Wertheim. *Mémoire sur les propriétés mécaniques des bois*, 1848.
De Lapparent. *Du dépérissement des coques des navires en bois*, 1862.
Bonniceau. *Notes et expériences sur la torsion des bois.*
Dufaure. *Des bois de la Guyane.* (Mémoires manuscrits, 1864-1867.)

[2] Les résultats des expériences de ces deux officiers sont consignés dans les documents suivants :
Lallemant. *Bois de la Guadeloupe*, 1867. Mémoire manuscrit reproduit partiellement dans le catalogue des produits des colonies françaises, à l'Exposition universelle de 1867. Challamel.
Morchain. *Épreuves sur les bois de la Réunion.* Revue maritime, novembre 1872.
M. Morchain a admis 40 kilogrammes, et M. Lallemant 32 kilogrammes seulement, pour la charge de rupture *par flexion* d'un barreau de chêne, de 1 centimètre d'équarrissage et 20 centimètres de longueur, chargé en son milieu ; M. Morchain a admis, en outre, une valeur de 9 millim., 5 pour la flèche de ce même barreau, au moment de la rupture.

tion d'Endlicher ; les tableaux font connaître (colonnes 3 à 6) leurs noms scientifiques, leurs noms vulgaires, leur provenance et les noms des expérimentateurs auxquels sont dues les déterminations des constantes spécifiques données dans les colonnes suivantes. Les nombres de la colonne 2 se rapportent à la classification des herbiers formés à Nouméa, au fur et à mesure de la découverte des échantillons.

Mesures de densités. — Chaque densité indiquée, pour les bois de la Nouvelle-Calédonie, est la moyenne des mesures d'au moins six et parfois de douze petits cubes de bois provenant de barreaux ayant servi à des essais de flexion ou de torsion, mesures prises ainsi qu'il a été indiqué au chapitre précédent.

On n'a porté dans ces tableaux (colonne 7) que les densités moyennes ; les densités maxima et minima trouvées pour chaque essence, et qu'il peut être parfois utile de connaître, ont été inscrites dans le résumé des caractères botaniques et des propriétés industrielles qui forme la troisième partie de ce travail.

Mesures d'extension. — Les constantes spécifiques relatives à l'extension sont déduites des résultats donnés par les épreuves de flexion.

Chaque nombre est généralement la moyenne de trois épreuves, rarement moins et souvent davantage, surtout pour les bois les plus employés.

Les résultats de l'épreuve de chaque barreau ont été traduits en courbes, ainsi qu'il a été indiqué au chapitre précédent.

La planche X reproduit, à titre d'exemple, quatre des courbes qui ont été ainsi établies pour représenter les résultats des 244 épreuves d'extension effectuées.

On avait adopté d'une manière uniforme, pour l'échelle des abscisses, un millimètre pour un kilogramme, et, pour l'échelle des ordonnées, la grandeur réelle, c'est-à-dire un millimètre pour un millimètre de flèche.

On a obtenu ainsi, pour la plupart des bois de la Nouvelle-Calédonie, des courbes de plus de 35 centimètres de longueur. Deux de ces courbes (celle du chêne-gomme, essai n° 74, et celle du tamanou de montagne, essai n° 138) figurent sur la planche X ; seulement, par suite des dimensions forcément restreintes de cette planche, on a dû reporter l'extrémité de ces courbes vers la gauche, en diminuant les abscisses extrêmes de 300 millimètres.

En regard de chaque courbe on avait eu soin d'inscrire, à la suite du numéro de l'essai et du nom de l'essence, les dimensions exactes du barreau en son milieu, des indications sur l'âge et l'état du bois, sur la situation du barreau dans l'arbre, sur la direction des fibres, sur la situation et la nature des défauts apparents, ainsi que des renseignements sur la nature de la cassure et sur les particularités qu'avaient pu présenter l'épreuve et le mode de rupture. On a pu ainsi tenir compte, dans les calculs, des dimensions exactes des barreaux soumis aux essais et éliminer, dans l'établissement des moyennes, les échantillons dont les épreuves ont présenté des anomalies dues à des défectuosités reconnues.

Nous reproduisons ici, à titre d'exemples des dispositions adoptées, les indications inscrites en regard des courbes reproduites sur la planche X et les résultats des calculs effectués à l'aide de ces courbes.

Numéro de l'essai................	138.	74.	194.	15.
Date de l'essai.................	24 juill. 1869	15 janv. 1868	30 octob. 1869	26 juin 1867.
Données.				
Noms scientifiques du bois.........	Calophyllum montanum.	Spermolepis gummifera.	Araucaria Cookii.....	Ulmus campestris.
Noms vulgaires.................	Tamanou de montagne..	Chêne - gomme.......	Pin colonnaire (pied).....	Orme.
Provenance et numéro de l'herbier.	Nouvelle - Calédonie n° 8	Nouvelle - Calédonie n° 26	Nouvelle - Calédonie n° 1	France.
Numéro de la bille	N° 1........	N° 2........	N° 5........	N° 1.
Age et état du bois..............	Sec........	Sec.........	Sec........	Un peu trop sec.
Situation du barreau dans l'arbre...	Près du cœur	Vers le cœur	Près du cœur	Près du cœur.
Nature et direction des fibres......	Inclinées à $1/5$	Droites	Droites......	De fil.
Défauts du bois	»	1 nœud à 10cm du milieu..	»	»
Genre de rupture	Brusque.....	Brusque.....	Brusque.....	Brusque.
Nature de la cassure.............	Longue, au $1/3$ du barreau	»	Courte......	»
Largeur du barreau au milieu......	38,7	39,9	38,5	40,2
Epaisseur du barreau au milieu....	38,7	40,1	38,9	40,3
Résultats.				
Module d'élasticité	1.500	1.295	1.360	854
Charge limite d'élasticité	8,25	6,08	6,18	3,51
Allongement correspondant........	5,50	4,69	4,55	4,10
Résistance vive élastique..........	23,1	14,25	14,2	7.15
Raideur au moment de la rupture..	451	324	237	650
Charge de rupture	13,15	9,82	9,42	8,20
Allongement correspondant........	29,1	30,3	39,7	56,2
Résistance vive de rupture	63,4	41,0	37,5	46,2
Coefficient de sécurité (rapport des charges).................	1,60	1,62	1,53	2,33
Coefficient de sécurité (rapport des résistances vives)	2,75	2,88	2,65	6,48

Sur chaque courbe on a tracé une ligne droite déterminée par la condition de se confondre le plus possible avec elle à l'origine, et l'on a noté l'abscisse p_e et l'ordonnée f_e du point où cette droite se sépare nettement de la courbe ; on a relevé, de plus, la charge de rupture p_r et la flèche correspondante f_r ; enfin, on a mesuré, à l'aide d'un instrument convenable, l'aire évaluée en centimètres carrés, comprise entre la courbe, l'axe des x et les deux ordonnées f_e et f_r [1].

Cela posé, on a obtenu, comme suit, les constantes spécifiques qui figurent sur le tableau, en tenant compte des dimensions exactes des barreaux soumis aux essais.

Les charges étant exprimées en kilogrammes et les flèches en millimètres, le *module d'élasticité* ou la *raideur élastique* E, rapporté au millimètre carré de section (colonne 8), a été calculé par la formule :

$$E = \frac{2c^3}{ab^3} \times \frac{p_e}{f_e} = \frac{250.000.000}{ab^3} \times \frac{p_e}{f_e},$$

a étant la largeur et b l'épaisseur du barreau exprimées en millimètres (ces dimensions étaient mesurées au milieu de la longueur du barreau à un dixième de millimètre près) et c représentant le demi-écartement des points d'appui, quantité constante et égale à 500 millimètres [2].

La *charge limite d'élasticité* P_e (colonne 9) a été obtenue par la formule :

$$P_e = \frac{3c}{ab^2} \times p_e = \frac{1500}{ab^2} \times p_e,$$

et la charge correspondante, rapportée à l'unité de masse (colonne 10), a été déduite de cette dernière en la divisant par la densité.

L'*allongement* par mètre courant correspondant à la limite d'élasti-

---

[1] L'instrument le plus commode à employer pour cet objet est le *planimètre polaire d'Amsler ;* c'est celui dont on a fait usage le plus souvent ; il donne avec une assez grande précision, par une simple lecture, l'aire en centimètres carrés d'une courbe fermée, dont on a parcouru le contour avec le style de l'instrument, et il est d'un maniement très-simple et très-commode ; *l'intégromètre de M. Marcel Deprez,* instrument fondé sur un principe analogue et qui peut donner de plus les centres de gravité et les moments d'inertie des aires planes et des corps de révolution a pu également être employé aux mêmes mesures ; il est d'un maniement plus commode pour les aires très-allongées.

[2] Les valeurs du module d'élasticité, empruntées à MM. de Lapparent et Dufaure, ont dû être multipliée par 10, une erreur d'unité s'étant glissée dans les calculs de ces deux expérimentateurs.

cité (colonne 11) a été déduite des valeurs ainsi calculées par la formule :

$$i_e = 1000 \frac{\mathrm{P}_e}{\mathrm{E}},$$

et la *résistance vive élastique*, par mètre courant et par millimètre carré de section (colonne 12), a été calculée par la relation :

$$T_e = \frac{9000}{abc} \times p_e f_e = \frac{9}{ab} \times \frac{p_e f_e}{2}.$$

Pour obtenir la mesure de la *raideur au moment de la rupture* (colonne 13), on a calculé la tangente $\frac{dp}{df}$ de l'inclinaison du dernier élément de la courbe des flexions sur l'axe des x, les valeurs dp et df étant respectivement les différences des ordonnées et des abscisses correspondant aux extrémités de cet élément, et l'on en a déduit cette raideur par la formule :

$$\varepsilon = \frac{2c^3}{ab^3} \times \frac{dp}{df} = \frac{250.000.000}{ab^3} \times \frac{dp}{df}.$$

L'effort de traction correspondant à la rupture, ou la *cohésion* par millimètre carré de section (colonne 14), en supposant, ainsi qu'il a été dit plus haut, que les lois de la flexion persistent jusqu'à la rupture, a pu être déterminé par la relation :

$$\mathrm{P}_r = \frac{3c^3}{ab^2} p_r = \frac{1500}{ab^2} \times p_r \,[1],$$

et la *cohésion rapportée à l'unité de masse* (colonne 15) a été obtenue en divisant le résultat par la densité.

L'*allongement* produit *au moment de la rupture* dans les fibres extrêmes (colonne 16) a été évalué à l'aide de la formule :

$$i_r = 1000 \frac{\mathrm{P}_r}{\varepsilon}.$$

Enfin, la *résistance vive de rupture* (colonne 17), en supposant

---

[1] Les valeurs de la cohésion, empruntées à MM. de Lapparent et Dufaure, ont dû être divisées par 10, une erreur d'unité s'étant glissée dans les calculs de ces expérimentateurs.

connue l'aire totale A comprise entre l'axe des x et la courbe prolongée jusqu'au point de rupture, aire exprimée en millimètres carrés, serait donnée par la formule :

$$T_r = \frac{4500}{abc} \times A = \frac{9}{ab} \times A,$$

mais comme on connaissait déjà la résistance vive élastique et qu'il avait été trouvé plus commode de ne mesurer, par des moyens graphiques, que l'aire a comprise entre l'ordonnée extrême et l'ordonnée correspondant à la limite d'élasticité, on effectuait de préférence le calcul :

$$T_r = T_e + \frac{9}{ab} \times a.$$

Les *coefficients de sécurité* étaient obtenus en divisant l'une par l'autre les résistances vives et les charges correspondant à la rupture et à la limite d'élasticité ; on n'a porté sur le tableau (colonne 18) que les derniers, que nous désignerons par K et qui ont été ainsi trouvés par la formule :

$$K = \frac{P_r}{P_e}.$$

Pour faciliter les calculs, on avait dû préalablement calculer des tables à double entrée, donnant les valeurs des coefficients numériques :

$$\frac{250.000.000}{ab^3}, \quad \frac{1.500}{ab^2} \quad \text{et} \quad \frac{ab}{9},$$

pour les valeurs successives de a et b, croissant par dixièmes de millimètre depuis 37 millimètres, plus faible dimension transversale des barreaux éprouvés, jusqu'à 42 millimètres, plus forte dimension rencontrée.

On a formé ensuite les moyennes des coefficients trouvés pour les différents échantillons d'une même essence, afin d'obtenir les nombres définitifs inscrits au tableau, et c'est dans cette dernière opération que l'on a pu écarter les résultats anormaux entachés d'erreurs, provenant de défectuosités reconnues avant ou après la rupture des barreaux.

Mesures de torsion. — Les constantes spécifiques relatives à la torsion ont été déduites, par une marche analogue, des résultats des épreuves de torsion. On a construit, pour chacune des 178 épreuves exécutées, une courbe représentative des effets de la torsion, en adoptant pour l'échelle des abscisses 5 millimètres pour 2 kilogrammes de charge, et pour l'échelle des ordonnées 1 millimètre pour 1 degré de torsion.

La planche XI reproduit, comme exemples, six des courbes ainsi obtenues.

En regard de ces courbes, comme en regard de celles établies pour représenter les expériences de flexion, on avait eu soin d'indiquer toutes les particularités des essais susceptibles de guider dans l'interprétation des résultats.

Nous reproduisons ici les annotations qui accompagnaient les six courbes figurées sur la planche XI.

Numéro de l'essai	78.	141.	87.	24.	137.	79.
Date de l'essai	3 nov. 1869.	20 nov. 1869.	4 nov. 1869.	23 sept. 1869.	20 nov. 1869.	3 nov. 1869.
Données.						
Noms scientifiques des bois	Spermolepis gummifera.	Melaleuca viridiflora...	Ulmus campestris....	Calophyllum montanum.	Araucaria Cookii.....	Albizzia granulosa.
Noms vulgaires	Chêne-gomme	Niaouli	Orme.......	Tamanou de montagne..	Pincolonnaire	Acacia de la Baie du Sud
Provenance et numéro de l'herbier	Nouvelle-Calédonie n° 26	Nouvelle-Calédonie n° 27 *bis*..	France......	Nouvelle-Calédonie n° 8	Nouvelle-Calédonie n° 1	Nouvelle-Calédonie n° 55.
Numéro de la bille	N° 1........	N° 2........	N° 1........	N° 2........	N° 4........	N° 1.
Age et état du bois	Vert........	Sec.........	Sec.........	Sec	Sec.........	Vert.
Situation du barreau dans l'arbre	Près du cœur	Près du cœur	Près du cœur	Près du cœur	Près du cœur	Près du cœur.
Nature et direction des fibres	Droites......	Contrecoupées......	Légèrement contrecoupées	Droites......	Droites......	Assez droites.
Défauts du bois	»	»	»	»	»	Un nœud.
Genre de rupture	Assez lente..	Brusque.....	Brusque.....	Brusque.....	Lente.......	Brusque.
Nature de la cassure	Longue et fibreuse	Assez longue.	Longue......	Longue et fibreuse....	Longue et fibreuse	Fibreuse, au nœud.
Dimensions du barreau au milieu	3,92 / 39,8	39,3 / 39,2	39,5 / 39,4	39,9 / 39,8	39,0 / 38,9	39,5 / 39,6
Moyenne	39,5	39,25	39,45	39,85	38,95	39,55

On a tracé sur chaque courbe une ligne droite déterminée par la condition de se confondre le plus longtemps possible avec elle à partir de l'origine, et l'on a obtenu ainsi la limite d'élasticité par la recherche du point où cette droite se sépare nettement de la courbe. On a noté l'abscisse p_e en kilogrammes et l'angle θ_e (exprimé en degrés sexagésimaux) correspondant à ce point ; on a relevé de même la charge de rupture p_r et l'angle de torsion correspondant θ_r ; enfin, on a mesuré aussi, à l'aide du planimètre polaire, l'aire a, exprimée en centimètres carrés, comprise entre la courbe, l'axe des x et les ordonnées θ_e et θ_r.

De ces mesures et des dimensions transversales exactes des barreaux, mesurées en leur milieu à l'aide d'un demi-mètre à coulisse et prises à 1 dixième de millimètre près, on a déduit, par le calcul, les constantes spécifiques qui figurent sur les tableaux.

Quoique l'on ait cherché à faire préparer des barreaux dont la section fût exactement un carré, on n'a pas toujours obtenu que les dimensions transversales fussent rigoureusement égales ; on aurait dû, dans ce cas, à la rigueur, employer les formules applicables à la torsion des prismes à section rectangulaire, mais comme la différence des deux dimensions était toujours très-faible, on s'est contenté d'appliquer la formule des prismes à section carrée en prenant, pour le côté b du carré, la moyenne des dimensions mesurées, exprimées en millimètres.

Le *coefficient de torsion* ou *module d'élasticité de torsion* G, rapporté au millimètre carré de section (colonne 19), a été calculé par la formule :

$$G = 0,843.40 \times \frac{\pi}{180} \times \frac{6aR}{b^4} \times \frac{p_e}{\theta_e}{}^1,$$

dans laquelle $R = 500$ millimètres, et $a = 1000$, d'où l'on déduit :

$$G = \frac{171.886.900}{b^4} \times \frac{p_e}{\theta_e}.$$

La *résistance à la torsion* par millimètre carré de section, *correspondant à la limite d'élasticité* (colonne 20), a été obtenue à l'aide de la relation :

$$T_e = \frac{R}{0,208.17\, b^3} \times p_e = \frac{1.000}{0,416.34\, b^3} \times p_e,$$

et la résistance correspondante, rapportée à l'unité de masse (colonne 21), a été déduite du résultat en le divisant par la densité.

La *résistance vive élastique de torsion*, rapportée au millimètre carré de section et au mètre de longueur (colonne 22), a été calculée par la formule :

$$T_e = \frac{\pi}{180} \times \frac{p_e \theta_e}{2} = 0,008.727\, p_e \theta_e.$$

---

[1] La formule employée par M. Bonniceau pour calculer cette valeur étant celle de Navier, dans laquelle le coefficient correctif 0,84340 était remplacé par 1, on a dû multiplier par 0,84340 les nombres donnés par cet expérimentateur pour obtenir ceux qui figurent au tableau sous son nom.

La *raideur de torsion au moment de la rupture* γ (colonne 23) a été déterminée par la formule :

$$\gamma = \frac{180}{\pi} \times \frac{6aR}{b^4} \times \frac{dp}{d\theta} = \frac{171.886.900}{b^4} \times \frac{dp}{d\theta},$$

en désignant par $\dfrac{dp}{d\theta}$ la tangente de l'inclinaison du dernier élément de la courbe sur l'axe des x.

La *résistance de rupture par torsion* (colonne 24) a été obtenue par la relation :

$$T_r = \frac{R}{0,208.17\, b^3} \times p_r = \frac{1.000}{0,416.34\, b^3} \times p_r\,[1],$$

et la résistance correspondante rapportée à l'unité de masse (colonne 25) a été déduite du résultat en le divisant par la densité.

La *résistance vive de rupture par torsion* (colonne 26), en supposant connue l'aire totale A comprise entre l'axe des x et la courbe prolongée jusqu'au point de rupture, aire exprimée en millimètres carrés, serait, en tenant compte des échelles adoptées, donnée par la formule :

$$T_r = A \times \frac{\pi}{9},$$

mais comme on connaissait déjà la résistance vive élastique, il a paru préférable de mesurer seulement l'aire A_1, comprise entre les deux ordonnées θ_e et θ_r, et l'on a calculé dès lors la résistance vive de rupture par la formule :

$$T_r = T_e + \frac{\pi}{9} \times A_1.$$

Enfin, on a calculé le *coefficient de sécurité*, représenté par le rapport de la résistance de torsion correspondant à la rupture, à la résistance correspondant à la limite d'élasticité, et le coefficient analogue

---

[1] La formule employée par M. Bonniceau pour calculer cette valeur étant celle de Navier $T_r = \dfrac{3\,R\,\sqrt{2}}{b^3} \times p_r$, on a dû multiplier par 1,135 les nombres donnés par cet expérimentateur pour obtenir les résultats qui figurent au tableau sous son nom.

représenté par le rapport des deux résistances vives, mais le premier seul a été inscrit dans le tableau (colonne 27).

Pour faciliter tous ces calculs, on a dû établir à l'avance des tables donnant les valeurs des coefficients numériques

$$\frac{171.886.900}{b^4} \quad \text{et} \quad \frac{1.000}{0,416.34\, b^3},$$

pour les valeurs successives de b, croissant par dixièmes de millimètre depuis 37 millimètres, plus faible dimension transversale des barreaux éprouvés, jusqu'à 42 millimètres, plus forte dimension rencontrée.

On a formé ensuite les moyennes des coefficients trouvés pour les différents échantillons d'une même essence, afin d'obtenir les nombres définitifs inscrits au tablean, et c'est dans cette dernière opération que l'on a pu écarter les résultats anormaux, entachés d'erreurs provenant de défectuosités reconnues avant ou après la rupture des barreaux.

2° CLASSIFICATION DES BOIS EN CATÉGORIES, D'APRÈS LA GRANDEUR RELATIVE DE LEURS CONSTANTES SPÉCIFIQUES.

Utilité du classement des bois d'après la grandeur relative de leurs constantes. — Les valeurs moyennes de toutes les constantes spécifiques ayant été calculées pour chaque espèce de bois, on a formé, pour chacune de ces constantes, un tableau dans lequel elles sont rangées par ordre de grandeur croissante, avec indication, en regard, des noms des essences qui les ont fournies et des familles auxquelles appartiennent ces dernières.

Ces tableaux peuvent être utiles pour compléter l'étude des bois expérimentés, et surtout pour la recherche des relations qui existent entre les diverses propriétés mécaniques et les particularités de la constitution intime des bois, recherche dont nous avons signalé plus haut l'importance, en indiquant la façon dont nous pensons qu'elle pourrait être conduite.

Les deux tableaux donnant les charges correspondant à la limite d'élasticité et les charges de rupture, *rapportées à l'unité de masse,* devraient surtout être consultés dans cette étude. Mais tous ces tableaux étaient trop longs pour pouvoir être reproduits dans cet ouvrage, et nous avons dû laisser au lecteur le soin de les reconstituer en cas de besoin, ce que permet de faire le tableau général que nous avons donné, mais en exigeant, il est vrai, un travail assez long et assez fastidieux.

Ils ne sont pas d'ailleurs d'une application immédiate pour guider dans l'emploi industriel des bois ; ce qui importe, en effet, pour les applications, ce n'est pas tant de connaître le rang de classement de chaque essence, sous le rapport de telle ou telle propriété mécanique, que d'obtenir la valeur relative des constantes mesurant ces propriétés comparées aux constantes correspondantes de bois connus, dont les emplois les plus convenables ont été déterminés par l'usage ; et, il est d'autant moins nécessaire de connaître la valeur précise moyenne des constantes, que nous avons vu que ces constantes variaient d'une quantité très-considérable d'un échantillon à l'autre d'une même essence.

Il doit donc suffire, dans la pratique, de connaître, pour chaque essence, dans quelle catégorie elle peut être rangée d'après la valeur de chacune de ses constantes spécifiques, en supposant que l'on partage tous les bois en un certain nombre de groupes, dans chacun desquels on réunira tous ceux qui, ayant des propriétés similaires, pourront être substitués l'un à l'autre pour un emploi déterminé.

Formation des catégories. — Pour établir ces groupes, on pourrait, connaissant les valeurs extrèmes que peut prendre, dans la série complète des essences qu'il a été donné d'étudier, une constante spécifique déterminée, subdiviser en un nombre donné de parties égales la différence entre ces valeurs extrèmes, et en déduire les limites entre lesquelles seraient enfermées les constantes appartenant à un même nombre de catégories ou de groupes.

Ainsi, le module d'élasticité par extension, variant de 415 à 2.660, dans la série complète des bois qu'il nous a été donné d'étudier, on pourrait diviser par quatre, par exemple, la différence 2.245 entre ces nombres et adopter les valeurs 415 et 976, 976 et 1.537, 1.537 et 2.098, 2.098 et 2.660, comme les limites de quatre catégories, entre lesquelles on pourrait répartir les bois : ceux dont les modules d'élasticité seraient classés dans la première pouvant être considérés comme très-peu raides ou comme très-flexibles, ceux de la deuxième catégorie comme assez flexibles, ceux de la troisième comme assez raides, et ceux de la quatrième comme très-raides.

Mais, par un classement établi de cette façon, on ne tiendrait pas compte de la fréquence relative des différentes valeurs trouvées pour le coefficient considéré, et l'on n'obtiendrait pas un classement rationnel. Il est préférable d'opérer de façon à tenir compte, pour ainsi dire, du poids des observations ; on y arrivera de la façon suivante : après avoir classé, par ordre de grandeur décroissante, les valeurs trouvées pour les diverses essences étudiées, on fera la somme de ces valeurs et l'on divisera cette somme par leur nombre; on obtiendra ainsi un coefficient moyen, établissant dans la série une première division en deux catégories. On fera de nouveau la somme des coefficients compris dans chacune de ces deux catégories, c'est-à-dire la somme des valeurs moindres que la moyenne trouvée et la somme des valeurs supérieures, et l'on divisera respectivement chacune de ces sommes par le nombre des valeurs qui la composent; on obtiendra ainsi deux nouveaux nombres qui, avec la première moyenne trouvée, délimiteront quatre catégories. On pourrait subdiviser de nouveau chacune d'elles en deux par le même procédé. Cette façon d'opérer ne donnerait une division rigoureusement satisfaisante que si la série des valeurs additionnées comprenait la totalité des essences connues, ou du moins la totalité des essences que l'on se propose de comparer ; mais, sans arriver à la solution la plus rigoureuse, on peut dire que l'on en approchera d'autant plus que l'on opérera sur un plus grand nombre de résultats.

Les valeurs moyennes que nous avions obtenues et qui s'élevaient à 112 pour les densités, à 119 pour les modules d'élasticité, et qui atteignaient encore le chiffre de 58 pour les coefficients relatifs à la torsion, étaient assez nombreuses pour permettre d'espérer obtenir par ce procédé un classement présentant déjà d'assez grandes garanties d'exactitude ; nous nous sommes donc servi des tableaux de classement par ordre de grandeur des coefficients calculés, pour déterminer, pour chacun de ces tableaux, une subdivision en quatre catégories, établissant un classement des essences d'après la grandeur relative de chacune de leurs constantes spécifiques.

C'est ainsi que, pour les modules d'élasticité, nous avons déterminé les nouvelles limites de classement : 415 et 968, 968 et 1.250, 1.250 et 1.640, 1.640 et 2.660.

Indications des catégories sur les tableaux. — Les limites ainsi obtenues ont été inscrites, dans le tableau, en tête de chacune des colonnes destinées à contenir les différentes constantes spécifiques.

Nous avons de plus indiqué, par un numéro en chiffres romains, placé au-dessous de chacune des constantes trouvées pour les différentes essences inscrites au tableau, le classement assigné à chaque essence par ces constantes. Ces numéros permettent de se rendre compte aisément de la valeur relative approchée de chaque bois, en ce qui concerne les propriétés mécaniques auxquelles ils se rapportent ; le numéro I indiquant que la propriété dont il s'agit n'est que faiblement développée, le numéro II qu'elle l'est assez, le numéro III qu'elle est bien développée, et le numéro IV qu'elle l'est très-fortement.

Pour déterminer ces catégories, nous avons fait entrer dans le calcul, pour les densités, pour les modules d'élasticité et pour les charges de rupture par extension, en outre des résultats de nos propres calculs, les valeurs données par les différents expérimentateurs auxquels nous avons fait des emprunts ; mais pour les charges correspondant à la limite d'élasticité, nous n'avons pas fait entrer en compte les valeurs données par Wertheim, attendu que ces résultats, obtenus, ainsi que nous l'avons dit, par un procédé qui nous paraît vicieux, ne sont pas comparables aux autres.

L'addition de ces chiffres de catégories, sur notre tableau général, permettra de suppléer, dans la plupart des cas et pour les applications pratiques, à l'absence des tableaux de classement par ordre de grandeur, établis pour chaque série de constantes spécifiques, que leur étendue ne nous a pas permis de faire imprimer.

3° USAGE DES TABLEAUX.

Relations entre certaines constantes relatives à l'extension et les propriétés usuelles des bois. — Les tableaux ainsi complétés permettent de comparer aisément entre elles des essences de bois différentes, de rechercher leurs propriétés similaires, de faire ressortir leurs différences et par suite de reconnaître, jusqu'à un certain point, quelles sont celles qui conviennent à un emploi déterminé. Cette application pratique exigerait toutefois que l'on connût, dans chaque cas, les relations qui doivent exister entre l'emploi que l'on veut faire d'un bois et ses propriétés mécaniques. Les connaissances acquises ne permettent pas encore de fixer avec précision ces relations ; mais on connaît déjà, pour un certain nombre des constantes spécifiques qui figurent aux tableaux, les propriétés usuelles des bois auxquelles elles sont liées intimement, et lorsqu'on sera fixé sur les qualités qui conviennent à l'emploi que l'on veut faire, on pourra souvent trouver par l'examen des nombres inscrits dans ces tableaux les essences qui réunissent ces qualités.

C'est ainsi que le module d'élasticité peut servir à indiquer la *flexibilité* du bois, ou la *raideur* qui en est l'inverse. Lorsqu'il s'agira d'efforts à l'extension, on pourra considérer comme flexible un bois dont le module d'élasticité sera classé dans la première catégorie, comme assez flexible, celui dont le module appartiendra à la seconde, et de même comme assez raide, ou raide, un bois dont le module appartiendra à la troisième ou à la quatrième catégorie.

On classera de même en bois faibles, assez forts, forts et très-forts, les bois dont la cohésion ou résistance absolue à la rupture appartiendra respectivement à la première, deuxième, troisième ou quatrième catégorie. Mais s'il s'agit d'emplois pour lesquels le poids des pièces est un obstacle, il conviendra de considérer, de préférence, pour le classement, au point de vue de la résistance, la colonne qui donne la résistance rapportée à l'unité de masse.

On peut admettre que les bois cassants sont ceux dont la charge de rupture est très-voisine de la charge limite d'élasticité ; toutefois cette définition ne suffirait pas pour rendre complétement l'idée qui s'attache au mot cassant ; en effet, on appelle évidemment ainsi les bois qui se rompent sans qu'on en ait été averti préalablement ; or, dans la pratique, on doit s'attendre à la rupture d'un bois lorsqu'il est déjà chargé d'un poids relativement considérable, ou mieux lorsqu'il a déjà fléchi d'une façon notable. La définition ci-dessus permettrait d'admettre l'existence de bois forts, mais cassants, et aussi de bois flexibles et cassants ; il est préférable de réserver le terme cassant pour les bois dont le coefficient de sécurité est peu considérable et qui, en même temps, sont ou faibles, ou raides, ou surtout faibles et raides en même temps. On donnera, inversement, la qualification de liants aux bois dont le coefficient de sécurité sera élevé et qui, en même temps, seront ou forts, ou flexibles, ou surtout forts et flexibles simultanément.

Dans ce dernier cas, la résistance vive de rupture sera forte ; on voit donc que les bois liants, selon l'acception usuelle de ce mot, seront surtout ceux qui auront un fort coefficient de sécurité et une forte résistance vive de rupture, et que ceux qui auront ces deux constantes spécifiques très-faibles à la fois seront des bois cassants. Il est fâcheux toutefois qu'il n'existe pas de terme usuel pour désigner ceux qui ne réunissent pas toutes ces conditions, et qui peuvent cependant être considérés comme liants ou comme cassants, dans certains cas déterminés.

La flexibilité se rencontre le plus souvent dans les bois faibles, et lorsque l'on voudra trouver un bois très-flexible et possédant cependant une certaine résistance, on devra chercher évidemment un bois classé, à la fois, dans une des catégories inférieures comme module d'élasticité, et dans une des catégories supérieures comme résistance.

Si l'on veut, par exemple, trouver un bois convenable pour la confection des jantes de roues, on sait que ce bois doit être flexible et élastique, qu'il doit pouvoir s'allonger sensiblement sans se rompre sous un choc accidentel, et qu'il doit enfin posséder une certaine résistance à la rupture, sans que cette condition ait la même importance que les autres, attendu que les jantes sont renforcées par des bandages en fer.

L'orme, qui est classé dans la première catégorie comme module d'élasticité, dans la deuxième comme cohésion, dans la quatrième comme grandeur d'allongement au moment de la rupture, et dans la quatrième également comme coefficient de sécurité, satisfait à toutes ces conditions.

On peut, en cherchant, par exemple, sur la liste des bois de la Nouvelle-Calédonie, les essences qui présentent à peu près le même classement, sous ces divers rapports, déterminer celles de ces essences qui pourront convenir pour la confection des jantes de roues, et il ne restera plus qu'à tenir compte de la plus ou moins grande abondance ou de la conservation plus ou moins facile de chacune d'elles, pour déterminer celles qu'il conviendra de choisir de préférence pour cet emploi.

C'est ainsi que l'on a été conduit à adopter, en Nouvelle-Calédonie, l'*albizzia granulosa* ou acacia du pays (n° 112 du tableau), pour la confection des jantes de roues.

Pour les rais, on recherche un bois qui, tout en conservant une certaine élasticité, présente surtout une grande résistance à la rupture; en France, on emploie à cet usage le chêne, que sa résistance ne classe que dans la deuxième catégorie, parce que les bois de France ne présentent qu'une faible résistance, comparativement à la plupart des bois exotiques. Aux colonies, on ne sera donc pas embarrassé pour trouver des bois convenables pour faire des rais, et parmi les bois portés sur le tableau, le *Calophyllum montanum* ou tamanou de montagne (n° 74 du tableau), l'*Elœocarpus* de Lifou ou coinite (n° 72), l'*Eucalyptus* ou gommier d'Australie (n° 100), le *Spermolepis gummifera* ou chêne-gomme (n° 105) pourront indifféremment être choisis pour cet usage.

On verrait de même que pour la confection des leviers, qui exige un bois résistant et liant, le coinite que nous venons de citer remplacerait très-avantageusement, sauf la question du poids, le frêne que l'on emploie de préférence en France pour cet usage ; mais si ce poids est un obstacle, on pourra sans trop de désavantage se contenter de l'*Albizzia granulosa* ou acacia de Nouvelle-Calédonie (n° 112).

Nous ne pousserons pas plus loin ces exemples, que chacun peut aisément compléter.

Relations entre certaines constantes relatives à la torsion et les propriétés usuelles des bois. — On peut également, pour les constantes spécifiques de torsion, établir un rapprochement analogue entre le classement de ces constantes, en quatre catégories, et les qualifications usuelles de leurs propriétés relatives à la torsion ; on peut donc déterminer aussi, par l'examen du tableau, quels sont ceux de ces bois qui conviennent à des emplois où ils ont à résister à des efforts de torsion. On distinguera, par exemple, sous le rapport de la torsion comme sous celui de l'extension, des bois flexibles ou des bois raides, caractérisés par la grandeur de leur module de torsion ; des bois faibles ou des bois forts, caractérisés par la grandeur de leur résistance de rupture à la torsion ; des bois cassants ou des bois liants, caractérisés par la grandeur de leur résistance vive de rupture et de leur coefficient de sécurité.

On trouvera aisément l'application de ces remarques à quelques cas particuliers d'emploi des bois, dans lesquels la torsion joue un rôle ; pour des vis d'établi, par exemple, qui ont à subir de grands efforts et doivent présenter une grande résistance et une grande raideur, on voit que l'on pourra employer, parmi les bois de Nouvelle-Calédonie, l'*Elœocarpus* de Lifou ou coinite (n° 72 du tableau), l'*Acacia spirorbis* ou faux gaïac de Nouméa (n° 111), ou encore le *Calophyllum montanum* ou tamanou de montagne (n° 74).

Pour les hampes et manches d'outil, qui doivent présenter aussi une certaine résistance à la torsion, le frêne de France (n° 47) convient assez bien ; le *Montrouziera spheriflora* ou Houp et l'*Albizzia granu-*

losa ou acacia de Nouvelle-Calédonie (n°ˢ 81 et 112), qui ne sont pas très-lourds, pourront le remplacer avec avantage.

Enfin, pour la confection des mâts, où il faut, avant tout, des bois légers et liants, on devra choisir les bois présentant une forte résistance de rupture par torsion rapportée à l'unité de masse, et une forte résistance vive de rupture. Les sapins rouge et blanc, parmi les bois d'Europe, sont dans ce cas, et parmi les bois de Nouvelle-Calédonie on pourra prendre l'*Araucaria Cookii* ou pin colonnaire (n° 6), à la condition de prendre la partie inférieure de l'arbre, ou encore le *Dammara lanceolata* ou kaori (n° 7). Enfin on pourra employer aussi au même usage le *Podocarpus excelsus* ou faux kaori de Nouvelle-Zélande (n° 10), à en juger du moins par les résultats trouvés pour les échantillons éprouvés; ces résultats, en désaccord avec les indications données sur ce bois, dans la première partie de ce travail (voir la note du § 8, chapitre I), feraient d'ailleurs supposer que les échantillons essayés, tout au moins pour les épreuves de torsion, n'appartiendraient pas, comme on l'a admis, à l'essence désignée sous le nom de Podocarpus, mais seraient en réalité des barreaux de véritable bois de kaori (*Dammara australis*), ce qui, du reste, n'a rien d'impossible, attendu que la distinction entre ces deux bois ne peut guère s'effectuer qu'avant le débit, et que les échantillons éprouvés provenaient de planches achetées à Nouméa.

Nous ne relèverons pas plus longuement les diverses conséquences qui peuvent être ainsi déduites de l'examen du tableau qui suit, au sujet de l'emploi plus ou moins judicieux que l'on peut faire des bois usuels; nous ne donnerons pas davantage le rapprochement des bois de la Nouvelle-Calédonie et des bois de France, auxquels ils peuvent être substitués pour un emploi déterminé, c'est là un travail qu'il sera facile à chacun d'effectuer à l'aide des données du tableau. On remarquera toutefois que l'on ne trouve pas deux essences de bois différentes, présentant identiquement un même classement pour toutes leurs constantes spécifiques; il n'existe donc pas deux espèces de bois distinctes qui puissent rigoureusement se substituer l'une à l'autre dans toutes leurs applications; on ne pourra trouver des bois susceptibles de se remplacer mutuellement que si l'on envisage seulement un nombre restreint d'emplois déterminés, sans même d'ailleurs faire entrer en compte l'aptitude de ces bois à recevoir le travail des outils et leur facilité de conservation. La recherche des bois étrangers qui peuvent être substitués aux bois usuels de France, faite à un point de vue général, exigerait des développements considérables et allongerait encore ce travail déjà bien long ; nous avons préféré laisser au lecteur le soin de l'effectuer dans chaque cas particulier, en tenant compte des circonstances spéciales dans lesquelles il se trouve et des ressources dont il dispose, cette recherche, dans ces conditions, présentant peu de difficultés.

TABLEAU

Tableau général des constantes spécifiques des bois

NUMÉRO d'ordre.	NUMÉRO des herbiers de Nouméa [1].	NOMS SCIENTIFIQUES. (On a suivi pour l'énumération l'ordre de la classification d'Endlicher).	NOMS VULGAIRES.	PROVENANCES.	NOMS des expérimentateurs [2]	DENSITÉ.
1	2	3	4	5	6	7
		Limites de classement des bois en quatre catégories d'après la grandeur relative de chacune de leurs constantes spécifiques... I II III IV				0,390 0,649 0,792 0,934 1,165

ABIÉTINÉES.

1	»	Abies pectinata.........	Sapin blanc.............	France (?)................	N. C............	0,536 I
2	»	Abies picea........	Sapin rouge............	Norwége (?).............	Idem........	0,529 I
3	»	Idem..............	Idem.............	Norwége................	Bonniceau......	» »
4	»	Idem.............	Idem.............	Prusse................	Idem.......	» »
5	1	Araucaria Cookii........	Pin colonnaire (tête)....	Nouvelle-Calédonie (Baie du Sud).	N. C............	0,491 I
6	1	Idem..............	Idem. (pied).........	Idem..............	Idem........	0,537 I
7	60	Dammara lanceolata	Kaori...	Idem..............	Idem.........	0,605 I
8	»	Pinus sylvestris.........	Pin sylvestre...........	France (Vosges)...........	Wertheim.......	0,559 I
9	»	Taxidium disticum......	Sapin distique..........	....	Idem.......	0,493 I

TAXINEES.

10	»	Podocarpus excelsus.....	Faux kaori.............	Nouvelle-Zélande...........	N. C............	0,528 I

[1] On avait établi à Nouméa trois herbiers distincts, l'un pour les bois recueillis à la Baie du Sud (numéros simples), le à Lifou (numéros *ter*). — [2] Les notations N. C. indiquent les expériences faites en Nouvelle-Calédonie.

le la Nouvelle-Calédonie et de différents bois usuels.

EXTENSION											TORSION								
Limite d'élasticité.				Rupture.						Coefficient de sécurité.	Limite d'élasticité.				Rupture.				Coefficient de sécurité.
Module d'élasticité ou raideur élastique (absolue).	Charge limite d'élasticité.	Charge limite d'élasticité (par unité de masse).	Allongement correspondant à la limite d'élasticité.	Résistance vive élastique.	Raideur au moment de la rupture.	Cohésion ou charge de rupture (absolue).	Cohésion (par unité de masse).	Allongement au moment de la rupture.	Résistance vive de rupture.	Coefficient de sécurité (rapport des charges).	Module d'élasticité ou raideur élastique de torsion.	Résistance à la torsion à la limite d'élasticité (absolue).	Résistance à la torsion à la limite d'élasticité (par unité de masse).	Résistance vive élastique de torsion.	Raideur de torsion au moment de la rupture.	Résistance à la torsion par torsion (absolue).	Résistance à la rupture par torsion (par unité de masse).	Résistance vive de rupture par torsion.	Coefficient de sécurité (rapport des charges).
8	9	10	11	12	13	14	15	16	17	18	19	20	21	22	23	24	25	26	27
415	2,19	2,45	2,42	4,13	89	1,97	3,96	6,0	7,1	1,03	29,6	0,48	0,53	1,82	10,1	0,74	0,93	4,65	1,16
968	4,03	5,34	3,48	8,21	185	6,70	8,67	20,7	26,6	1,47	47,4	0,68	0,87	3,25	19,4	1,07	1,54	6,72	1,55
1.250	5,35	6,82	4,28	11,88	287	9,21	11,72	37,2	36,3	1,70	55,0	0,84	1,09	4,38	25,5	1,45	1,85	9,46	1,74
1.640	7,26	9,51	4,94	18,22	464	12,92	14,55	56,1	48,2	2,01	62,2	0,98	1,42	5,59	38,1	1,69	2,35	11,27	2,00
1.660	12,53	13,85	7,82	48,60	714	19,31	19,75	105,0	98,1	2,40	87,0	1,48	1,97	8,60	53,9	2,37	3,25	15,72	2,31

ABIÉTINÉES.

8	9	10	11	12	13	14	15	16	17	18	19	20	21	22	23	24	25	26	27
2.146	5.32	9,95	4,66	12,4	146	7,57	14,10	54,9	27,4	1,42	50,1	0,834	1,56	4,80	22,9	1,33	2,47	10,03	1,59
II	II	IV	III	III	I	II	III	III	II	I	II	II	IV	III	II	II	IV	III	II
2.362	5,37	10,15	4,02	11,0	115	7,96	15,05	69,3	25,6	1,48	54,2	0,938	1,77	5,68	28,4	1,47	2,76	9,80	1,57
III	III	IV	II	II	I	II	IV	IV	I	II	II	III	IV	IV	III	III	IV	III	II
»	»	»	»	»	»	»	»	»	»	»	30.8	»	»	»	»	0,902	»	»	»
											I					II			
»	»	»	»	»	»	»	»	»	»	»	58,8	»	»	»	»	1,47	»	»	»
											III					III			
869	3,47	7,05	6,08	7,35	467	5,89	11,95	15,3	22,4	1,70	55,2	0,77	1,58	3,97	15,0	1,22	2,48	7,32	1,58
I	I	III	IV	I	IV	I	III	I	I	III	II	II	IV	II	I	II	IV	II	II
1.250	5,57	10,38	4,43	12,4	252	8,59	16,00	34,5	34,2	1,63	50,0	0,92	1,74	5,58	14,6	1,47	2,73	10,64	1,60
III	III	IV	III	III	II	II	IV	II	II	II	II	III	IV	III	I	III	IV	III	II
1.741	4,23	7,00	2,42	5,82	178	9,88	16,30	55,3	36,8	2,34	48,3	0,78	1,29	4,18	42,5	1,07	17,6	8,00	1,37
IV	II	III	I	I	I	III	IV	III	III	IV	II	II	II	II	IV	II	II	II	I
564	1.63	2,92	»	»	»	2,48	4,45	»	»	»	»	»	»	»	»	»	»	»	»
I						I	I												
2.113	2,15	4,36	»	»	»	4,18	8,49	»	»	»	»	»	»	»	»	»	»	»	»
II						I	I												

TAXINÉES.

8	9	10	11	12	13	14	15	16	17	18	19	20	21	22	23	24	25	26	27
882	4,85	9,18	5,84	13,60	173	7,40	14,00	45,1	35,1	1,52	61,0	1,04	1,97	4,76	38,3	1,72	3,25	9,99	1,65
I	II	III	IV	III	I	II	III	III	II	II	III	IV	IV	III	IV	IV	IV	III	II

cond pour les bois recueillis dans les environs de Nouméa même (numéros *bis*), et enfin le troisième pour les bois recueillis

NUMÉRO d'ordre.	NUMÉRO des herbiers de Nouméa.	NOMS SCIENTIFIQUES. (On a suivi pour l'énumération l'ordre de la classification d'Endlicher).	NOMS VULGAIRES.	PROVENANCES.	NOMS des expérimentateurs.	DENSITÉ.
1	2	3	4	5	6	7
		Limites de classement des bois en quatre catégories d'après la grandeur relative de chacune de leurs constantes spécifiques,..			I Il III IV	0,390 0,649 0,792 0,934 1,165
		CASUARINÉES.				
11	25 bis.	Casuarina collina.......	Faux bois de fer (Filao de la Réunion).	Nouvelle-Calédonie (Nouméa)	N. C.............	0.983 IV
12	45	Casuarina Deplancheana.	Idem.....................	Nouvelle-Calédonie (Baie du Sud).	Idem........	1.071 IV
13	40	Casuarina equisetifolia..	Idem..............	Idem................	Idem........	1.013 IV
		BÉTULINÉES.				
14	»	Alnus incana...........	Aulne,..................	France...................	Wertheim........	0,601 I
15	»	Betula alba............	Bouleau................	Idem................	Idem.........	0,812 III
		CUPULIFÈRES.				
16	»	Carpinus betulus........	Charme	France....................	Wertheim........	0,756 II
17	»	Fagus sylvatica.........	Hêtre..................	Idem................	Idem........	0,823 III
18	»	Idem...............	Hêtre (injecté au sulfate de cuivre).	Idem.	De Lapparent....	0,790 II
19	»	Idem...............	Hêtre.................	Idem.................	Bonniceau......	» »
20	»	Idem..............	Hêtre (injecté)...........	Idem................	Idem........	» »
21	»	Quercus pedunculata	Chêne (à glands pedonculés)	Idem.................	Wertheim........	0,808 III

[8]	EXTENSION.										TORSION.								
	Limite d'élasticité.				Rupture.					Coefficient de sécurité (rapport des charges).	Limite d'élasticité.				Rupture.				Coefficient de sécurité (rapport des charges).
	Charge limite d'élasticité (absolue).	Charge limite d'élasticité (par unité de masse).	Allongement correspondant à la limite d'élasticité.	Résistance vive élastique.	Raideur au moment de la rupture.	Cohésion ou charge de rupture (absolue).	Cohésion (par unité de masse).	Allongement au moment de la rupture.	Résistance vive de rupture.		Module d'élasticité ou raideur de torsion.	Résistance à la torsion à la limite d'élasticité (absolue).	Résistance à la torsion à la limite d'élasticité (par unité de masse).	Résistance vive élastique de torsion.	Raideur de torsion au moment de la rupture.	Résistance à la rupture par torsion (absolue).	Résistance à la rupture par torsion (par unité de masse).	Résistance vive de rupture par torsion.	
	9	10	11	12	13	14	15	16	17	18	19	20	21	22	23	24	25	26	27
16	2,19	2,45	2,42	4,13	89	1,97	3,96	6,0	7,1	1,03	29,6	0,48	0,53	1,82	10,1	0,74	0,93	4,65	1,10
68	4,03	5,34	3,48	8,21	185	6,70	8,67	20,7	26,6	1,47	47,4	0,68	0,87	3,25	19,4	1,07	1,54	6,72	1,85
60	5,35	6,82	4,28	11,88	287	9,21	11,72	37,2	36,3	1,70	55,0	0,84	1,09	4,38	25,5	1,45	1,85	9,46	1,74
40	7,26	9,51	4,94	18,22	464	12,92	14,55	56,1	48,2	2,01	62,2	0,98	1,42	5,59	38,1	1,60	2,35	11,27	2,00
60	12,53	13,85	7,82	48,60	714	19,31	19,75	105,0	98,1	2,40	87,0	1,48	1,97	8,60	53,9	2,37	3,25	15,72	2,31
CASUARINÉES.																			
36	6.42	6,53	4,56	13,10	353	13,30	13,50	33,1	43,9	2,07	55,0	0,82	0,83	4,58	25,4	1,21	1,34	7,96	1,48
I	III	II	III	III	III	IV	III	II	III	IV	III	II	I	III	II	II	I	II	I
39	7,48	7,42	4.43	16.60	338	10,80	10,70	34,6	37,2	1,45	»	»	»	»	»	»	»	»	»
II	IV	III	III	III	III	III	II	II	III	I	»	»	»	»	»	»	»	»	»
85	6,13	6,05	4,14	12,60	173	14,20	14,00	8,2	98,1	2,32	72,4	0,89	0,88	3,64	35,6	1,86	1,84	10,66	2,08
II	III	II	II	III	I	IV	III	I	IV	IV	IV	III	II	II	III	IV	II	III	IV
BÉTULINÉES.																			
08	4,81	3,01	»	»	»	4,54	7,53	»	»	»	»	»	»	»	»	»	»	»	»
I	»	»	»	»	»	I	I	»	»	»	»	»	»	»	»	»	»	»	»
17	1,62	2,00	»	»	»	4,30	5,30	»	»	»	»	»	»	»	»	»	»	»	»
I	»	»	»	»	»	I	I	»	»	»	»	»	»	»	»	»	»	»	»
CUPULIFÈRES.																			
086	1,28	1,69	»	»	»	2,99	3,95	»	»	»	»	»	»	»	»	»	»	»	»
I	»	»	»	»	»	I	I	»	»	»	»	»	»	»	»	»	»	»	»
30	2,32	2,84	»	»	»	3,57	4,33	»	»	»	»	»	»	»	»	»	»	»	»
I	»	»	»	»	»	II	I	»	»	»	»	»	»	»	»	»	»	»	»
0	»	»	»	»	»	6,20	7,85	»	»	»	»	»	»	»	»	»	»	»	»
»	»	»	»	»	»	I	I	»	»	»	»	»	»	»	»	»	»	»	»
»	»	»	»	»	»	»	»	»	»	»	33,6	»	»	»	»	1,39	»	»	»
»	»	»	»	»	»	»	»	»	»	»	I	»	»	»	»	II	»	»	»
»	»	»	»	»	»	»	»	»	»	»	41,1	»	»	»	»	1,05	»	»	»
»	»	»	»	»	»	»	»	»	»	»	I	»	»	»	»	I	»	»	»
78	»	»	»	»	»	6,49	8,02	»	»	»	»	»	»	»	»	»	»	»	»
»	»	»	»	»	»	I	I	»	»	»	»	»	»	»	»	»	»	»	»

NUMÉRO d'ordre.	NUMÉRO des herbiers de Nouméa.	NOMS SCIENTIFIQUES (On a suivi pour l'énumération l'ordre de la classification d'Endlicher.)	NOMS VULGAIRES.	PROVENANCES.	NOMS des expérimentateurs.	DENSITÉ.
1	2	3	4	5	6	7
		Limites de classement des bois en quatre catégories d'après la grandeur relative de chacune de leurs constantes spécifiques.......... { I II III IV				0,390 0,649 0,792 0,934 1,165

CUPULIFÈRES *(suite)*.

NUMÉRO d'ordre.	NUMÉRO des herbiers de Nouméa.	NOMS SCIENTIFIQUES	NOMS VULGAIRES.	PROVENANCES.	NOMS des expérimentateurs.	DENSITÉ.
22	»	*Quercus robur*..........	Chêne (à glands sessiles)..	France..................	N. C.......... ..	0,734 II
23	»	*Idem.*............	*Idem.*............	*Idem.*............	Wertheim.......	0.872 III
24	»	*Idem.*............	*Idem.*............	*Idem.*............	De Lapparent....	0,745 II
25	»	*Idem.*............	Chêne (à glands sessiles.) (Essence maigre.)	France (Rochefort)........	Dufaure........	0,800 III
26	»	*Idem.*............	*Idem.*............	France (haute Normandie)..	Bonniceau.......	» »

ULMACÉES.

NUMÉRO d'ordre.	NUMÉRO des herbiers de Nouméa.	NOMS SCIENTIFIQUES	NOMS VULGAIRES.	PROVENANCES.	NOMS des expérimentateurs.	DENSITÉ.
27	»	*Ulmus campestris*.......	Orme.................	France..................	N. C..........	0,550 I
28	»	*Idem.*............	*Idem.*............	*Idem.*............	Wertheim.......	0,723 II
29	»	*Idem.*............	*Idem.*............	*Idem.*............	Dufaure........	0,635 I
30	»	*Idem.*... ...	*Idem.*............	*Idem.*............	Bonniceau.......	» »

MORÉES.

NUMÉRO d'ordre.	NUMÉRO des herbiers de Nouméa.	NOMS SCIENTIFIQUES	NOMS VULGAIRES.	PROVENANCES.	NOMS des expérimentateurs.	DENSITÉ.
31	15	*Ficus austrocaledonica*..	Figuier.................	Nouvelle-Calédonie (Baie du Sud).	N. C.............	0,644 I

EXTENSION.											TORSION.								
Limite d'élasticité.					Rupture.					Coefficient de sécurité (rapport des charges).	Limite d'élasticité.				Rupture.				Coefficient de sécurité (rapport des charges).
Module d'élasticité ou raideur élastique.	Charge limite d'élasticité (absolue).	Charge limite d'élasticité (par unité de masse).	Allongement correspondant à la limite d'élasticité.	Résistance vive élastique.	Raideur au moment de la rupture.	Cohésion ou charge de rupture (absolue).	Cohésion (par unité de masse).	Allongement au moment de la rupture.	Résistance vive de rupture.	Coefficient de sécurité (rapport des charges).	Module d'élasticité ou raideur élastique de torsion.	Résistance à la torsion à la limite d'élasticité (absolue).	Résistance à la torsion à la limite d'élasticité (par unité de masse).	Résistance vive de torsion.	Raideur de torsion au moment de la rupture.	Résistance à la rupture par torsion (absolue).	Résistance à la rupture par torsion (par unité de masse).	Résistance vive de rupture par torsion.	Coefficient de sécurité (rapport des charges).
8	9	10	11	12	13	14	15	16	17	18	19	20	21	22	23	24	25	26	27
415	2,19	2,45	2,42	4,13	89	1,97	3,96	6,0	7,4	1,03	29,6	0,48	0,53	1,82	10,1	0,74	0,93	4,65	1,16
968	4,03	5,34	3,48	8,21	185	6,70	8,67	20,7	26,6	1,47	47,4	0,68	0,87	3,25	19,4	1,07	1,54	6,72	1,55
1.250	5,35	6,82	4,28	11.88	287	9,21	11,72	37,2	36,3	1,70	55,0	0,84	1,09	4,38	25,5	1,45	1,85	9,46	1,71
1.640	7,26	9,51	4,94	18,22	464	12,92	14,55	56,1	48,2	2,01	62,2	0,98	1,42	5,59	38,1	1,69	2,35	11,27	2,00
2.660	12,53	13,85	7,82	48,60	714	19,31	19,75	105,0	98,1	2,40	87,0	1,48	1,97	8,60	53,9	2,37	3,25	15,72	2,31

CUPULIFÈRES (suite).

Module d'élasticité ou raideur élastique.	Charge limite d'élasticité (absolue).	Charge limite d'élasticité (par unité de masse).	Allongement correspondant à la limite d'élasticité.	Résistance vive élastique.	Raideur au moment de la rupture.	Cohésion ou charge de rupture (absolue).	Cohésion (par unité de masse).	Allongement au moment de la rupture.	Résistance vive de rupture.	Coefficient de sécurité (rapport des charges).	Module d'élasticité ou raideur élastique de torsion.	Résistance à la torsion à la limite d'élasticité (absolue).	Résistance à la torsion à la limite d'élasticité (par unité de masse).	Résistance vive de torsion.	Raideur de torsion au moment de la rupture.	Résistance à la rupture par torsion (absolue).	Résistance à la rupture par torsion (par unité de masse).	Résistance vive de rupture par torsion.	Coefficient de sécurité (rapport des charges).
8	9	10	11	12	13	14	15	16	17	18	19	20	21	22	23	24	25	26	27
893 I	3,65 I	4,97 I	4,12 II	7,18 I	179 I	7,49 II	10,20 II	57,4 IV	39,4 III	2,05 IV	47,0 I	0,81 II	1,10 III	4,77 III	34,3 III	1,23 II	1,68 II	8,33 II	1,52 I
921 I	2,35 »	2,69 »	» »	» »	» »	5,66 I	6,50 I	» »	» »	» »	» »	» »	» »	» »	» »	» »	» »	» »	» »
625 I	» »	» »	» »	» »	» »	5,62 I	7.55 I	» »	» »	» »	» »	» »	» »	» »	» »	» »	» »	» »	» »
781 I	» »	» »	» »	» »	» »	8,62 II	10,80 II	» »	» »	» »	» »	» »	» »	» »	» »	» »	» »	» »	» »
» »	» »	» »	» »	» »	» »	» »	» »	» »	» »	» »	» »	41,1 I	» »	» »	» »	2,22 IV	» »	» »	» »

ULMACÉES.

Module d'élasticité ou raideur élastique.	Charge limite d'élasticité (absolue).	Charge limite d'élasticité (par unité de masse).	Allongement correspondant à la limite d'élasticité.	Résistance vive élastique.	Raideur au moment de la rupture.	Cohésion ou charge de rupture (absolue).	Cohésion (par unité de masse).	Allongement au moment de la rupture.	Résistance vive de rupture.	Coefficient de sécurité (rapport des charges).	Module d'élasticité ou raideur élastique de torsion.	Résistance à la torsion à la limite d'élasticité (absolue).	Résistance à la torsion à la limite d'élasticité (par unité de masse).	Résistance vive de torsion.	Raideur de torsion au moment de la rupture.	Résistance à la rupture par torsion (absolue).	Résistance à la rupture par torsion (par unité de masse).	Résistance vive de rupture par torsion.	Coefficient de sécurité (rapport des charges).
8	9	10	11	12	13	14	15	16	17	18	19	20	21	22	23	24	25	26	27
842 I	3,43 I	6,25 II	4,42 III	7,01 I	94 I	7,42 II	13,50 II	105,0 IV	40,7 III	2,17 IV	42,1 I	0,86 III	1,57 IV	5,94 IV	13,4 I	1,33 II	2,42 IV	10.89 III	1,55 II
1.165 II	1,84 »	2,54 »	» »	» »	» »	6.99 II	9.65 II	» »	» »	» »	» »	» »	» »	» »	» »	» »	» »	» »	» »
594 I	» »	» »	» »	» »	» »	7,50 II	11,80 III	» »	» »	» »	» »	» »	» »	» »	» »	» »	» »	» »	» »
» »	» »	» »	» »	» »	» »	» »	» »	» »	» »	» »	38,0 I	» »	» »	» »	» »	1,31 II	» »	» »	» »

MORÉES.

Module d'élasticité ou raideur élastique.	Charge limite d'élasticité (absolue).	Charge limite d'élasticité (par unité de masse).	Allongement correspondant à la limite d'élasticité.	Résistance vive élastique.	Raideur au moment de la rupture.	Cohésion ou charge de rupture (absolue).	Cohésion (par unité de masse).	Allongement au moment de la rupture.	Résistance vive de rupture.	Coefficient de sécurité (rapport des charges).	Module d'élasticité ou raideur élastique de torsion.	Résistance à la torsion à la limite d'élasticité (absolue).	Résistance à la torsion à la limite d'élasticité (par unité de masse).	Résistance vive de torsion.	Raideur de torsion au moment de la rupture.	Résistance à la rupture par torsion (absolue).	Résistance à la rupture par torsion (par unité de masse).	Résistance vive de rupture par torsion.	Coefficient de sécurité (rapport des charges).
8	9	10	11	12	13	14	15	16	17	18	19	20	21	22	23	24	25	26	27
1.352 III	5,06 II	7,83 III	3,78 II	9,05 II	390 III	7,91 II	12,30 III	20,7 II	24,8 I	1,57 II	» »	» »	» »	» »	» »	» »	» »	» »	» »

1	2	3	4	5	6	7
NU-MÉRO d'ordre.	NU-MÉRO des herbiers de Nouméa.	NOMS SCIENTIFIQUES. (On a suivi pour l'énumération l'ordre de la classification d'Endlicher.)	NOMS VULGAIRES.	PROVENANCES.	NOMS des expérimentateurs.	DEN-SITÉ.
		Limites de classement des bois en quatre catégories d'après la grandeur relative de chacune de leurs constantes spécifiques......			I II III IV	0,390 0,649 0,792 0,934 1,165

SALICINÉES.

1	2	3	4	5	6	7
32	»	*Populus alba* (?)........	Peuplier..............	France..................	Wertheim........	0,477 I
33	»	*Idem*..............	Peuplier (injecté au sulfate de cuivre).	*Idem*..............	De Lapparent....	0,390 I
34	»	*Populus tremula*........	Tremble..............	*Idem*..............	Wertheim........	0,602 I

LAURINÉES.

1	2	3	4	5	6	7
35	7	*Bielschmeidia Baillonii*..	Noyré................	Nouvelle-Calédonie (Baie du Sud).	N. C............	0,764 II
36	62—3	*Bielschmeidia lanceolata*.	Laurinée odorante.......	*Idem*..............	*Idem*........	0,513 I
37	»	*Licaria guianensis*......	Rose femelle..........	Guyane............	Dufaure.........	0,685 II
38	»	*Idem*..............	Rose mâle...........	*Idem*..............	*Idem*........	0,950 IV
39	»	*Nectandra pisi*.........	Cèdre noir............	*Idem*..............	De Lapparent....	0,980 IV
40	»	*Idem*..............	*Idem*..............	*Idem*..............	Dufaure........	0,930 III
41	»	*Laurus* (?)............	Taoub jaune..........	*Idem*..............	De Lapparent....	0,865 III
42	»	*Idem*..............	*Idem*..............	*Idem*..............	Dufaure........	0,735 II

EXTENSION											TORSION								
Limite d'élasticité					Rupture					Coefficient de sécurité (rapport des charges).	Limite d'élasticité				Rupture				Coefficient de sécurité (rapport des charges).
Module d'élasticité ou raideur élastique.	Charge limite d'élasticité (absolue).	Charge limite d'élasticité (par unité de masse).	Allongement correspondant à la limite d'élasticité.	Résistance vive élastique.	Raideur au moment de la rupture.	Cohésion ou charge de rupture (absolue).	Cohésion (par unité de masse).	Allongement au moment de la rupture.	Résistance vive de rupture.	Coefficient de sécurité (rapport des charges).	Module d'élasticité ou raideur élastique de torsion.	Résistance à la torsion à la limite d'élasticité (absolue).	Résistance à la torsion à la limite d'élasticité (par unité de masse).	Résistance vive élastique de torsion.	Raideur de torsion ou moment de la rupture.	Résistance à la rupture par torsion (absolue).	Résistance à la rupture par torsion (par unité de masse).	Résistance vive de rupture par torsion.	Coefficient de sécurité (rapport des charges).
8	9	10	11	12	13	14	15	16	17	18	19	20	21	22	23	24	25	26	27
415	2,19	2,45	2,42	4,13	89	1,97	3,96	6,0	7,1	1,03	29,6	0,48	0,53	1,82	10,1	0,74	0,93	4,65	1,16
968	4,03	5,34	3,48	8,21	185	6,70	8,67	20,7	26,6	1,47	47,4	06,8	0,87	3,25	19,4	1,07	1,54	6,72	1,55
1.250	5,35	6,82	4,28	11,88	287	9,21	11,72	37,2	36,3	1,70	55,0	08,4	1,09	4,38	25,5	1,45	1,85	9,46	1,74
1.640	7,26	9,51	4,94	18,22	464	12,92	14,55	56,1	48,2	2,01	62,2	09,8	1,42	5,59	38,1	1,69	2,35	11,27	2,00
2.060	12,53	13,85	7,82	48,60	714	19,31	19,75	105,0	98,1	2,40	87,0	14,8	1,97	8,60	53,9	2,37	3,25	15,72	2,31

SALICINÉES.

8	9	10	11	12	13	14	15	16	17	18	19	20	21	22	23	24	25	26	27
517 I	1,48	3,11	»	»	»	1,97 I	4,13 I	»	»	»	»	»	»	»	»	»	»	»	»
415 I	»	»	»	»	»	4,67 I	11,95 III	»	»	»	»	»	»	»	»	»	»	»	»
1.076 II	3,08	»	»	»	»	7,20 II	11,95 III	»	»	»	»	»	»	»	»	»	»	»	»

LAURINÉES.

8	9	10	11	12	13	14	15	16	17	18	19	20	21	22	23	24	25	26	27
1.134 II	4,85 II	6,35 II	4,47 III	10,9 II	132 I	6,75 II	8,83 II	77,5 IV	21,2 I	1,39 I	46,8 I	0,54 I	0,70 I	2,13 I	24,3 II	1,12 II	1,47 I	6,08 I	2,08 IV
739 I	2,52 I	4,60 I	3,32 I	4,3 I	549 III	3,31 I	6,45 I	6,03 I	7,10 I	1,32 I	39,6 I	0,50 I	0,97 II	2,16 I	25,2 II	0,94 I	1,74 II	6,07 I	1,93 III
1.134 II	»	»	»	»	»	10,87 III	15,90 IV	»	»	»	»	»	»	»	»	»	»	»	»
2.080 IV	»	»	»	»	»	18,00 IV	18,95 IV	»	»	»	»	»	»	»	»	»	»	»	»
2.080 IV	»	»	»	»	»	19,31 IV	19,70 IV	»	»	»	»	»	»	»	»	»	»	»	»
1.140 II	»	»	»	»	»	13,10 IV	14,10 III	»	»	»	»	»	»	»	»	»	»	»	»
1.400 III	»	»	»	»	»	11,25 III	13,05 III	»	»	»	»	»	»	»	»	»	»	»	»
1.386 III	»	»	»	»	»	11,06 III	15,10 IV	»	»	»	»	»	»	»	»	»	»	»	»

NUMÉRO d'ordre.	NUMÉRO des herbiers de Nouméa.	NOMS SCIENTIFIQUES. (On a suivi pour l'énumération l'ordre de la classification d'Endlicher.)	NOMS VULGAIRES.	PROVENANCES.	NOMS des expérimentateurs.	DENSITÉ.	
1	2	3	4	5	6	7	9
		Limite de classement des bois en quatre catégories d'après la grandeur relative de chacune de leurs constantes spécifiques .... { I / II / III / IV				0,390 / 0,649 / 0,792 / 0,934 / 1,165	

LAURINÉES (*suite*).

| 43 | 8 *ter.* | .... | Azou .... | Nouvelle-Calédonie (Lifou).. | N. C............. | 1,064 IV | |

PROTÉACÉES.

| 44 | 61 | *Grevillæa Guillivrayi*.... | Hêtre gris.............. | Nouvelle-Calédonie (Baie du Sud). | N. C............ | 0,671 II | |
| 45 | 10 | *Stenocarpus laurifolius*.. | Hêtre noir.............. | *Idem.*................. | *Idem.*........ | 0,985 IV | |

RUBIACÉES.

| 46 | » | *Genipa americana*....... | Genipa.................. | Guyane.................. | Dufaure.......... | 0,830 III | |

OLÉACÉES.

47	»	*Fraxinus excelsior*	Frêne...................	France..................	N. C.............	0,696 II	
48	»	*Idem.*..............	*Idem.*..............	*Idem.*..............	Wertheim.......	0,697 II	
49	»	*Idem.*.............	*Idem.*..............	*Idem.*..............	Dufaure........	0,700 II	

APOCYNÉES.

| 50 | 9 | *Cerberiopsis candelabra.* | .... | Nouvelle-Calédonie (Baie du Sud). | N. C........... | 0,723 II | |

VERBENACÉES.

| 51 | » | *Tectona grandis*......... | Teck (supérieur)........ | Indes (Moulmein)........... | De Lapparent.... | 0,650 II | |

EXTENSION.											TORSION.								
Limite d'élasticité.				Résistance vive élastique.	Rupture.					Coefficient de sécurité (rapport des charges).	Limite d'élasticité.			Résistance vive élastique de torsion.	Rupture.			Résistance vive de rupture par torsion.	Coefficient de sécurité (rapport des charges).
Module d'élasticité ou raideur élastique.	Charge limite d'élasticité (absolue).	Charge limite d'élasticité (par unité de masse).	Allongement correspondant à la limite d'élasticité.	Résistance vive élastique.	Raideur au moment de la rupture.	Cohésion ou charge de rupture (absolue).	Cohésion (par unité de masse).	Allongement au moment de la rupture.	Résistance vive de rupture.		Module d'élasticité ou raideur élastique de torsion.	Résistance à la torsion à la limite d'élasticité (absolue).	Résistance à la torsion à la limite d'élasticité (par unité de masse).		Raideur de torsion au moment de la rupture.	Résistance à la rupture par torsion (absolue).	Résistance à la rupture par torsion (par unité de masse).		
8	9	10	11	12	13	14	15	16	17	18	19	20	21	22	23	24	25	26	27
415	2,19	2,45	2,42	4,13	89	1,97	3,96	6,0	7,1	1,03	29,6	0,48	0,53	1,82	10,1	0.74	0,93	4,05	1,16
968	4,03	5,34	3,48	8,21	185	6,70	8,67	20,7	26,6	1,47	47,4	0,68	0,87	3,25	19,4	1.07	1,54	6,72	1,55
1.250	5,35	6,82	4,28	11,88	287	9,21	11,72	37,2	36,3	1,70	55,0	0,84	1,09	4,38	25,5	1.45	1,85	9,46	1,74
1.640	7,26	9,51	4,94	18,22	464	12,92	14,55	56,1	48,2	2,01	62,2	0,98	1,42	5,59	38,1	1.69	2,35	11,27	2,00
2.660	12,53	13,85	7,82	48,60	714	19,31	19,75	105,0	98,1	2,40	87,0	1,48	1,97	8,60	53,9	2.37	3,25	15,72	2,31

LAURINÉES (*suite*).

8	9	10	11	12	13	14	15	16	17	18	19	20	21	22	23	24	25	26	27
1.926	8,09	7,60	4,19	17,4	374	13,17	12,35	36,3	51,4	1,63	»	»	»	»	»	»	»	»	»
IV	IV	III	II	III	III	IV	III	II	IV	II	»	»	»	»	»	»	»	»	»

PROTÉACÉES.

8	9	10	11	12	13	14	15	16	17	18	19	20	21	22	23	24	25	26	27
»	»	»	»	»	»	»	»	»	»	»	59,3	0,96	1,44	5,23	17,2	1,57	2,34	10,05	1,63
»	»	»	»	»	»	»	»	»	»	»	III	III	IV	III	I	III	I	III	II
1.798	7,75	7,85	4,35	22,1	439	11,01	11,20	31,8	37,2	1,42	64,0	0,77	0,78	3,15	23,8	1,37	1,39	6,85	1,77
IV	IV	III	III	IV	III	III	II	II	III	I	IV	II	I	I	II	II	I	II	III

RUBIACÉES.

8	9	10	11	12	13	14	15	16	17	18	19	20	21	22	23	24	25	26	27
890	»	»	»	»	»	12,19	14,65	»	»	»	»	»	»	»	»	»	»	»	»
I	»	»	»	»	»	III	IV	»	»	»	»	»	»	»	»	»	»	»	»

OLÉACÉES.

8	9	10	11	12	13	14	15	16	17	18	19	20	21	22	23	24	25	26	27
1.188	4,46	6,40	6,16	8,66	125	7,46	10,70	72,3	30,7	1,67	61,0	1,09	1,57	6,83	14,6	1,88	2,70	1,435	1,73
II	II	II	IV	II	I	II	II	IV	II	II	III	IV	IV	IV	I	IV	IV	IV	II
1.121	2,03	2,91	»	»	»	6,78	9,75	»	»	»	»	»	»	»	»	»	»	»	»
II	»	»	»	»	»	II	II	»	»	»	»	»	»	»	»	»	»	»	»
890	»	»	»	»	»	9,56	13,65	»	»	»	»	»	»	»	»	»	»	»	»
I	»	»	»	»	»	III	III	»	»	»	»	»	»	»	»	»	»	»	»

APOCYNÉES.

8	9	10	11	12	13	14	15	16	17	18	19	20	21	22	23	24	25	26	27
987	4,35	6,01	4,44	9,60	310	7,50	10,35	24,9	32,9	1,72	48,4	0,66	0,92	3,17	24,3	1,15	1,50	6,55	1,73
II	II	II	III	II	III	II	II	II	II	III	II	I	II	I	II	II	II	I	II

VERBENACÉES.

8	9	10	11	12	13	14	15	16	17	18	19	20	21	22	23	24	25	26	27
1.250	»	»	»	»	»	10,80	16,65	»	»	»	»	»	»	»	»	»	»	»	»
III	»	»	»	»	»	III	IV	»	»	»	»	»	»	»	»	»	»	»	»

NU-MÉRO d'or-dre.	NU-MÉRO des herbiers de Nou-méa.	NOMS SCIENTIFIQUES. (On a suivi pour l'énumération l'ordre de la classification d'Endlicher.)	NOMS VULGAIRES.	PROVENANCES.	NOMS des expérimentateurs.	DEN-SITÉ.
1	2	3	4	5	6	7
		Limite de classement des bois en quatre catégories d'après la grandeur relative de chacune de leurs constantes spécifiques			I II III IV	0,390 0,649 0,792 0,934 1,165

VERBENACÉES (*suite*).

52	»	*Tectona grandis*........	Teck (tendre)............	Indes (Moulmein)	De Lapparent....	0,590 I

CORDIACÉES.

53	2 ter.	*Cordia discolor*	Otchia ou Bois gris	Nouvelle-Calédonie (Lifou)..	N. C............	0,873 III

BIGNONIACÉES.

54	62—1	*Diplanthera Deplanchei*..	....	Nouvelle-Calédonie (Baie du Sud).	N. C............	» »

MYRSINÉES.

55	27	*Ardisia*..............	....	Nouvelle-Calédonie (Baie du Sud).	N. C............	1,102 IV
	35	*Myrsine lanceolata*	Myrsine..............	*Idem*..............	*Idem*........	0,887 III

SAPOTACÉES.

57	23	*Chrysophyllum Wakere* ..	Wakéré..............	Nouvelle-Calédonie (Baie du Sud).	N. C............	0,825 III
58	19	*Labatia macrocarpa*.....	....	*Idem*..............	*Idem*........	0,671 II
59	»	*Mimusops balata*.......	Balata..............	Guyane	De Lapparent....	1,070 IV

ÉBÉNACÉES.

60	5 ter.	*Diospyros* (?)	Mazemme	Nouvelle-Calédonie (Lifou)...	N. C............	0,892 III

EXTENSION											TORSION								
Limite d'élasticité					Rupture					Coefficient de sécurité	Limite d'élasticité				Rupture				Coefficient de sécurité
Module d'élasticité ou raideur élastique.	Charge limite d'élasticité (absolue).	Charge limite d'élasticité (par unité de masse).	Allongement correspondant à la limite d'élasticité.	Résistance vive élastique.	Raideur au moment de la rupture.	Cohésion ou charge de rupture (absolue).	Cohésion (par unité de masse).	Allongement au moment de la rupture.	Résistance vive de rupture.	Coefficient de sécurité (rapport des charges).	Module d'élasticité ou raideur élastique de torsion.	Résistance à la torsion à la limite d'élasticité (absolue).	Résistance à la torsion à la limite d'élasticité (par unité de masse).	Résistance vive élastique de torsion.	Raideur de torsion au moment de la rupture.	Résistance à la rupture par torsion (absolue).	Résistance à la rupture par torsion (par unité de masse).	Résistance vive de rupture par torsion.	Coefficient de sécurité (rapport des charges).
8	9	10	11	12	13	14	15	16	17	18	19	20	21	22	23	24	25	26	27
415	2,19	2,45	2,42	4,13	89	1,97	3,96	6,3	7,1	1,03	29,6	0,48	0,53	1,82	10,1	0,74	0,93	4,65	1,16
968	4,03	5,34	3,48	8,21	185	6,70	8,67	20,7	26,6	1,47	47,4	0,68	0,87	3,25	19,4	1,07	1,54	6,72	1,55
1.250	5,35	6,82	4,28	11,88	287	9,21	11,72	37,2	36,3	1,70	55,0	0,84	1,09	4,38	25,5	1,45	1,85	9,46	1,74
1.640	7,26	9,51	4,94	18,22	464	12,92	14,55	55,1	48,2	2,01	62,2	0,98	1,42	5,59	38,1	1,69	2,35	11,27	2,00
2.660	12,53	13,85	7,82	48,60	714	19,31	19,75	105,0	93,1	2,40	87,0	1,48	1,97	8,60	53,9	2,37	3,25	15,72	2,31

VERBENACÉES (*suite*).

8	9	10	11	12	13	14	15	16	17	18	19	20	21	22	23	24	25	26	27
695	»	»	»	»	»	7,50	12,70	»	»	»	»	»	»	»	»	»	»	»	»
I	»	»	»	»	»	II	III	»	»	»	»	»	»	»	»	»	»	»	»

CORDIACÉES.

8	9	10	11	12	13	14	15	16	17	18	19	20	21	22	23	24	25	26	27
946	4,35	4,98	4,65	10,10	397	8,32	9,55	21,5	45,2	1,92	59,4	0,93	1,07	4,86	17,0	1,74	1,99	12,01	1,87
I	II	I	III	II	III	II	II	I	III	III	III	III	II	III	I	IV	III	IV	III

BIGNONIACÉES.

8	9	10	11	12	13	14	15	16	17	18	19	20	21	22	23	24	25	26	27
1.325	4,87	»	3,72	9,20	222	8,27	»	37,9	28,2	1,70	»	»	»	»	»	»	»	»	»
III	II	»	II	II	II	II	»	III	II	III	»	»	»	»	»	»	»	»	»

MYRSINÉES.

8	9	10	11	12	13	14	15	16	17	18	19	20	21	22	23	24	25	26	27
1.741	8,17	7,42	4,75	20,20	89,6	12,36	11,20	14,0	47,3	1,52	66,1	0,88	0,80	4,15	23,7	1,91	1,74	12,65	2,16
IV	IV	III	III	IV	I	III	II	I	III	II	IV	III	I	II	II	IV	II	IV	IV
831	3,58	4,05	4,33	7,79	183	7,46	8,42	43,6	33,3	2,08	»	»	»	»	»	»	»	»	»
I	I	I	III	I	I	II	I	III	II	IV	»	»	»	»	»	»	»	»	»

SAPOTACÉES.

8	9	10	11	12	13	14	15	16	17	18	19	20	21	22	23	24	25	26	27
1.270	5,74	6,98	4,85	16,00	339	11,32	13,70	35,6	59,7	1,97	61,8	0,85	1,03	3,87	33,0	1,71	2,08	10,67	2,02
III	III	III	III	III	III	III	III	II	III	III	III	III	II	II	III	IV	III	III	IV
1.030	3,77	5,60	3,69	6,91	321	6,23	9,25	19,5	20,7	1,65	49,5	0,53	0,80	2,02	17,7	1,07	1,60	6,00	2,00
II	I	II	II	I	III	I	II	I	I	II	II	I	I	I	I	II	II	I	IV
2.075	»	»	»	»	»	17,80	17,65	»	»	»	»	»	»	»	»	»	»	»	»
IV	»	»	»	»	»	IV	IV	»	»	»	»	»	»	»	»	»	»	»	»

ÉBÉNACÉES.

8	9	10	11	12	13	14	15	16	17	18	19	20	21	22	23	24	25	26	27
635	2,19	2,45	3,53	4,13	193	4,43	4,96	24,3	18,8	2,02	48,0	0,84	0,94	4,95	10,1	1,40	1,57	10,15	1,67
I	I	I	II	I	II	I	I	II	I	IV	II	III	II	III	I	II	II	III	II

NU-MÉRO d'or-dre.	NU-MÉRO des her-biers de Nou-méa.	NOMS SCIENTIFIQUES. (On a suivi pour l'énumération l'ordre de la classification d'Endlicher.)	NOMS VULGAIRES.	PROVENANCES.	NOMS des expérimentateurs.	DEN-SITÉ.
1	2	3	4	5	6	7
		Limite de classement des bois en quatre catégories d'après la grandeur relative de chacune de leurs constantes spécifiques..			I II III IV	0,390 0,649 0,792 0,934 1,165

ÉBÉNACÉES (*suite*).

| 61 | 18 | *Diospyros montana*...... | .... | Nouvelle-Calédonie (Baie du Sud). | N. C.......... | 0,788 II |

ARALIACÉES.

| 62 | 13 | *Cussonia dioica*......... | .... | Nouvelle-Calédonie (Baie du Sud). | N. C.,......... | 0,543 I |

SAXIFRAGÉES.

63	4	*Codia floribunda*........	....	Nouvelle-Calédonie (Baie du Sud).	N. C..........	0,891 III
64	36	*Geïssois pruinosa*.......	....	*Idem*...............	*Idem*........	0,827 III
65	6	*Pancheria ternata*.......	Hiramia...............	*Idem*...............	*Idem*...	0,984 IV

DILLENIACÉES.

| 66 | 11 | *Hibbertia salicifolia*..... | .... | Nouvelle-Calédonie (Baie du Sud). | N. C.......... | 0,686 II |

HOMALINÉES.

| 67 | 56 | *Blackwellia Vitiensis*.... | Ouéri................ | Nouvelle-Calédonie (Baie du Sud). | N. C.......... | 1,079 IV |

MALVACÉES.

| 68 | 66 | *Thespesia populnea* ..... | Bois de rose (de Nouvelle-Calédonie). | Nouvelle-Calédonie (Baie du Sud). | N. C.......... | 0,671 II |

EXTENSION.											TORSION.								
Limite d'élasticité.				Rupture.						Coefficient de sécurité (rapport des charges).	Limite d'élasticité.				Rupture.				Coefficient de sécurité (rapport des charges).
Module d'élasticité ou raideur élastique.	Charge limite d'élasticité (absolue).	Charge limite d'élasticité (par unité de masse).	Allongement correspondant à la limite d'élasticité.	Résistance vive élastique.	Raideur au moment de la rupture.	Cohésion ou charge de rupture (absolue).	Cohésion (par unité de masse).	Allongement au moment de la rupture.	Résistance vive de rupture.		Module d'élasticité ou raideur élastique de torsion.	Résistance à la torsion à la limite d'élasticité (absolue).	Résistance à la torsion à la limite d'élasticité (par unité de masse).	Résistance vive élastique de torsion.	Raideur de torsion au moment de la rupture.	Résistance à la rupture par torsion (absolue).	Résistance à la rupture par torsion (par unité de masse).	Résistance vive de rupture par torsion.	
8	9	10	11	12	13	14	15	16	17	18	19	20	21	22	23	24	25	26	27
415	2,19	2,45	2,42	4,13	89	1,97	3,96	6,0	7,1	1,03	29,6	0,48	0,53	1,82	10,1	0.74	0,93	4,65	1,16
968	4,03	5,34	3,48	8,21	185	6,70	8,67	20,7	26,6	1,47	47,4	0,68	0,87	3,25	19,4	1.07	1,54	6,72	1,55
1.250	5,35	6,82	4,28	11,88	287	9,21	11,72	37,2	36,3	1,70	55,0	0,84	1,09	4,38	25,5	1.45	1,85	9,46	1,74
1.640	7,26	9,51	4,94	18,22	464	12,92	14,55	56,1	48,2	2,01	62,2	0,98	1,42	5,59	38,1	1.69	2,35	11,27	2,00
2.660	12,55	13,85	7,82	48,60	714	19,31	19,75	105,0	98,1	2,40	87,0	1,48	1,97	8,60	53,9	2.37	3,25	15,72	2,31

ÉBÉNACÉES (*suite*).

8	9	10	11	12	13	14	15	16	17	18	19	20	21	22	23	24	25	26	27
1.246	3,80	4,83	3,11	5,80	447	6,96	8,85	15,6	22,2	1,83	42,1	0,60	0,76	2,72	16,1	1,10	1,40	6,21	1,83
II	I	I	I	I	III	II	II	I	I	III	I	I	I	I	I	II	I	I	III

ARALIACÉES.

8	9	10	11	12	13	14	15	16	17	18	19	20	21	22	23	24	25	26	27
1.012	3,79	6,95	3,71	7,20	319	5,16	9,50	16,4	13,6	1,36	»	»	»	»	»	»	»	»	»
II	I	III	II	I	III	I	II	I	I	I	»	»	»	»	»	»	»	»	»

SAXIFRAGÉES.

8	9	10	11	12	13	14	15	16	17	18	19	20	21	22	23	24	25	26	27
1.290	5,57	6,22	4,32	11,80	241	7,88	8,82	32,7	26,5	1,42	»	»	»	»	»	»	»	»	»
III	III	III	III	II	II	II	II	II	II	I	»	»	»	»	»	»	»	»	»
1.308	6,19	7,50	4,71	14,30	224	9,12	11,05	16,0	36,7	1,48	»	»	»	»	»	»	»	»	»
III	III	III	III	III	II	II	II	I	III	II	»	»	»	»	»	»	»	»	»
1.513	7,09	7,20	4,69	16,70	342	12,40	12,60	38,8	42,0	1,75	60,7	0,81	0,82	3,73	1,95	1,74	1,65	11,25	2,15
III	III	III	III	III	III	III	III	III	III	III	III	II	I	II	II	IV	II	III	IV

DILLENIACÉES.

8	9	10	11	12	13	14	15	16	17	18	19	20	21	22	23	24	25	26	27
1.237	4,74	6,90	3,87	9,81	197	8,30	12,10	43,3	31,5	1,75	56,0	0,70	1,02	2,98	2,58	1,28	1,75	6,08	1,83
II	II	III	II	II	II	II	III	III	II	III	III	II	II	I	III	II	II	I	III

HOMALINÉES.

8	9	10	11	12	13	14	15	16	17	18	19	20	21	22	23	24	25	26	27
»	»	»	»	»	»	»	»	»	»	»	63,6	0,93	0,87	4,60	3,47	1,42	1,31	7,94	1,52
»	»	»	»	»	»	»	»	»	»	»	IV	III	II	III	III	II	I	II	I

MALVACÉES.

8	9	10	11	12	13	14	15	16	17	18	19	20	21	22	23	24	25	26	27
754	4,24	6,30	5,62	11,85	548	6,59	9,80	12,0	31,3	1,56	49,5	0,98	1,46	6,80	2,85	1,36	2,03	10,29	1,38
I	II	II	IV	II	IV	I	II	I	II	II	II	IV	IV	IV	III	II	III	III	I

NUMÉRO d'ordre.	NUMÉRO des herbiers de Nouméa.	NOMS SCIENTIFIQUES. (On a suivi pour l'énumération l'ordre de la classification d'Endlicher.)	NOMS VULGAIRES.	PROVENANCES.	NOMS des expérimentateurs.	DENSITÉ.	Module d'élasticité ou r.i des cast que
1	2	3	4	5	6	7	8
		Limite de classement des bois en quatre catégories d'après la grandeur relative de chacune de leurs constantes spécifiques... I II III IV				0.390 0,619 0,792 0,934 1,165	4 9. 1.2 1.6 2.6

STERCULIACÉES.

NUMÉRO d'ordre.	NUMÉRO des herbiers de Nouméa.	NOMS SCIENTIFIQUES.	NOMS VULGAIRES.	PROVENANCES.	NOMS des expérimentateurs.	DENSITÉ.	8
69	37	*Maxwellia lepidota*......	Babaï....................	Nouvelle-Calédonie (Baie du Sud).	N. C............	0.941 II	1.2 B

TILIACÉES.

NUMÉRO d'ordre.	NUMÉRO des herbiers de Nouméa.	NOMS SCIENTIFIQUES.	NOMS VULGAIRES.	PROVENANCES.	NOMS des expérimentateurs.	DENSITÉ.	8
70	32	*Elæocarpus Beaudouini*..	....	Nouvelle-Calédonie (Baie du Sud).	N. C............	0,968 IV	1.5 II
71	64	*Elæocarpus ovigera*......	Poué.................	*Idem*..............	*Idem*.......	0,786 II	1.6 I
72	1 ter.	*Elæocarpus*............	Coinite...............	Nouvelle-Calédonie (Lifou)..	*Idem*.......	1,004 IV	1.4 I

CLUSIACÉES.

NUMÉRO d'ordre.	NUMÉRO des herbiers de Nouméa.	NOMS SCIENTIFIQUES.	NOMS VULGAIRES.	PROVENANCES.	NOMS des expérimentateurs.	DENSITÉ.	8
73	33	*Calophyllum inophyllum*..	Tamanou..............	Nouvelle-Calédonie (Baie du Sud).	N. C............	0,924 III	
74	8	*Calophyllum montanum*..	Tamanou de montagne....	*Idem*..............	*Idem*.......	0,904 III	
75	»	*Clusia insignis*..........	Parcoury soufré.........	Guyane	Dufaure.........	0,780 II	
76	»	*Idem*................	Parcoury marbré........	*Idem*..............	*Idem*.......	0,908 III	
77	»	*Idem*................	Parcoury jaune.........	*Idem*..............	*Idem*.......	0,900 III	
78	41	*Discostygma corymbosa*..	Vermoui...............	Nouvelle-Calédonie (Baie du Sud).	N. C............	» »	
79	89	*Discostygma Vitiense*....	Bambaï................	*Idem*..............	*Idem*.......	1,018 IV	

EXTENSION.											TORSION.								
Limite d'élasticité.					Rupture.					Coefficient de sécurité.	Limite d'élasticité.				Rupture.				Coefficient de sécurité.
Module d'élasticité ou raideur élastique (absolue).	Charge limite d'élasticité (absolue).	Charge limite d'élasticité (par unité de masse).	Allongement correspondant à la limite d'élasticité.	Résistance vive élastique.	Raideur au moment de la rupture.	Cohésion ou charge de rupture (absolue).	Cohésion (par unité de masse).	Allongement au moment de la rupture.	Résistance vive de rupture.	Coefficient de sécurité (rapport des charges).	Module d'élasticité ou raideur élastique de torsion.	Résistance à la torsion à la limite d'élasticité (absolue).	Résistance à la torsion à la limite d'élasticité (par unité de masse).	Résistance vive élastique de torsion.	Raideur de torsion au moment de la rupture.	Résistance à la rupture par torsion (absolue).	Résistance à la rupture par torsion (par unité de masse).	Résistance vive de rupture par torsion.	Coefficient de sécurité (rapport des charges).
8	9	10	11	12	13	14	15	16	17	18	19	20	21	22	23	24	25	26	27
415	2,19	2,45	2,42	4,13	89	1,97	3,96	6,0	7,1	1,03	29,6	0,48	0,53	1,82	10,1	07,4	0,93	4,65	1,16
968	4,03	5,34	3,48	8,21	185	6,70	8,67	20,7	26,6	1,47	47,4	0,68	0,87	3,25	19,4	10,7	1,54	6,72	1,55
1.250	5,35	6,82	4,28	11,88	287	9,21	11,72	37,2	36,3	1,70	55,0	0,84	1,09	4,38	25,5	14,5	1,85	9,46	1,74
1.640	7,26	9,51	4,94	18,22	464	12,92	14,55	56,1	48,2	2,01	62,2	0,98	1,42	5,59	38,1	16,9	2,35	11,27	2,00
2.660	12,53	13,85	7,82	48,60	714	19,31	19,75	105,0	98,1	2,40	87,0	1,48	1,97	8,60	53,9	23,7	3,25	15,72	2,31
STERCULIACÉES.																			
1,255	5,50	5,84	4,37	12,10	621	8,41	8,95	13,6	30,0	1,53	58,5	0,84	0,89	3,94	29,1	1,15	1,22	5,82	1,36
III	III	II	III	III	IV	II	II	I	II	II	III	III	II	II	III	I	I	I	I
TILIACÉES.																			
1.586	7,25	7,50	4,59	16,60	217	11,36	11,75	59,8	4,82	1,57	64,0	0,88	0,91	4,23	25,5	1,77	1,82	10,98	2,00
III	III	III	III	III	II	II	III	IV	IV	II	IV	III	II	II	III	IV	II	III	IV
2.660	8,52	11,30	3,57	15,1	274	14,16	18,70	51,7	55,0	1,66	50,8	0,88	1,17	5,19	27,7	1,29	1,70	11,81	1,45
IV	IV	IV	II	III	II	IV	IV	III	IV	II	II	III	III	III	III	II	II	IV	I
1.476	5,48	5,46	3,76	11,9	176	11,90	11,85	69,4	59,5	2,18	86,8	1,36	1,36	7,32	45,8	2,37	2,36	15,72	1,74
III	III	II	II	III	I	III	III	IV	IV	IV	IV	IV	III	IV	IV	IV	II	IV	III
CLUSIACÉES.																			
1.035	5,04	5,45	4,83	11,8	432	6,83	7,40	15,8	23,5	1.36	»	»	»	»	»	»	»	»	»
II	II	II	III	II	III	II	I	I	I	I	»	»	»	»	»	»	»	»	»
1.652	12,53	13,85	5,56	25,8	436	12,96	14,30	30,7	55,0	1,03	56,8	0,87	0,96	4,80	25,4	1,51	1,67	1,00	1,75
IV	IV	IV	IV	IV	III	IV	III	II	IV	I	III	III	II	III	II	III	II	III	III
1.040	»	»	»	»	»	10,50	13,45	»	»	»	»	»	»	»	»	»	»	»	»
II	»	»	»	»	»	III	III	»	»	»	»	»	»	»	»	»	»	»	»
2.080	»	»	»	»	»	16,31	18,00	»	»	»	»	»	»	»	»	»	»	»	»
IV	»	»	»	»	»	IV	IV	»	»	»	»	»	»	»	»	»	»	»	»
2.080	»	»	»	»	»	16,12	17,90	»	»	»	»	»	»	»	»	»	»	»	»
IV	»	»	»	»	»	IV	IV	»	»	»	»	»	»	»	»	»	»	»	»
1.114	4,44	»	3,99	8,57	243	10,52	»	43,3	79,0	2,37	55,7	0,75	»	3,29	37,1	1,66	»	12,59	2,12
II	II	»	II	II	II	III	»	III	IV	IV	III	II	»	II	III	III	»	IV	IV
»	»	»	»	»	»	»	»	»	»	»	79,5	0,92	0,91	3,61	23,2	1,86	18,3	11,01	2,27
»	»	»	»	»	»	»	»	»	»	»	IV	III	II	II	II	IV	II	III	IV

NUMÉRO d'ordre.	NUMÉRO des herbiers de Nouméa.	NOMS SCIENTIFIQUES. (On a suivi pour l'énumération l'ordre de la classification d'Endlicher.)	NOMS VULGAIRES.	PROVENANCES.	NOMS des expérimentateurs.	DENSITÉ.
1	2	3	4	5	6	7
		Limite de classement des bois en quatre catégories d'après la grandeur relative de chacune de leurs constantes spécifiques...			I II III IV	0,390 0,649 0,792 0,934 1,165
		CLUSIACÉES *suite.*				
80	16	*Garcinia collina*	Mou	Nouvelle-Calédonie (Baie du Sud).	N. C.	0,739 II
81	24	*Montrouziera spheriflora.*	Houp	*Idem.*	*Idem.*	0,756 II
		MELIACÉES.				
82	»	*Xylocarpus carapa*......	Carapa...............	Guyane...............	Dufaure.........	0,830 III
		CÉDRÉLACÉES.				
83	22	*Flindersia Fournieri*	Manoué	Nouvelle-Calédonie (Baie du Sud).	N. C.	0,751 II
		ACÉRINÉES.				
84	»	*Acer platanoïdes*	Érable	France...............	Wertheim	0,674 II
85	»	*Acer pseudo-platanus*....	Sycomore.............	*Idem.*	*Idem.*	0,692 II
		RHIZOBOLÉES.				
86	»	*Caryocar glabrum*.......	Schawary	Guyane...............	Dufaure.........	0,810 III
		ILICINÉES.				
87	46	*Ilex Sebertii*.............	....	Nouvelle-Calédonie (Baie du Sud).	N. C.	0,975 IV

EXTENSION.											TORSION.								
Limite d'élasticité.				Rupture.						Coefficient de sécurité (rapport des charges).	Limite d'élasticité.				Rupture.				Coefficient de sécurité (rapport des charges).
Module d'élasticité ou raideur élastique (absolue).	Charge limite d'élasticité (absolue).	Charge limite d'élasticité (par unité de masse).	Allongement correspondant à la limite d'élasticité.	Résistance vive élastique.	Raideur au moment de la rupture.	Cohésion ou charge de rupture (absolue).	Cohésion (par unité de masse).	Allongement au moment de la rupture.	Résistance vive de rupture.		Module d'élasticité ou raideur élastique de torsion.	Résistance à la torsion à la limite d'élasticité (absolue).	Résistance à la torsion à la limite d'élasticité (par unité de masse).	Résistance vive élastique de torsion.	Raideur de torsion au moment de la rupture.	Résistance à la rupture par torsion (absolue).	Résistance à la rupture par torsion (par unité de masse).	Résistance vive de rupture par torsion.	
8	9	10	11	12	13	14	15	16	17	18	19	20	21	22	23	24	25	26	27
415	2,19	2,45	2,42	4,13	80	1,07	3,96	6,0	7,1	1,03	29,6	0,48	0,53	1,82	10,1	0,74	0,93	4,65	1,16
968	4,03	5,34	3,48	8,21	185	6,70	8,67	20,7	26,6	1,47	47,4	0,68	0,87	3,25	19,4	1,07	1,54	6,72	1,55
1.250	5,35	6,82	4,28	11,88	287	9,21	11,72	37,2	36,3	1,70	55,0	0,84	1,09	4,38	25,5	1,45	1,85	9,46	1,74
1.640	7,26	9,51	4,94	18,22	464	12,92	14,55	56,1	48,2	2,01	62,2	0,98	1,42	5,59	38,1	1,69	2,35	11,27	2,00
1.660	12,53	13,85	7,82	48,60	714	19,31	19,75	103,0	98,1	2,40	87,0	1,48	1,97	8,60	53,9	2,37	3,25	15,72	2,31
CLUSIACÉES (suite).																			
936	3,63	4,92	3,93	7,00	139	7,89	10,68	59,1	39,8	2,18	53,2	0,62	0,84	2,40	23,3	1,02	1,39	4,70	1,66
I	I	I	II	I	I	II	II	IV	III	IV	II	I	I	I	II	I	I	I	II
1.109	4,91	6,50	4,41	11,30	310	8,47	11,20	30,4	39,9	1,73	54,1	0,91	1,21	5,33	25,1	1,71	2,26	12,55	1,88
II	II	II	III	II	III	II	II	II	III	III	II	III	III	III	II	IV	III	IV	III
MELIACÉES.																			
1.386	»	»	»	»	»	12,56	15,10	»	»	»	»	»	»	»	»	»	»	»	»
III	»	»	»	»	»	III	IV	»	»	»	»	»	»	»	»	»	»	»	»
CÉDRÉLACÉES.																			
1.249	4,04	5,38	3,24	6,92	247	6,95	9,25	29,9	24,1	1,72	60,7	0,73	0,97	2,82	24,6	1,65	2,06	8,92	2,12
II	II	II	I	I	II	II	III	II	I	III	III	II	II	I	II	III	III	II	IV
ACÉRINÉES.																			
1.021	2,71	4,02	»	»	»	3,58	5,31	»	»	»	»	»	»	»	»	»	»	»	»
II	»	»	»	»	»	I	I	»	»	»	»	»	»	»	»	»	»	»	»
1.164	2,30	3,32	»	»	»	6,16	8,90	»	»	»	»	»	»	»	»	»	»	»	»
II	»	»	»	»	»	I	II	»	»	»	»	»	»	»	»	»	»	»	»
RHIZOBOLÉES.																			
1.040	»	»	»	»	»	11,25	13,90	»	»	»	»	»	»	»	»	»	»	»	»
II	»	»	»	»	»	III	III	»	»	»	»	»	»	»	»	»	»	»	»
ILICINÉES.																			
1.724	5,83	5,98	3,42	9,60	307	8,82	9,05	28,6	24,9	1,15	47,0	0,74	0,76	3,98	21,2	1,48	1,52	10,88	2,00
IV	III	II	I	II	III	II	II	II	I	I	I	II	I	II	II	III	I	III	IV

1	2	3	4	5	6	7	8
NUMÉRO d'ordre.	NUMÉRO des herbiers de Nouméa.	NOMS SCIENTIFIQUES. (On a suivi pour l'énumération l'ordre de la classification d'Endlicher.)	NOMS VULGAIRES.	PROVENANCES.	NOMS des expérimentateurs.	DENSITÉ.	
		Limite de classement des bois en quatre catégories d'après la grandeur relative de chacune de leurs constantes spécifiques..........			{ I II III IV	0,390 0,640 0,794 0,920 1,160	4 96 .27 1.61 1.80
		RHAMNÉES.					
88	3	*Alphitonia zyzyphoïdes*..	Pomaderis..............	Nouvelle-Calédonie (Baie du Sud).	N. C.............	0,843 III	.16 II
		EUPHORBIACÉES.					
89	26 *bis.*	*Aleurites triloba*........	Bancoulier.............	Nouvelle-Calédonie (Nouméa)	N. C.............	0,448 I	792 I
90	62—2	*Baloghia lucida*........	....	Nouvelle-Calédonie (Baie du Sud).	*Idem.*.......	» »	792 I
91	30	*Euphorbia Cleopatra*....	....	*Idem.*.............	*Idem.*.......	0,614 I	793 I
92	9 *bis.*	*Fontainea Pancheri*.....	....	Nouvelle-Calédonie (Nouméa)	*Idem.*.......	0,918 III	781 II
93	17	*Phillanthus Billardieri*..	....	Nouvelle-Calédonie (Baie du Sud).	*Idem.*.......	0,755 II	520 III
		ANACARDIACÉES.					
94	28	*Semecarpus*	....	Nouvelle-Calédonie (Baie du Sud).	N. C.............	0,771 II	.181 III
		BURSERACÉES.					
95	31	*Canarium*..............	....	Nouvelle-Calédonie (Baie du Sud).	N. C.............	» »	.120 II
		COMBRETACÉES.					
96	»	*Bucida buceras*........	Grignon franc...........	Guyane.................	Dufaure.........	0,560 I	893 I

EXTENSION — Limite d'élasticité					Rupture					Coefficient de sécurité (rapport des charges)	TORSION — Limite d'élasticité				Rupture				Coefficient de sécurité (rapport des charges)
Module d'élasticité ou raideur élastique (absolue).	Charge limite d'élasticité (absolue).	Charge limite d'élasticité (par unité de masse).	Allongement correspondant à la limite d'élasticité.	Résistance vive élastique.	Raideur au moment de la rupture.	Cohésion ou charge de rupture (absolue).	Cohésion (par unité de masse).	Allongement au moment de la rupture.	Résistance vive de rupture.	Coefficient de sécurité (rapport des charges).	Module d'élasticité ou raideur élastique de torsion.	Résistance à la torsion à la limite d'élasticité (absolue).	Résistance à la torsion à la limite d'élasticité (par unité de masse).	Résistance vive élastique de torsion.	Raideur de torsion au moment de la rupture.	Résistance à la rupture par torsion (absolue).	Résistance à la rupture par torsion (par unité de masse).	Résistance vive de rupture par torsion.	Coefficient de sécurité (rapport des charges).
8	9	10	11	12	13	14	15	16	17	18	19	20	21	22	23	24	25	26	27
415	2,19	2,45	2,42	4,13	89	1,97	3,96	6,0	7,1	1,03	29,6	0,48	0,53	1,82	1,01	0,74	0,93	4,65	1,16
963	4,03	5,34	3,48	8,21	185	6,70	8,67	20,7	26,6	1,47	47,4	0,68	0,87	3,25	1,94	1,07	1,54	6,72	1,55
1.250	5,35	6,82	4,23	11,88	287	9,21	11,72	37,2	36,3	1,70	55,0	0,84	1,09	4,38	2,55	1,45	1,85	9,46	1,74
1.640	7,26	9,51	4,94	18,22	464	12,92	14,55	56,1	48,2	2,01	62,2	0,98	1,42	5,59	3,81	1,69	2,35	11,27	2,00
1.660	12,53	13,85	7,82	48,60	714	19,31	19,75	105,0	98,1	2,40	87,0	1,48	1,97	8,60	5,39	2,37	3,25	15,72	2,31
RHAMNÉES.																			
1.165	3,94	4,67	4,41	7,20	256	8,40	9,95	38,7	29,8	2,13	54,8	0,69	0,82	3,18	24,3	1,41	1,68	8,66	2,03
II	I	I	III	I	II	II	II	III	II	IV	II	II	I	I	II	II	II	II	IV
EUPHORBIACÉES.																			
732	3,13	7,05	4,27	8,20	170	4,60	10,30	63,5	17,5	1,47	39,6	0,48	1,08	2,63	19,0	0,74	1,66	4,65	1,54
I	I	III	II	I	I	I	II	IV	I	II	I	I	II	I	I	I	II	I	I
982	3,94	»	4,01	7,87	481	5,50	»	13,5	16,2	1,40	»	»	»	»	»	»	»	»	»
II	I	»	II	I	IV	I	»	I	I	I	»	»	»	»	»	»	»	»	»
683	3,08	5,02	4,45	6,90	272	5,12	8,35	16,7	30,6	1,67	39,8	0,51	0,83	2,49	17,3	0,82	1,33	5,11	1,61
I	I	I	III	I	II	I	I	I	II	II	I	I	I	I	I	I	I	I	II
981	5,65	6,45	5,70	16,45	620	7,45	8,12	12,0	30,0	1,32	»	»	»	»	»	»	»	»	»
II	III	II	IV	III	IV	II	I	I	II	I	»	»	»	»	»	»	»	»	»
1.520	5,25	6,95	3,44	9,00	230	9,55	12,65	43,9	34,7	1,82	»	»	»	»	»	»	»	»	»
III	II	III	I	II	II	III	III	III	II	III	»	»	»	»	»	»	»	»	»
ANACARDIACÉES.																			
1.481	5,64	7,32	3,84	10,64	251	9,10	11,80	39,1	44,9	1,66	48,4	0,79	1,10	4,37	18,4	1,63	2,12	12,27	2,06
III	III	III	II	II	II	II	III	III	III	II	II	II	III	II	I	III	III	IV	IV
BURSERACÉES.																			
1.124	5,28	»	4,70	12,40	714	6,53	»	91,5	19,5	1,24	56,0	0,50	»	1,82	13,6	1,15	»	5,66	2,31
II	II	»	III	III	IV	I	»	IV	I	I	III	I	»	I	I	II	»	I	IV
COMBRETACÉES.																			
693	»	»	»	»	»	6,00	10,70	»	»	»	»	»	»	»	»	»	»	»	»
I	»	»	»	»	»	I	II	»	»	»	»	»	»	»	»	»	»	»	»

NU-MÉRO d'or-dre.	NU-MÉRO des her-biers de Nou-méa.	NOMS SCIENTIFIQUES. (On a suivi pour l'énumération l'ordre de la classification d'Endlicher.)	NOMS VULGAIRES.	PROVENANCES.	NOMS des expérimentateurs.	DEN-SITÉ.	
1	2	3	4	5	6	7	8
		Limite de classement des bois en quatre catégories d'après la grandeur relative de chacune de leurs constantes spécifiques .... { I II III IV				0,390 0,646 0,792 0,934 1,165	[illegible]
		RHIZOPHORÉES.					
97	34	*Bruguiera Rhumphii*.....	Grand palétuvier.........	Nouvelle-Calédonie (Baie du Sud).	N. C..., ...	» »	[illegible]
98	42	*Crossostylis multiflora*...	....	*Idem*............	*Idem*........	0.641 I	[illegible]
		CHRYSOBALANÉES.					
99	»	*Acioa dulcis*	Coupi................	Guyane	De Lapparent....	1.000 IV	[illegible]
		MYRTACÉES.					
100	»	*Eucalyptus*.............	Gommier (*Red gum*)......	Australie..................	N. C.............	0,940 IV	[illegible]
101	»	*Eucalyptus diversicolor*..	Chêne blanc (*Blue gum*)..	*Idem*..................	*Idem*........	0,960 IV	[illegible]
102	27 *bis.*	*Melaleuca viridiflora*....	Niaouli....	Nouvelle-Calédonie (Nouméa)	*Idem*........	1,102 IV	[illegible]
103	12	*Pleurocalyptus Deplancheï*	....	Nouvelle-Calédonie (Baie du Sud).	*Idem*........	1,165 IV	[illegible]
104	26	*Spermolepis gummifera*..	Chêne gomme (vert)......	*Idem*..................	*Idem*........	» »	[illegible]
105	26	*Idem*...............	Chêne gomme (sec)	*Idem*..................	*Idem*........	0,991 IV	[illegible]
106	43	*Syzygium multipetalum*..	....	*Idem*..................	*Idem*........	» »	[illegible]
107	57	*Syzygium Pancheri*......	Raviné.........	*Idem*..................	*Idem*........	0,709 II	[illegible]

Table (suite) — colonnes 8 à 27.

	EXTENSION											TORSION								
	Limite d'élasticité				Rupture					Coef-ficient de sécurité (rapport des charges).	Limite d'élasticité				Rupture				Coef-ficient de sécurité (rapport des charges).
Module d'élasticité ou raideur élastique (absolue).	Charge limite d'élasticité (absolue).	Charge limite d'élasticité (par unité de masse).	Allongement correspondant à la limite d'élasticité.	Résistance vive élastique.	Raideur au moment de la rupture.	Cohésion ou charge de rupture (absolue).	Cohésion (par unité de masse).	Allongement au moment de la rupture.	Résistance vive de rupture.		Module d'élasticité ou raideur élastique de torsion.	Résistance à la torsion à la limite d'élasticité (absolue).	Résistance à la torsion à la limite d'élasticité (par unité de masse).	Résistance vive élastique de torsion.	Raideur de torsion au moment de la torsion.	Résistance à la rupture par torsion (absolue).	Résistance à la rupture par torsion (par unité de masse).	Résistance vive de rupture par torsion.	
8	9	10	11	12	13	14	15	16	17	18	19	20	21	22	23	24	25	26	27
415	2,19	2,43	2,42	4,13	89	1,97	3,96	6,0	7,1	1,03	29,6	0,43	0,53	1,82	10,1	0,74	0,92	4,65	1,16
968	4,06	5,34	3,48	8,21	185	6,70	8,67	20,7	25,6	1,47	47,4	0,68	0,87	3,25	19,4	1,07	1,54	6,72	1,55
250	5,35	6,82	4,28	11,88	287	9,21	11,72	37,5	36,3	1,70	55,0	0,84	1,09	4,38	25,5	1,45	1,85	9,46	1,74
640	7,26	9,51	4,94	18,22	464	12,96	14,55	55,1	48,2	2,01	62,2	0,98	1,42	5,59	38,1	1,69	2,35	11,27	2,00
360	12,53	13,85	7,82	48,60	714	19,31	19,75	105,0	98,1	2,40	87,0	1,48	1,97	8,60	53,9	2,37	3,25	15,72	2,31

RHIZOPHORÉES.

8	9	10	11	12	13	14	15	16	17	18	19	20	21	22	23	24	25	26	27
142 I	4,47 II	» »	3,91 II	8,78 II	152 I	7,58 II	» »	50,0 III	28,6 II	1,66 II	» »	» »	» »	» »	» »	» »	» »	» »	» »
096 II	3,93 I	6,13 II	3,52 II	7,14 I	189 II	6,85 II	10,65 II	49,0 III	24,3 II	1,75 III	42,5 I	0,52 I	0,80 I	2,20 I	14,5 I	1,03 I	1,60 II	5,97 I	2,0 IV

CHRYSOBALANÉES.

8	9	10	11	12	13	14	15	16	17	18	19	20	21	22	23	24	25	26	27
40 I	» »	» »	» »	» »	» »	9,35 III	9,35 II	» »	» »	» »	» »	» »	» »	» »	» »	» »	» »	» »	» »

MYRTACÉES.

8	9	10	11	12	13	14	15	16	17	18	19	20	21	22	23	24	25	26	27
742 V	9,80 IV	10,40 IV	3,46 IV	28,50 IV	222 II	13,20 IV	14,00 III	8,1 I	46,7 III	1,35 I	61,0 III	1,05 IV	1,13 III	6,05 IV	28,4 III	1,66 III	1,77 II	10,97 III	1,58 II
329 II	8,86 IV	9,23 III	3,33 IV	23,90 IV	433 III	11,40 III	11,87 III	30,4 III	41,3 III	1,29 I	39,4 I	0,69 II	0,71 I	4,00 II	12,2 I	0,89 I	0,93 I	8,00 II	1,30 I
68 I	4,61 II	4,57 I	5,01 IV	19,60 II	247 II	7,61 II	7,54 I	32,3 II	33,6 II	1,65 II	51,9 II	0,91 III	0,83 I	5,42 III	34,0 III	1,47 III	1,33 I	10,07 III	1,61 II
943 V	7,68 IV	6,60 II	3,96 II	15,20 III	481 IV	13,94 IV	12,00 III	29,9 II	55,0 IV	1,82 III	72,7 IV	1,32 IV	1,13 III	5,90 IV	41,4 IV	1,93 IV	1,54 II	11,23 III	1,55 II
922 II	5,56 III	» »	3,60 II	10,52 II	212 II	9,87 III	» »	50,9 III	39,3 III	1,78 III	» »	» »	» »	» »	» »	» »	» »	» »	» »
380 V	10,92 IV	11,00 IV	4,57 III	26,00 IV	246 II	13,80 IV	13,93 III	40,6 III	43,3 III	1,26 I	55,1 III	0,89 III	0,94 II	4,82 III	20,3 II	1,58 III	1,61 II	9,94 III	1,77 III
» »	» »	» »	» »	» »	» »	» »	» »	» »	» »	» »	46,7 I	0,77 II	» »	4,36 II	15,6 I	1,27 II	» »	8,76 II	1,65 II
40 I	3,60 I	5,08 I	3,83 I	6,93 I	111 I	6,94 I	9,80 II	6,26 I	34,5 II	1,93 III	» »	» »	» »	» »	» »	» »	» »	» »	» »

NU-MÉRO d'or-dre.	NU-MÉRO des her-biers de Nou-méa.	NOMS SCIENTIFIQUES (On a suivi pour l'énumération l'ordre de la classification d'Endlicher.)	NOMS VULGAIRES.	PROVENANCES.	NOMS des expérimentateurs.	DEN-SITÉ.
1	2	3	4	5	6	7
		Limite de classement des bois en quatre catégories d'après la grandeur relative de chacune de leurs constantes spécifiques..			I II III IV	0,390 0,649 0,792 0,934 1,165

MYRTACÉES (suite).

| 108 | 14 | *Syzygium Wagapense*.... | Blondeau (vert)......... | Nouvelle-Calédonie (Baie du Sud). | N. C............. | » » |
| 109 | 14 | *Idem*.............. | Blondeau (sec).... ...... | *Idem*............ ...... | *Idem*....... | 0,995 IV |

LÉGUMINEUSES.

110	»	*Acacia vera*...........	Acacia................	France................	Wertheim.......	0,717 II
111	5 *bis*.	*Acacia spirorbis*........	Faux gaïac.............	Nouvelle-Calédonie (Nouméa)	N. C.............	1,074 IV
112	55	*Albizzia granulosa*	Acacia de Nouv.-Calédonie (variété de montagnes).	Nouvelle-Calédonie (Baie du Sud).	*Idem*........	» »
113	23 *bis*.	*Idem*..............	Acacia de Nouv.-Calédonie (variété de ruisseaux).	Nouvelle-Calédonie (Nouméa)	*Idem*......	0,482 I
114	23 *bis*.	*Idem*..............	Acacia de Nouv.-Calédonie (variété de forêts).	*Idem*..............	*Idem*........	0,614 I
115	»	*Andira Aubletti*........	Wacapou.............	Guyane	De Lapparent....	0,842 III
116	»	*Idem*.............	*Idem*.............	*Idem*..............	Dufaure........	0,860 III
117	»	*Copaïfera bracteata*......	Bois violet.............	*Idem*..............	De Lapparent....	0,845 III
118	»	*Idem*.............	*Idem*.............	*Idem*..............	Dufaure........	0,850 III

EXTENSION.											TORSION.								
Limite d'élasticité.					Rupture.					Coefficient de sécurité (rapport des charges).	Limite d'élasticité.				Rupture.				Coefficient de sécurité (rapport des charges).
Module d'élasticité ou raideur élastique.	Charge limite d'élasticité (absolue).	Charge limite d'élasticité (par unité de masse).	Allongement correspondant à la limite d'élasticité.	Résistance vive élastique.	Raideur au moment de la rupture.	Cohésion ou charge de rupture (absolue).	Cohésion (par unité de masse).	Allongement au moment de la rupture.	Résistance vive de rupture.	Coefficient de sécurité (rapport des charges).	Module d'élasticité ou raideur élastique de torsion.	Résistance à la torsion à la limite d'élasticité (absolue).	Résistance à la torsion à la limite d'élasticité (par unité de masse).	Résistance vive élastique de torsion.	Raideur de torsion au moment de la rupture.	Résistance à la rupture par torsion (absolue).	Résistance à la rupture par torsion (par unité de masse).	Résistance vive de rupture par torsion.	Coefficient de sécurité (rapport des charges).
8	9	10	11	12	13	14	15	16	17	18	19	20	21	22	23	24	25	26	27
415	2,19	2,43	2,42	4,13	89	1,97	3,91	6,0	7,1	1,03	29,6	0,48	0,53	1,82	10,1	0,74	0,93	4,65	1,16
968	4,03	5,34	3,48	8,21	185	6,70	8,67	20,7	26,6	1,47	47,4	0,68	0,87	3,25	19,4	1,07	1,54	6,72	1,55
1.250	5,35	6,82	4,28	11,88	287	9,21	11,72	37,2	36,3	1,70	55,0	0,84	1,09	4,38	25,5	1,45	1,85	9,46	1,74
1.640	7,26	9,51	4,94	18,22	464	12,92	14,55	56,1	48,2	2,01	62,2	0,98	1,42	5,59	38,1	1,69	2,35	11,27	2,00
2.660	12,53	13,85	7,82	48,60	714	19,31	17,75	105,0	98,1	2,40	87,0	1,48	1,97	8,60	53,9	2,37	3,25	15,72	2,31

MYRTACÉES (*suite*).

8	9	10	11	12	13	14	15	16	17	18	19	20	21	22	23	24	25	26	27
969	3,68	»	3,29	5,26	126	7,34	»	59,0	35,7	2,00	»	»	»	»	»	»	»	»	»
II	I	»	I	I	I	II	»	IV	II	III	»	»	»	»	»	»	»	»	»
2.197	7,01	7,05	3,19	11,45	89	11,89	12,00	13,9	35,3	1,71	38,1	0,54	0,55	2,34	14,9	1,09	1,10	5,79	2,04
IV	III	III	I	II	I	III	III	I	II	III	I	I	I	I	II	I	I	I	IV

LÉGUMINEUSES.

8	9	10	11	12	13	14	15	16	17	18	19	20	21	22	23	24	25	26	27
1.262	3,19	4,45	»	»	»	7,93	11,50	»	»	»	»	»	»	»	»	»	»	»	»
III	I	»	»	»	»	II	II	»	»	»	»	»	»	»	»	»	»	»	»
1.600	12,51	11,65	7,82	48,6	198	14,75	13,70	73,7	68,0	1,18	87,0	1,47	1,34	8,60	53,9	1,72	1,59	10,24	1,16
III	IV	IV	IV	IV	II	IV	III	IV	IV	I	IV	IV	III	IV	IV	IV	II	III	I
1.531	3,35	»	2,52	5,0	592	7,75	»	57,0	32,8	2,32	57,9	0,98	»	5,69	22,2	1,77	»	13,53	1,18
III	I	»	I	I	IV	II	»	IV	II	IV	III	IV	»	IV	II	IV	»	IV	I
808	3,71	7,70	4,60	8,50	206	6,25	13,00	33,5	25.1	1,68	48,5	0,90	1,86	5,58	20,0	1,53	3,16	11,98	1,68
I	I	III	III	II	II	I	III	II	I	II	II	III	IV	III	II	III	IV	IV	II
1.532	5,46	8,90	4,51	12,60	228	8,02	13,05	44,2	41,2	1,53	50,8	0,78	1,28	3,97	10,3	1,35	2,10	10,80	1,59
III	III	III	III	III	II	II	III	III	III	II	II	II	III	II	I	II	III	III	II
1.250	»	»	»	»	»	15,90	18,90	»	»	»	»	»	»	»	»	»	»	»	»
I	»	»	»	»	»	IV	IV	»	»	»	»	»	»	»	»	»	»	»	»
1.386	»	»	»	»	»	14,25	16,30	»	»	»	»	»	»	»	»	»	»	»	»
III	»	»	»	»	»	IV	IV	»	»	»	»	»	»	»	»	»	»	»	»
1.400	»	»	»	»	»	15,00	17,70	»	»	»	»	»	»	»	»	»	»	»	»
III	»	»	»	»	»	IV	IV	»	»	»	»	»	»	»	»	»	»	»	»
1.386	»	»	»	»	»	14,94	17,55	»	»	»	»	»	»	»	»	»	»	»	»
III	»	»	»	»	»	IV	IV	»	»	»	»	»	»	»	»	»	»	»	»

NUMÉRO d'ordre.	NUMÉRO des herbiers de Nouméa.	NOMS SCIENTIFIQUES. (On a suivi pour l'énumération l'ordre de la classification d'Endlicher.)	NOMS VULGAIRES.	PROVENANCES.	NOMS des expérimentateurs.	DENSITÉ.
1	2	3	4	5	6	7
		Limite de classement des bois en quatre catégories d'après la grandeur relative de chacune de leurs constantes spécifiques.. { I II III IV				0,390 0,640 0,792 0,934 1,165

LÉGUMINEUSES (*suite*).

119	»	*Dicozenia Paraensis*.....	Angélique............	Guyane	De Lapparent....	0,770 II
120	»	*Idem.*	*Idem.*......	*Idem.*...........	Dufaure.........	0,720 III
121	»	*Diplotropis Guyanensis* .	Cœur dehors..........	*Idem.*...........	*Idem.*......	0,815 III
122	»	*Hymenæa courbaril,*.....	Courbaril............	*Idem.*....	De Lapparent....	0,940 IV
123	»	*Intsia*	Koha..............	Nouvelle-Calédonie (Baie du Sud).	N. C............	» »
124	»	....	Préfontaine...........	Guyane...............	Dufaure.........	0,920 III

ESPÈCES INDÉTERMINÉES.

125	3 *ter.*	....	Cidaquèpe............	Nouvelle-Calédonie (Lifou) ..	N. C............	0,565 IV
126	12 *ter.*	....	Enndem............	*Idem.*...........	*Idem.*......	0.677 II
127	4 *ter.*	....	Mésoube............	*Idem.*...........	*Idem.*......	0,816 III
128	6 *ter.*	....	Téléouinguiette	*Idem.*...........	*Idem.*......	0,980 IV
129	»	....	Saint-Martin...........	Guyane	De Lapparent....	0,930 III

EXTENSION.											TORSION.								
Limite d'élasticité.					Rupture.					Coefficient de sécurité (rapport des charges).	Limite d'élasticité.				Rupture.				Coefficient de sécurité (rapport des charges).
Module d'élasticité ou raideur élastique (absolue).	Charge limite d'élasticité (absolue).	Charge limite d'élasticité (par unité de masse).	Allongement correspondant à la limite d'élasticité.	Résistance vive élastique.	Raideur au moment de la rupture.	Cohésion ou charge de rupture (absolue).	Cohésion (par unité de masse).	Allongement au moment de la rupture.	Résistance vive de rupture.	Coefficient de sécurité (rapport des charges).	Module d'élasticité ou raideur élastique de torsion.	Résistance à la torsion à la limite d'élasticité (absolue).	Résistance à la torsion à la limite d'élasticité (par unité de masse).	Résistance vive de torsion.	Raideur de torsion au moment de la rupture.	Résistance à la rupture par torsion (absolue).	Résistance à la rupture par torsion (par unité de masse).	Résistance vive de rupture par torsion.	Coefficient de sécurité (rapport des charges).
8	9	10	11	12	13	14	15	16	17	18	19	20	21	22	23	24	25	26	27
415	2,19	2,43	2,42	4,13	89	1,97	39,6	6,0	7,1	1,03	29,6	0,48	0,53	1,82	10,1	0,74	0,93	4,65	1,16
968	4,03	5,34	3,48	8,21	185	6,70	86,7	20,7	26,6	1,47	17,4	0,68	0,87	3,25	19,4	1,07	1,54	6,72	1,55
1.250	5,35	6,82	4,28	11,88	287	9,21	117,2	37,2	36,3	1,70	55,0	0,84	1,09	4,50	25,5	1,15	1,85	9,46	1,74
1.640	7,26	9,51	4,94	18,22	464	12,92	145,5	56,1	48,2	2,01	62,2	0,98	1,42	5,59	38,1	1,60	2,35	11,27	2,00
2.660	12,53	13,85	7,82	48,60	714	19,31	197,5	105,0	98,1	2,40	87,0	1,48	1,97	8,60	53,9	2,37	3,25	13,72	2,31
LÉGUMINEUSES (*suite*):																			
1.400 III	» »	» »	» »	» »	» »	10,30 III	13,40 III	» »	» »	» »	» »	» »	» »	» »	» »	» »	» »	» »	» »
1.248 II	» »	» »	» »	» »	» »	12,00 III	» »	» »	» »	» »	» »	» »	» »	» »	» »	» »	» »	» »	» »
1.782 IV	» »	» »	» »	» »	» »	13,12 IV	16.10 IV	» »	» »	» »	» »	» »	» »	» »	» »	» »	» »	» »	» »
2.500 IV	» »	» »	» »	» »	» »	15,90 IV	16,90 IV	» »	» »	» »	» »	» »	» »	» »	» »	» »	» »	» »	» »
1.426 II	6,78 IV	» »	6,04 IV	21,2 IV	704 IV	8,88 II	» »	13,3 I	36,6 III	1,32 I	70,8 IV	1,12 IV	» »	6,06 IV	43,4 IV	1,65 III	» »	9,96 III	1,48 I
1.560 III	» »	» »	» »	» »	» »	18,00 IV	19,60 IV	» »	» »	» »	» »	» »	» »	» »	» »	» »	» »	» »	» »
ESPÈCES INDÉTERMINÉES.																			
1.051 II	3,56 I	3,63 I	3,30 I	5,90 I	118 I	8,40 II	8,70 II	72,1 IV	45,5 III	2,40 IV	51,0 II	0,83 II	0,86 I	4,60 III	16,6 I	1,63 III	1,68 II	12,62 II	2,00 IV
776 I	2,51 I	3,70 I	3,25 I	5,79 I	200 II	5,33 I	7,88 I	26,9 II	19,6 I	2,13 IV	» »	» »	» »	» »	» »	» »	» »	» »	» »
987 II	3,94 I	4,83 I	3,99 II	8,05 I	247 II	8,00 II	9,81 II	34,2 II	41,9 III	2,03 IV	54,6 II	0,89 III	1,09 III	5,23 III	22,9 II	1,51 III	1,85 III	9,67 III	1,69 II
1.417 III	3,79 I	3,87 I	2,85 I	5,42 I	171 I	8,30 II	8,45 I	54,4 III	49,4 IV	2,20 IV	68,0 IV	1,16 IV	1,18 III	6,82 IV	33,0 III	1,82 IV	1,85 III	12,46 IV	1,66 II
1.400 III	» »	» »	» »	» »	» »	13,10 IV	» »	» »	» »	» »	» »	» »	» »	» »	» »	» »	» »	» »	» »

TROISIÈME PARTIE.

Résumé des caractères botaniques et des propriétés physiques, mécaniques et industrielles des principaux bois de la Nouvelle-Calédonie [1].

Nota. On a réuni dans ce résumé les caractères botaniques les plus saillants parmi ceux qui peuvent servir à faire connaître les arbres sur pied ; on y a joint les indications sur les localités où ils se trouvent, sur leur fréquence, etc., ainsi que les renseignements que l'on a pu recueillir sur les propriétés industrielles des bois mis en œuvre : aspect, texture, couleur, qualités, propriétés mécaniques, façon dont ils se comportent sous l'outil, emplois, conservation, etc.

On a suivi dans l'énumération l'ordre de la classification d'Endlicher.

Une table alphabétique placée à la fin de ce travail, fait connaître, pour chacune des essences citées, les numéros des échantillons qui font partie des principales collections recueillies jusqu'à ce jour, et qui sont conservées pour la plupart au musée des colonies du palais de l'industrie ; elle permet, en outre, en se reportant aux numéros d'ordre indiqués, de retrouver les renseignements recueillis sur les diverses essences et consignées soit dans ce résumé, soit dans les tableaux de la deuxième partie.

GYMNOSPERMÉES.

Abiétinées.

1. — {
Araucaria Cookii (R. Brown). — Pin colonnaire.
Cupressus columnaris (Forster). — *Eutassa Cookii* (Salisbury).

Arbre droit, très-grand, atteignant 35 mètres de hauteur et 50 à 60 centimètres de diamètre, garni de branches relativement courtes et de grandeur uniforme, qui lui donnent l'aspect d'un fût de colonne gigantesque.

---

[1] Cette partie de mon travail a été rédigée en commun avec M. Pancher, ancien botaniste du gouvernement à Taïti et en Nouvelle-Calédonie.

Tant qu'il n'a pas dépassé la hauteur de 5 à 8 mètres, cet arbre conserve l'aspect conique de l'épicea et des pins en général ; à partir de ce moment, les branches inférieures cessent de croître en longueur et en diamètre, et à la naissance de chacune d'elles se développe dans le même plan horizontal un faisceau de nouvelles branches, formant comme les doigts d'une main, au lieu d'imiter la disposition rayonnante des pins ordinaires. Ces branches inférieures tombent successivement en laissant le tronc dégarni sur une hauteur de 10 mètres au plus.

Écorce dont la couche épidermique fendillée, grisâtre, se divise en bandelettes horizontales et s'enlève aisément en petites plaques, découvrant l'écorce proprement dite, assez épaisse, adhérente, rougeâtre.

Les feuilles, dressées dans le jeune âge, sont en forme d'alène (subulées) légèrement incurvées. Sur les rameaux du sommet elles s'élargissent et se raccourcissent, s'épaississant en forme d'écailles imbriquées, généralement longues de 6 millimètres, larges de 4 ; elles recouvrent les branches et leurs ramifications.

Chatons mâles au bout des branches voisines du sommet atteignant 15 millimètres sur 60.

Cônes en petit nombre, à l'extrémité des ramules des branches du sommet, plutôt ronds qu'ovales, de 5 centimètres sur 8, dont les écailles arrondies sont terminées par une courte pointe recourbée, ce qui donne au fruit l'aspect d'un énorme capitule de chardon foulon (*Dipsacus*) ; ces écailles se détachent à la maturité, le cône ne tombant jamais entier à terre.

Graines oblongues, presque planes, largement ailées.

Cet arbre pousse de préférence au bord de la mer, sur les plages sablonneuses, et au milieu des roches ferrugineuses de la côte.

La conservation de cette espèce exige peu de soins : il suffit de laisser quelques pieds destinés à produire des graines, de découvrir le sol avec précaution pour conserver un peu d'ombre, et d'en nettoyer un peu la surface.

L'araucaria Cookii ne diffère de l'araucaria excelsa (pin de Norfolk), que par sa forme, due à l'arrêt du développement des branches.

L'aire connue de ces deux formes, s'étend jusqu'aux Nouvelles-Hébrides.

Bois blanc, mou, filandreux, à grain fin.
Les fibres, fines, ne sont pas parallèles à l'axe, mais s'enroulent insensible-

ment en hélice ; de là vient sans doute que ce bois, bien que facile à travailler, s'arrache sous la scie, et que débité en planches, il présente une cassure courte et sans éclisses.

Les nœuds d'insertion des branches, disposées en verticilles équidistants, sont recouverts d'une épaisse couche de bois, et s'enlèvent aisément en laissant autant de trous coniques. On ne peut donc utiliser comme bois de mâture et jusqu'à un certain point comme bois de menuiserie, que l'espèce de fuseau central de l'arbre que n'atteignent pas ces nœuds ; et l'on ne doit employer à la confection des mâts que la partie inférieure des arbres dégrossis et débarrassés de leur couche noueuse. C'est faute d'avoir suivi cette règle que l'on a été conduit parfois à déclarer que le pin colonnaire ne pouvait servir de bois de mâture.

Ce bois se conserve assez bien à l'air et au fond de l'eau ; mais il est attaqué par de gros tarets, s'il est exposé alternativement à l'air et à l'eau. Il doit se débiter aussitôt après l'abatage ; lorsqu'il est sec il est très-dur.

Il peut s'employer avec avantage pour la menuiserie intérieure, pour la confection des planches, etc. Les missionnaires de l'île des Pins, et Paddon, l'un des premiers colons de la Nouvelle-Calédonie, pour l'employer à ces usages ne débitaient les troncs qu'après les avoir immergés pendant une quinzaine de jours, ce dernier opérait l'immersion dans l'eau de mer et les premiers dans un réservoir d'eau douce.

Les indigènes en font fréquemment des pirogues.

Étant verni, il est d'un beau jaune soyeux.

Résine abondante, d'un blanc opaque, que jusqu'ici l'on n'a pas trouvé le moyen d'employer ; elle se gonfle sous l'action de la chaleur, devient spongieuse et ne s'amalgame pas.

Densité : maximum 0,611, minimum 0,488.

moyenne 0,529.

2. — *Araucaria Rulei* (Lindley).

Cette espèce plus rare croît sur les sommets arides, depuis Canala jusque dans la baie du Sud.

Elle diffère de l'*araucaria Cookii* par sa forme conique, due à la persistance et à l'allongement progressif de toutes les branches à partir de la base.

Les jeunes branches sont pendant plusieurs années entièrement recouvertes par des feuilles imbriquées, lancéolées, longues de 25 à 30 millimètres, larges de 10 à 12, très-épaisses, coriaces, courbées en carène, à nervure médiane saillante.

Le chaton mâle atteint 20 centimètres de longueur.

Le cône ne diffère en rien de celui de l'espèce précédente.

On rencontre çà et là des individus à feuilles de formes intermédiaires entre les deux espèces, par leur largeur et leur longueur.

Cette forme rappelle celle de l'araucaria du Chili (*Araucaria imbricata*).

Bois analogue au précédent et possédant les mêmes qualités.

3. — Dammara lanceolata (Lindley). — Kaori (nom indigène de Nouvelle-
Zélande).

Arbre gigantesque, atteignant jusqu'à 2^m50 de diamètre, et 30 mètres de hauteur au-dessous des premières branches.

Cime irrégulière, dense, branches dressées, décrivant un angle aigu avec la tige; couleur glauque ou d'un beau vert, selon l'âge des ramules.

Ramules verticillés par quatre, comprimés, aplatis.

Écorce mince, rougeâtre à l'intérieur, couche épidermique grise et lisse, s'effeuillant et laissant voir l'écorce rouge. Résine abondante, se concrétant en masses considérables, jaunâtres, translucides, agréablement parfumées, à cassure nette et brillante, brunissant avec le temps, devenant noire à l'état fossile, et constituant alors la résine *dammar*, employée comme copal dur dans la confection des vernis.

Il est important d'étudier l'emploi de cette résine fraîche, et de chercher à la rendre soluble dans l'alcool. Les indigènes s'en servent pour vernisser leurs poteries.

Feuilles opposées, sessiles, longuement lancéolées, 3 centimètres sur 7, très-légèrement échancrées au sommet, luisantes en dessus, à bords scarieux, épais, cassantes, nervure médiane nulle, nervures secondaires peu apparentes, parallèles ou palmées, non réticulées.

Chatons mâles de la grosseur d'un petit cornichon.

Cônes à écailles unies, à peu près semblables à ceux du cèdre.

Graines uniques sur chaque écaille, ovoïdes, terminées par deux ailes très-inégales; elles sont comestibles et recherchées des indigènes.

Se trouve dans les forêts élevées, depuis Yenguène jusqu'à la baie du Sud. Un seul arbre a donné au débit 19 mètres cubes de bois.

Deux autres espèces de Dammara existent en Calédonie.

Le *Dammara Moorei*, de Lindley, est un arbre s'élevant plus que le précédent, dont il diffère à première vue par des rameaux à écorce noirâtre, des feuilles plus longues et plus étroites, glauques. Il ne croît que dans le Nord.

Le *Dammara ovata*, de Lindley, diffère des autres par une taille moindre, une écorce persistante, s'épaississant chaque année, profondément crevassée, des feuilles beaucoup plus courtes, plus larges et plus épaisses. Il ne croît en abondance que dans le Sud, où les jeunes plants sont assez abondants sur le plateau de Yaté. Il en existe un échantillon de bois dans le Musée des Colonies, rapporté par M. Petit, sous le n° 97.

Bois blanc, léger, très-bon, tendre, facile à travailler, fibreux.

Bon bois de mâture, bois de fente, bon à tous les usages. Conservation à étudier ; le kaori de Nouvelle-Zélande (*Dammara australis*) employé en menuiserie à l'extérieur, n'a guère qu'une durée de 7 ans s'il n'est pas peint : les pieux de 10 centimètres d'équarrisage, employés en palissades, pourrissent en terre en 3 ou 4 ans, mais, conservé à l'abri, ce bois devient très-dur en vieillissant.

Densité : maximum 0,617, minimum 0,590.
         moyenne 0,605.

Podocarpées.

4. — *Podocarpus minor* (Parlatore).

La petite famille des podocarpées est représentée en Calédonie par plusieurs espèces atteignant des proportions plus ou moins grandes, offrant cette particularité de produire du bois de dureté très-différente selon les espèces.

Le *Podocarpus minor* de Parlatore, est l'espèce la plus intéressante sous le rapport industriel, par sa fréquence, son altitude peu élevée, le diamètre et la hauteur de son tronc. Tige de 10 à 15 mètres, d'un diamètre de 30 centimètres, à écorce noirâtre, rugueuse, fendillée horizontalement. Cîme très-dense, rameaux et ramules nombreux, très-courts, tétragones, portant des feuilles rapprochées, opposées en croix, lancéolées-allongées, 4 millimètres sur 15 millimètres, coriaces, épaisses, d'un vert sombre. Fruit ovoïde, de la grosseur d'une petite prune, formé d'un noyau recouvert d'une pulpe rouge peu épaisse, et d'une amande emplissant la cavité du noyau. La pulpe n'est pas désagréable au goût.

Plateaux, côteaux et montagnes ferrugineuses.

5. — *Podocarpus araucarioïdes* (A. Brongniart et Gris).

Petit arbre de 6 à 7 mètres, conique; diamètre atteignant 20 centimètres, dans les lieux abrités contre les vents, remarquable par ses branches étalées et ses rameaux nombreux, cylindriques, recouverts d'une grande quantité de très-petites feuilles incurvées, obtuses, 2 millimètres sur 5, lisses. Fruits à peine apparents, de la grosseur et de la couleur d'un grain de chenevis, cachés dans les dernières feuilles au sommet des ramules, noirâtres et un peu charnus.

Plateaux et côteaux peu élevés du Sud de la Nouvelle-Calédonie, depuis le mont d'Or.

Bois mou, médiocre.

6. — *Podocarpus* (   ).

Petit arbre élancé atteignant 6 à 7 mètres, diamètre 20 centimètres. Écorce peu épaisse, brunâtre ou orangé foncé. Rameaux et ramules anguleux ou striés. Feuilles alternes, éparses, peu éloignées les unes des autres, largement linéaires, pointues aux deux extrémités, 8 millimètres sur 80, luisantes en dessus, ternes en dessous; les jeunes sont blanchâtres, et très-finement striées en dessous ; une seule nervure occupant le milieu, convexe en dessus, canaliculée en dessous.

Fleurs mâles en petits chatons jaunâtres.

Fleurs femelles vers le sommet des rameaux, dans les aisselles des feuilles, sur un pédoncule comprimé, long de 15 millimètres, terminé par une portion renflée, articulée, supportant deux fleurs incurvées, pulvérulentes.

Fruit ou petit noyau de la grosseur d'un pois, renfermant une amande et placé au sommet du renflement charnu rougeâtre du pédoncule.

Plaines et côteaux ferrugineux, où il existe un peu d'humidité.

Se trouve dans une partie de la Nouvelle-Calédonie et dans l'île des Pins.

Bois très-dur, analogue à celui de l'if (*taxus*).

Il existe encore plusieurs autres espèce de podocarpées en Nouvelle-Calédonie, mais elles ne sont représentées que par un très-petit nombre d'individus, et se trouvent à des altitudes trop élevées pour devenir un objet d'exploitation, quoique le bois en soit dur.

Casuarinées.

Les *Casuarina* sont dépourvus de feuilles, les rameaux en sont généralement grêles, cylindriques ou anguleux, composés d'articulations s'emboîtant les unes au-dessous des autres dans des gaines ou collerettes comme dans les préles (*Equisetum*, queue de cheval). Le bois de toutes les espèces se fend bien et facilement.

7. — *Casuarina equisetifolia* (Linnée). — Bois de fer de rivage (nom impropre donné par les ouvriers européens). Filao (nom de la Réunion). Nanoui (nom indigène).

Arbre monoïque de 6 à 7 mètres, d'un diamètre de 30 à 40 centimètres, droit, à cime large, arrondie, légèrement cendrée.

Branches pendantes, ramules filiformes, nombreux, disposés en verticilles rapprochés de deux en deux nœuds (caractère important pour le distinguer du *C. Collina*, n° 9), à articulations distantes de deux centimètres, finement striées.

Écorce rougeâtre, fibreuse, fine.

Feuilles remplacées par de petites gaines entourant la base des articulations, striées, multidentées.

Fleurs mâles en épis terminaux, de 10 millimètres de longueur.

Fleurs femelles aggrégées en une sorte de cône, dont les petites écailles s'écartent verticalement et non horizontalement.

Fruit brun, graines très-petites, ailées, de la couleur et de la forme de celle des pins.

Plages sableuses, où on le rencontre le plus souvent en touffes composées de quelques beaux jets, droits, recherchés par les indigènes comme gaules solides, mais un peu lourdes ; les Tahitiens les emploient en chevrons, qu'ils vendent de 50 à 75 centimes pièce.

La durée en terre comme pieux, n'est que de 3 à 4 ans.

Cette espèce mérite d'être protégée à cause de sa résistance aux grands vents, de la faculté qu'elle possède de croître dans des sables mouvants fréquemment submergés, et de la facilité avec laquelle elle repousse après la coupe.

Bois dur, très-dense, à structure rayonnée très-visible sur la tranche ; grain fin et serré ; se fendant bien.

Se travaille assez bien, ne peut se clouer.

L'écorce des *casuarina* contient une assez grande quantité de tan; traitée par le sulfate de fer elle fournit une teinture noire. Elle produit encore une gomme-résine rougeâtre.

On a jusqu'ici le plus souvent confondu, dans l'emploi, les différentes espèces de *casuarina*, de là des avis contraires au sujet de la conservation. Il en existe une espèce qui ne se conserve pas à l'air, qui paraît être le *casuarina collina*, ou peut-être celle-ci, et une autre à peu près incorruptible à l'air et dans l'eau.

Bon pour objets de tour, charronnage, rais de roue, sauf la question de conservation.

Densité : maximum 1,030, minimum 0,990.

moyenne 1,013.

8. — *Casuarina Deplanchei* (Miguel). — Bois de fer de montagne (nom impropre donné par les ouvriers européens).

Arbre moyen, de 10 mètres, droit, rarement gros, diamètre 35 à 40 centimètres.

Branches *étalées* horizontalement. Arbre très-rameux, ramules verticillés, tétragones, dressés, courts, raides, répartis en verticilles successifs, *séparés par plusieurs nœuds* (caractère important pour le distinguer du n° 7), noueux, à *stries fortes* et anguleuses.

Ecorce noirâtre, légèrement rugueuse, peu fendillée.

Graines striées, multidentées.

Fleurs mâles, en épis terminaux, courts, sphériques, 6 millimètres, fauves.

Fleurs femelles en capitules courts.

Fruits en capitules globuleux, diamètre 15 millimètres, écailles épaisses, coriaces, triangulaires, très-saillantes.

Sols ferrugineux, côteaux élevés et montagnes, plateaux de la baie du Sud. Cette espèce est assez répandue et se multiplie aisément, elle pourra se conserver longtemps.

Bois très-lourd et très-dur, jaunâtre, fibreux, grain fin, très-rayonné sur la tranche.

Se travaille assez bien, supporte difficilement les clous.

On doit le laisser sécher dans son écorce pour l'empêcher de s'étoiler et et de se tourmenter, l'écorce tombe seule en séchant.

On avait lieu de croire que c'est la variété signalée comme de très-bonne conservation à l'air et dans l'eau, et que les missionnaires seuls savaient distinguer à Balade ; cependant, à la baie du Sud, des chevilles de ce bois enfoncées dans des pièces de *spermolepis* (n° 147), se sont pourries rapidement. Est-ce l'effet du contact de ce dernier bois ? C'est un point à étudier.

Bon pour charronnage, brancards, timons, perches.

Assez joli étant verni.

Densité : maximum 1,086, minimum 1,055.

moyenne 1,071.

9. — *Casuarina collina* (Poisson).

Arbre de 12 à 15 mètres dans les sols profonds, ne s'élevant qu'à 2 ou 3 mètres sur les côteaux pierreux, où il se multiplie beaucoup, et couvre exclusivement des surfaces de plusieurs hectares d'étendue, dioïque.

Écorce brune, verticalement crevassée.

Rameaux longs de 20 centimètres, verticillés, filiformes, très-menus, à stries à peine visibles, disposés en verticilles, à chaque nœud.

Écorce moyenne, 6 millimètres, à épiderme noirâtre, rougeâtre à l'intérieur, rugueuse, fendillée verticalement.

Graines striées, multidentées, très-petites.

Fleurs mâles très-petites à l'extrémité des rameaux. Fleurs femelles, en capitules pédonculés sur les rameaux, globuleux roses, styles saillants.

Fruits en capitule cylindrique de 10 millimètres sur 15 millimètres, écailles très-petites, coriaces, graines petites, ailées.

Très-commun dans les terrains argilo-schisteux, sur la côte Sud-Ouest. Cette espèce se reproduit abondamment, et ne pourra sans doute être détruite.

Bois dur, très-dense, rayonné.

Grain fin et serré, mailles très-allongées.

Se travaille bien, dur, ne peut se clouer.

Conservation à étudier ; les pieux durent 3 ans en terre.

Bon pour charronnage, brancards, rais de roues et objets de tour, sauf la question de conservation.

Densité : maximum 0,991, minimum 0,971.

moyenne 0,983.

Morées.

Le genre *Ficus* est représenté, en Nouvelle-Calédonie, par une vingtaine d'espèces très-multipliées, restant à l'état de petits arbres, et différant surtout par la grandeur des feuilles, le volume et la couleur des fruits. Le tronc du *Ficus prolixa* (figuier des banians), des branches duquel descendent de grosses racines adventices, acquiert un grand diamètre, mais dépasse rarement 3 à 4 mètres de hauteur.

10. — *Ficus austrocaledonica* (Bureau). — Figuier. — Variété à fruit lisse.

Petit arbre de 5 à 7 mètres, cime très-dense.

Écorce blanchâtre, cendrée, assez lisse, mince, 5 millimètres ; suc laiteux.

Feuilles alternes, amplement ovales, 8 centimètres sur 20, pétiolées, luisantes en dessus, coriaces, penninerviées, nervure médiane canaculée à la base, veines anastomosées.

Petit fruit (figue) de la grosseur d'une grosse prune, atropourpre, luisant, comestible, mais peu savoureux.

Très-commun.

Bois mou, léger, blanc, poreux, de mauvaise qualité.
Se travaille assez bien.
Ne se conserve pas.
Peut s'utiliser pour l'emballage ; se sculpte aisément.
Densité : maximum 0,660, minimum 0,634.
       moyenne 0,644.

Artocarpées.

11. — *Artocarpus incisa* (Linnée). — Arbre à pain.

Cet arbre n'existe en Nouvelle-Calédonie que dans quelques cultures. Quoique la latitude de cette île paraisse être le point le plus éloigné de l'équateur où il puisse croître, les propriétaires devraient le multiplier, autant sous le rapport du bois que sous celui du fruit. La multiplication en est d'autant plus facile, qu'il produit de bonnes graines en Calédonie.

La croissance de cet arbre est rapide. Il acquiert les proportions de la plupart des espèces forestières. Aucune espèce d'insecte ne l'attaque. Les troncs sont employés par les insulaires de l'Océanie pour faire de grandes pirogues, d'une durée de 12 à 15 ans. Le bois, fendu en morceaux d'environ 10 à 15 centimètres d'équarissage ou davantage, et planté en clôture, résiste en terre pendant plus de 50 ans, et n'est pas attaqué par les insectes. Les exemples de cette durée remarquable sont assez fréquents à Tahiti.

Il exige un sol profond, facilement pénétrable aux racines, ou un sol d'alluvion.

Bois brunâtre à gros grain, formé de fibres développées en spires très-allongées.

Nyctaginées.

12. — *Vieillardia austrocaledonica* (A. Brongniart et Gris).

Arbre assez commun dans les vallées boisées et humides des sols argilo-schisteux, remarquable par sa taille élevée et le diamètre énorme qu'il acquiert.

Arbre atteignant de 25 à 30 mètres, à tronc énorme, peu branchu, à rameaux anguleux, grisâtres. Écorce jaunâtre, rugueuse; feuilles pétiolées, assez épaisses, molles ; limbe elliptique, pétiole long de 3 à 4 centimètres. Fleurs en corymbes terminaux, petites, blanchâtres, périanthe à 5 petites dents; environ 20 étamines d'inégale longueur. Fruit oblong, long de 3 centimètres, large de 5 millimètres, à 5 ou 6 angles saillants, chagrinés, exsudant une viscosité noirâtre très-gluante.

Bois mou, à fibres grossières, largement réticulées, formant des couches très-distinctes d'une séparation facile.

Le bois pourrit rapidement.

La légèreté et la porosité de ce bois le feront peut être un jour employer avantageusement dans quelque industrie, pour la papeterie, par exemple.

Laurinées.

13. — *Bielschmeidia Baillonii* (Pancher et Sebert). — Noyré (nom indigène).

Arbre très-élevé, mais d'un diamètre faible en proportion (40 centimètres), cime plane, dense. Écorce d'aspect cendré, exhalant une odeur de girofle qui disparaît en séchant, blanchâtre à l'extérieur, rougeâtre en dedans, moyennement épaisse, rugueuse, fendillée. Rameaux anguleux, ramules aplatis, soyeux, fauves.

Feuilles alternes, pétiolées, largement ovales, 5 centimètres sur 9, veloutées sur les faces dans la jeunesse, puis luisantes en dessus, cendrées en dessous, cassantes, penninerviées, nervures et veinules très-saillantes en dessous, soyeuses ; ces dernières assez régulièrement réticulées.

Fleurs en larges corymbes terminaux, fauves, petites, diamètre 2 millimètres, exhalant une légère odeur balsamique.

Fruit de la grosseur d'un œuf de pigeon, un peu charnu, noir, renfermant une grosse amande.

Commun dans les vallées et ravins humides boisés, où les graines qu'il donne en abondance germent en grande quantité. Avec quelques précautions, la multiplication de cette espèce serait assurée.

Les pigeons en font une grande consommation.

Aubier mou, blanc.

Bois dur, noirâtre ; grains assez gros, pores visibles, *ce bois a l'aspect du noyer.*

Se travaille facilement, mais joue beaucoup; ne doit être employé que très-sec.

. Se déjette après le débit, se fend si on le laisse en billes, et se pourrit au bout de 3 mois si on le laisse dans son écorce ou si on ne le débite pas.

Débité, il se conserve bien à l'intérieur, et assez bien à l'air s'il n'est pas trop jeune.

Joli étant verni, *imite le noyer.*

Peut s'employer, sous les réserves ci-dessus, pour l'ébénisterie et la menuiserie.

Densité : maximum 0,771, minimum 0,754.

moyenne 0,764.

14. — *Bielschmeidia lanceolata* (Pancher et Sebert).

Arbre élevé, élancé, cime étalée, très-dense, d'un vert glauque, à écorce aromatiqne.

Ramules anguleux, couverts d'un duvet ras, fauve.

Feuilles alternes, pétiolées, lancéolées, 3 centimètres sur 7, coriaces, luisantes en dessus, glauques en dessous, parcourues dans leur longueur par 3 ou cinq nervures pennées-arquées, saillantes en dessous, veinules peu saillantes, réticulées.

Fleurs très-petites.

Fruit ovoïde ou bilobé au sommet, et alors en forme de cœur, de la grosseur d'une prune, à pulpe peu épaisse, d'abord jaune, puis noir. Amande remplissant la cavité, et prenant les formes des deux variétés de fruits.

Croît dans les mêmes lieux que l'espèce précédente, où elle est aussi abondante; elle produit un plus grand nombre de graines, et conséquemment de plants.

Bois *grisâtre*, assez tendre, grain allongé.
Menuiserie.
Assez joli étant verni, *jaunâtre*.

Laurinées.

15. — *Laurus* ( ). — Kouré (nom indigène),

Arbre grand et fort.

Écorce épaisse, 10 millimètres, épiderme blanc, intérieur brun rougeâtre, fendillée.

Feuilles opposées, roussâtres, ovales, 4 centimètres sur 7, luisantes en dessous.

Nervure médiane, secondaires et veinules saillantes, ces dernières réticulées.

Aubier blanc, veines et cœur gris-verdâtre. Bois assez dense, grain assez fin.
Très-beau étant verni, imite le noyer.
Se travaille bien, mais se tourmente beaucoup en séchant.
Menuiserie fine.

Santalacées.

16. — *Santalum austrocaledonicum* (Vieillard). — Santal. — Variété à feuilles étroites.

Arbre tellement recherché depuis 40 ans, qu'il arrive rarement d'en rencontrer de 6 à 8 mètres de hauteur dans les lieux abordables aux Européens. Les racines émettant facilement des jets, les touffes en sont assez nombreuses sur les côteaux pierreux, schisteux et argileux.

Cime arrondie, légère, d'un vert pâle.

Écorce mince, 3 millimètres, noirâtre à l'extérieur et à l'intérieur, assez rugueuse, fendillée verticalement.

Feuilles opposées, pétiolées, glauques en dessous, ovales elliptiques dans une variété, étroites et allongées dans une autre, 1 centimètre sur 5.

Feuilles semblables dans les **deux** variétés, disposées en corymbes terminaux, petites, d'un jaune verdâtre, exhalant l'odeur du bois.

Fruits de la grosseur d'un gros pois, noirs, obtusément quadrangulaires, ombiliqués au sommet.

Une seule graine dans une enveloppe parchemineuse.

Aubier blanc, inodore.

Bois jaune, odeur très-vive, caractéristique ; ne prend cette odeur qu'en vieillissant.

Grain très-fin, incorruptible.

Joli étant verni, jaune citron ou fauve. Très-recherché par les Chinois pour la confection de petits objets, de cassettes, etc., se vendant au poids et très-cher.

Ils en brûlent la râpure et la sciure dans des cassolettes, et emploient à cet usage les plus petits morceaux et les copeaux. Il n'y a probablement pas d'espèces de bois qui produisent aussi peu de déchet.

Daphoïdées. — Hernandiacées.

17. — *Hernandiopsis Vieillardii* (Müeller).

Arbre de 15 mètres, de 40 à 50 centimètres de diamètre.

Cime très-large, épaisse, d'un vert foncé.

Rameaux rugueux, grisâtres ; ramules légèrement veloutés. Feuilles alternes longuement pétiolées, coriaces ; pétiole long de 8 à 10 centimètres, cylindrique. Limbe ovale ou ovale-oblong, long de 15 centimètres, large de 8 à 10, à nervures anastomosées, saillantes en dessous.

Fleurs portées sur de longs pédoncules naissant des aisselles des feuilles terminales, disposées en grappes ou en petites cimes; pédicelle portant au sommet un involucre blanchâtre, composé de quatre petites folioles ovales, longues de 1 centimètre, au centre duquel s'élèvent trois fleurs, une centrale, sessile, femelle, deux latérales brièvement pedicellées, mâles. Périgones à 6 divisions sur deux rangs, ovales, concaves, trois étamines, dans les fleurs mâles ; fleurs femelles à périgones globuleux, divisés au sommet en 8 dents, ovaire libre, sessile, à une loge.

Fruit composé d'une enveloppe charnue, ovoïde, légèrement comprimée, tronquée au sommet, de couleur rougeâtre, exhalant une forte odeur de pomme de reinette, noyau isolé dans cette enveloppe ou non adhérent, à peine saillant, ovale, comprimé, sillonné, noirâtre; amande remplissant le noyau.

Dans les cultures et les montagnes boisées. Fruit très-recherché par les chauves-souris.

Bois mou, facile à travailler, que les indigènes emploient pour pirogues très-légères.

18. — *Hernandia sonora* (Linnée).

Petit arbre de rivage, assez commun en Océanie.

Genre voisin du précédent.

Protéacées.

19. — { *Adenostephanus austrocaledonica* (A. Brongniart et A Gris). — Tava
(nom indigène).
{ *Cenarrhenes spathulata.*

Arbres de moyenne grandeur.

Feuilles petites, allongées, de forme irrégulière.

Fruit noir à la maturité, mi-plat, imitant une prune à noyau découpé comme celui de la pêche.

Rameaux cylindriques, rugueux, grisâtres, les jeunes sont anguleux, veloutés, fauves. Les feuilles sont alternes, allongées-spatulées, atténuées à la base en un court pétiole, long de 5 centimètres, coriaces.

Nervure-médiane peu apparente jusqu'aux 2/3 de la longueur du limbe, veines et veinules réticulées longitudinalement.

Fleurs en très-petits épis (longs de 15$\frac{m}{m}$) vers le sommet des ramilles, petites, veloutées, fauves.

Fruit oblong, mi-plat, noir à la maturité.

Coteaux ferrugineux.

Bois rouge, très-cassant.

20. — *Grevillœa Cillivrayi* (Hooker). — Hêtre gris.

Arbrisseau de 4 mètres, émettant dans la longueur quelques branches peu rameuses, droites, d'un vert cendré.

Écorce mince, 4 millimètres, couche épidermique brun rougeâtre, intérieur rouge; rugueuse, fendillée.

Ramules pubérules, grisâtres ou fauves.

Feuilles éparses, très-variables en dimensions, pétiolées, lancéolées, obtuses, 2 centimètres sur 10, très-légèrement échancrées ou glanduleuses au sommet, cunéiformes à la base, luisantes en dessus, blanchâtres en dessous, très-coriaces. Nervures pennées, réticulées, peu saillantes en dessous.

Épis axillaires, vers le sommet des rameaux, longs de 10 à 15 cen.

timètres. Fleurs brièvement pédicellées, tournées toutes du même côté, blanches, petites, 2 millimètres, remarquables par leurs divisions longues et très-étroites, enroulées.

Fruit sec en forme de gousse demi-ovale, légèrement arquée, terminée par une pointe plus longue que le fruit (longueur, sans la pointe, 20 millimètres ; avec la pointe, 55 millimètres).

Deux graines rondes, planes, brunes.

Sols ferrugineux à l'embouchure des cours d'eau et sur les coteaux peu élevés.

Il existe plusieurs autres espèces du même genre, dont les bois ont les mêmes qualités.

Aubier blanc, mince, 5 millimètres.
Bois rouge violacé, maillé finement, rayonné.
Grain fin, dur.
Ébénisterie.
Joli étant verni, brun rougeâtre,
Densité : maximum 0,966, minimum 0,959.
          moyenne 0,964.

21. — *Stenocarpus laurifolius* (Brongniart et Gris). — Hêtre noir.

Arbre de moyenne hauteur, de 30 à 40 centimètres de diamètre. Un des plus grands arbres de cette famille.

Écorce noire, rugueuse, fendillée, assez mince, 7 millimètres.

Cime diffuse, très-légère.

Ramules obtusément anguleux ou plutôt aplatis, couverts d'un duvet ras, fauve.

Feuilles éparses, pétiolées, alternes, ovales, acuminées aux deux extrémités, ondulées sur les bords, luisantes en-dessus, coriaces.

Fleurs blanches, petites (1^m_m), disposées en petites ombelles globuleuses (3^m_m) sur des pédoncules terminaux de 10 à 15 millimètres de longueur plus ou moins ramifiés. Ces fleurs sont remarquables par l'enroulement de leurs divisions longues et étroites et leur long style terminé par un stigmate renflé.

Fruit fusiforme, coriace, s'ouvrant longitudinalement d'un seul côté.

Graine plane, très-mince, carrée.

Sols ferrugineux et argilo-schisteux, communs dans les ravins humides, où il produit une grande abondance d'excellentes graines germant facilement. Il est à souhaiter que ces plants soient protégés dans leur jeunesse contre l'ardeur du soleil, par la conservation de quelques arbres.

Il est assez rare à la baie du Sud.

Aubier jaunâtre, peu épais.

Bois dur, noir-rougeâtre, parsemé de mailles nombreuses, plus noires, d'un très-bel effet, imitant les mailles du hêtre, sauf la couleur ; s'élargissant en plaques quand le bois est débité sur mailles (suivant le rayon de l'arbre).

Bois très-dur, très-difficile à travailler et à polir, les mailles s'écaillant sous l'outil, plus difficile encore à tourner.

Se conserve très-bien.

Très-beau étant verni, peut-être le bois le plus remarquable de la Nouvelle-Calédonie par sa beauté ; le fond, formé par les mailles noirâtres, imite le ton du palissandre, tandis que l'œil peut suivre entre elles, si le débit n'est pas fait sur mailles, le lacis de fibres fines et entre-croisées aux reflets dorés qui les enserre. Dans le débit sur mailles, le bois est comme marbré de tâches noirâtres sur fond fauve.

Bon pour l'ébénisterie.

Densité : maximum 0,988, minimum 0,982.
            moyenne 0,985.

GAMOPÉTALÉES.

Rubiacées.

Cette famille est représentée, en Nouvelle-Calédonie, par un très-grand nombre d'espèces presque toutes ligneuses.

Peu atteignent de grandes dimensions, le bois de la plupart d'entre elles est dur, à grain fin et serré ; un grand nombre n'ont pas été décrites.

22. — *Gardenia lucens* (Pancher et Sebert).

Arbre de 6 mètres, cime large, arrondie, légère.

Écorce mince d'aspect fauve, à épiderme brun-grisâtre, brune à l'intérieur, assez lisse.

Feuilles opposées, brièvement pétiolées, de forme variable, oblongue ou lancéolée, 2 centimètres sur 6, lisses et luisantes en dessus, à nervures secondaires pennées, parallèles, saillantes sur les deux faces, portant des glandes pointues dans les aisselles des nervures. Gaîne rugueuse, persistante, céracée, à la base des feuilles.

Fleurs sessiles, solitaires, blanches, à calice vert à 4 et 5 dents; corolle à 4 et 5 divisions inéquilatérales; légèrement odorantes.

Fruit globuleux de la grosseur d'une petite noix au plus, jaune-brun, coriace, mou à la maturité, couronné par les dents foliacées du calice.

Graines nombreuses, petites, dans une pulpe grossière.

Massifs sur les coteaux.

Bois blanc.
Grain assez fin.
Recherché par les indigènes pour les petits travaux.

23. — *Gardenia platixylon* (Vieillard).

Petit arbre, en touffes dépassant rarement 4 mètres. Branches raides, érigées.

Écorce brune. Ramules aplatis.

Feuilles opposées, pétiolées, elliptiques allongées, de longueur variable, atteignant 3 centimètres sur 7, luisantes en dessus, un peu coriaces. Nervures à peine saillantes.

Fleurs deux à deux dans les aisselles des feuilles, sur de courts pédoncules; calice petit, anguleux; corolle blanche en entonnoir.

Fruit en fuseau, charnu, de 8 à 12 centimètres de longueur, couronné par les dents du calice.

Graines nombreuses dans sa pulpe.

Arbrisseau de rivages, assez commun.

24. — *Morinda citrifolia.*

Très-abondant, comme dans beaucoup d'autres îles de l'Océanie.

Écorce et bois jaunes, pouvant s'employer pour la teinture.

Oléinées.

25. — *Olea Thozetii* (Pancher et Sebert). — Olivier.

Cette petite famille, produisant des bois durs, est représentée en Calédonie par trois espèces.

L'une d'elles, l'*olea Thozetii*, atteint de 6 à 8 mètres de hauteur, le tronc ayant un diamètre de 30 centimètres. L'écorce, peu épaisse, est grisâtre. La cime est arrondie, épaisse, d'un vert pâle.

Les rameaux sont cylindriques, granuleux, de couleur grisâtre, les ramules aplatis.

Les feuilles sont opposées, pétiolées, coriaces, à pétiole long d'un centimètre, canaliculé en dessus, à limbe ovale-lancéolé, acuminé aux deux extrémités, elles atteignent 3 centimètres sur 7 1/2, et sont légèrement ondulées, luisantes en dessus, à nervures pennées peu saillantes, glandes creuses dans les aisselles de la nervure-médiane et des nervures secondaires.

Fruit ou petite olive ovoïde, longue de 10 millimètres sur 7, d'un vert olivâtre, pulpe peu épaisse, noyau très-dur.

Coteaux peu éloignés de la mer. Produisant beaucoup d'excellentes graines, d'une germination facile sous les grands arbres.

Un échantillon de cette espèce a été récolté à Rockampton (province de Queensland, Australie), par M. Thozet.

Bon bois, dur, à grain très-serré.

26. — Notelea Badula (Vieillard).

Petit arbre de 5 mètres, cime arrondie, dense.

Rameaux ronds, brunâtres, chargés de petites granulations (lenticelles) blanchâtres, fendues longitudinalement. Les plus jeunes rameaux sont aplatis.

Feuilles opposées, brièvement pétiolées, coriaces, variant suivant l'âge et la vigueur de l'individu, entre la forme linéaire, 5 millimètres sur 6 centimètres, et la forme ovale-lancéolée, 2 centimètres sur 5 centimètres, penninerviées.

Fleurs en grappes dans les aisselles des feuilles, et moins longues qu'elles vers le sommet des rameaux, blanches, petites. Calice très-petit, à 4 dents, corolle petite, à tube court terminé par 4 divisions arrondies, étalées. Deux étamines.

Petite olive pointue, noire, longue de 8 millimètres, large de 5, pulpe peu épaisse, noyau dur.

Fleurit et fructifie plusieurs fois dans l'année.

Commun sur les bords des cours d'eau, dans les sols ferrugineux, depuis les bords de la mer jusqu'à 400 mètres d'élévation.

Cette espèce paraît bien voisine du notelea ligustrina de Ventenat, originaire de l'État de Victoria (Nouvelle-Hollande).

Bois très-dur.

Loganiacées.

27. — { Fagrea grandis (Pancher et Sebert).
{ Carissa grandis (Bertero).

Arbre de 10 mètres, tronc de 25 à 30 centimètres, cime arrondie, d'un vert foncé.

Rameaux quadrangulaires, à écorce charnue, blanchâtre.

Feuilles opposées en croix, pétiolées, coriaces, à pétiole long de 3 à 4 centimètres, canaliculé en dessus, élargi à la base, entourant la moitié de la tige ; limbe ovale arrondi, 12 à 15 centimètres sur 8 à 9, épais, luisant en dessus, terne et lisse en dessous, à nervures pennées à peine visibles.

Fleurs terminales en cime, pédicellées. Calice cylindrique, épais, coriace, à 5 dents courtes et obtuses. Corolle longue de 9 à 10 centimètres, épaisse, charnue, d'un jaune pâle, odorante, à tube en massue, à limbe à 5 divisions longues de 2 centimètres, étalées.

Baie un peu moins grosse qu'un œuf de pigeon, de couleur orange, renfermant un grand nombre de graines noires très-petites, chagrinées.

Commun dans toute l'Océanie, où on le rencontre sur les côtes baignées par la mer, et dans les montagnes jusqu'à 400 mètres d'altitude.

Le bois est légèrement jaunâtre, à grain fin.
Il est généralement recherché par les indigènes, dans plusieurs archipels pour leurs grossières sculptures.

Apocynées.

28. — *Alstonia plumosa* (Labillardière).

Arbre de 5 mètres, cime dense, arrondie.

Écorce d'épaisseur moyenne, 6 millimètres, épiderme gris, blanchâtre à l'intérieur, assez rugueux.

Belles feuilles, opposées, pétiolées, ovales, variant en longueur de 15 à 30 centimètres, d'un beau vert en dessus, à pétiole dilaté à la base, à côte médiane souvent velue. Nervures pennées, parallèles, saillantes sur les deux faces.

Fleurs en panicules vers le sommet des rameaux, tubuleuses, petites, très-nombreuses, d'un blanc verdâtre. Corolle en entonnoir.

Fruit composé de 2 follicules cylindriques souvent coriaces, réunies à la base et au sommet.

Graines petites, nombreuses, sur un axe central, ovales, planes, surmontées d'une aigrette soyeuse d'un gris fauve.

Bords des cours d'eau. Commun.

Bois blanc, jaunâtre.
Grain assez fin, assez cassant ?

29. — *Alstonia* (   ). — Mouï (nom indigène).

Petit arbre de 5 à 6 mètres, d'un diamètre de 10 à 15 centimètres.

Écorce mince, 3 millimètres, gris verdâtre, lisse.

Feuilles opposées, rapprochées vers le sommet des rameaux, oblongues, 4 centimètres sur 11, minces, lisses en dessus.

Nervures pennées, parallèles, peu saillantes, écartées.

Fleurs petites, en petits panicules fins et déliés, grêles.

Fruit composé de follicules écartées dans leur milieu, soudées à leur sommet, beaucoup plus courtes que celles de l'espèce précédente.

Sols ferrugineux, plateaux et pentes découvertes.

Bois blanc jaunâtre, moucheté de quelques taches noires, assez dense, grain fin, bon bois.

30. — *Alyxia disphœrocarpa* (Van Heurck).

Arbuste de 4 mètres. Cime allongée, étroite, branches faibles, lâches, horizontales ou pendantes, rameaux pubérules dans leur jeunesse.

Écorce mince, 3 millimètres, blanchâtre à l'intérieur et à l'extérieur, assez rugueuse, fendillée.

Feuilles verticillées par trois, sessiles, petites, elliptiques allongées, presque linéaires, 7 millimètres sur 40 ; coriaces, d'un vert jaunâtre, luisantes en dessus, bords roulés en dessous.

Fleurs petites, tubuleuses, jaunâtres, en petits corymbes nombreux dans les aisselles des feuilles qu'ils égalent en longueur, très-odorantes.

Fruit noir sec, composé de 4 à 5 renflements superposés en chapelet, reliés par de très-courts et très-petits filets.

Coteaux argilo-schisteux, pierreux, peu éloignés du rivage.

Le nom spécifique de *disphaerocarpa* n'est pas heureux. Il a été pris sur un fruit tronqué car les espèces calédoniennes ont toutes les fruits composés de 5 à 7, et même d'un plus grand nombre de graines superposées en chapelet.

Bois blanc, cassant.
Grain assez fin.

31. — *Cerbera manghas* (Linné). — Boulé (nom indigène).

Arbre de 10 mètres, diamètre 30 à 40 centimètres, Cime épaisse d'un beau vert laiteux.

Écorce blanchâtre découpée en dés.

Feuilles alternes vers le sommet des rameaux, pétiolées, consistantes, pétiole long de 4 à 5 centimètres, canaliculé, limbe oblong ou longuement lancéolé, 4 centimètres sur 18 à 22, atténué à la base, plus ou moins aigü au sommet, à nervures pennées saillantes, formant des angles très-ouverts avec la nervure-médiane, réunies en arc à leur sommet, près des bords.

Fleurs disposées en corymbes terminaux, grandes, blanches, noircissant vers le soir; calice très-petit; corolle à limbe court, limbe à cinq divisions inéquilatérales, large ; deux ovaires uniovulés.

Fruit de la grosseur d'un œuf de poule, noirâtre, charnu. Noyau très-fibreux, coriace, renfermant une grosse amande. L'enveloppe charnue est à étudier au point de vue industriel.

Il est très-commun dans les iles de l'Océanie, où il a produit plusieurs variétés, qui ne diffèrent que par la forme et la longueur du tube de la corolle. Les feuilles et les fruits ne varient pas.

Bois blanc, à grain fin, assez dur.

D'après M. Vieillard, c'est à tort que les Européens regardent cet arbre comme vénéneux.

Lorsqu'il est en contact avec l'air soit par l'effet de branches déchirées ou coupées, soit par l'enlèvement de l'écorce, il acquiert, avec le temps, une belle teinte noire. On pourrait peut-être obtenir cette teinte en le plongeant dans des eaux vaseuses.

Se travaille assez bien.

Se tourmente beaucoup en séchant.

32. — *Cerberiopsis candelabra* (Vieillard).

Arbre élevé, droit, élancé, atteignant 40 à 50 centimètres de diamètre ; toutes les parties très-luisantes.

Écorce blanchâtre, lisse, mince, 3 millimètres. *Suc laiteux, abondant, visqueux, se coagulant comme le caoutchouc.*

Branches inférieures tombant à mesure que l'arbre grandit; cime très-allongée, conique, branches presque aussi régulièrement verticillées que dans les pins, imitant la disposition d'un candélabre.

Feuilles alternes, brièvement pétiolées, rapprochées au sommet des rameaux, allongées, ayant généralement 2 centimètres sur 18, mais atteignant parfois 6 centimètres sur 33, entières, lisses, à nervures régulières perpendiculaires à la nervure-médiane, canaliculées, écartées de 4 à 5 millimètres.

Grands panicules terminaux, longs de 60 centimètres, lâches, fleurs blanches, tubuleuses, à odeur de jasmin.

Fruit sec aplati, ailé, en losange, coriace, à deux loges.

Sols ferrugineux du Sud.

Au moment de la floraison, la séve fait venir des ampoules et des enflures assez étendues qui se dessèchent au bout de quelque temps en gale farineuse; toutefois, cette séve, comme celle de quelques autres végétaux, n'a probablement pas la même influence sur tous les tempéraments.

Aubier blanc, épais, à veines apparentes rappelant le frêne.

Bois tendre, noirâtre vers le centre, veiné, ressemblant au noyer.

Bois facile à travailler.

Se conserve à la condition de le débiter de suite, de l'empiler avec soin, en laissant circuler l'air et d'épingler.

Peut s'employer pour la menuiserie.

Assez joli étant verni, imite le noyer.

Densité : maximum 0,848, minimum 0,614.
moyenne 0,723.

33. — *Tabernæmontana cerifera* (Pancher et Sebert).

Touffe de 4 mètres au plus, composée de quelques jets, cime diffuse, d'un vert jaunâtre.

Écorce assez épaisse formée de deux couches distinctes, couche extérieure blanchâtre, subéreuse, rugueuse, fendillée, s'écaillant facilement ; couche intérieure, mince, brune.

Suc laiteux.

Feuilles opposées, brièvement pétiolées, grandes, lancéolées, 10 centimètres sur 20, luisantes en dessus, un peu plus pâles et glabres en dessous, penninervées, nervures saillantes en dessous.

Fleurs en corymbes terminaux, irréguliers, lâches, fleurs jaunâtres, tubuleuses, à tube rétréci à la gorge, épanouies sous forme d'une petite étoile.

Fruits réunis par deux à leur base, arqués, un peu charnus à la maturité, verdâtres.

Graines rondes, rougeâtres, moins grosses que des pois.

Boutons à bois et à fruit chargés d'une cire jaunâtre.

Sols ferrugineux.

Bois jaune, cassant.

Verbenacées.

34. — *Premma sambucina* (Linnée).

Arbre de 8 mètres, diamètre 25 à 30 centimètres, cime large, dense. Écorce cendrée.

Rameaux, pétioles et pédoncules couverts d'une villosité rase, d'un gris fauve.

Écorce mince, 2 millimètres, fibreuse, épiderme et intérieur grisâtres.

Feuilles opposées, pétiolées, 20 millimètres sur 80, ovales, arrondies ou largement lancéolées, entières ou crénelées vers le sommet, selon l'âge de l'arbre, nervure médiane cotonneuse en dessous, pétiole grêle.

Fleurs très-petites, d'un blanc sale ou verdâtre, en larges corymbes terminaux, très-rameux.

Fruit ou baie noire plus petite que celle du sureau.

Commun sur les coteaux pierreux, s'éloigne peu du rivage.

Sous l'action du soleil il exhale une odeur désagréable.

Bois à odeur nauséabonde.
Grisâtre, grain assez fin.
Assez joli étant verni, jaune.
Le bois a de la ressemblance avec celui du charme (*Carpinus*).

Myoporinées.

35. — *Myoporum tenuifolium* (Forster). — Faux santal des Eurcpéens.

Buisson de 4 à 5 mètres composé de quelques tiges de 8 à 10 centimètres de diamètre, rarement droites.

Rameaux grêles, dressés, d'un brun pâle.

Feuilles alternes, étroitement lancéolées, 15 millimètres sur 7 centimètres, acuminées au sommet, atténuées à la base en un très-court pétiole, un peu coriace, lisse en-dessus, nervure médiane seule évidente.

Fleurs, 3 à 5 à l'aisselle de chaque feuille, le long des ramules, blanches, pédicellées, à pédicelle grêle, long de 10 à 20 millimètres. Calice à 5 petites dents triangulaires ; corolle longue de 5 millimètres, en cloche, à 5 dents obtuses.

Fruit ovoïde moins gros qu'un pois, recouvert d'une pulpe rose peu épaisse, noyau dur.

Très-commun sur les rivages et les coteaux voisins de la mer. Il existe aussi sur les côtes de la Nouvelle-Hollande (État de Queensland).

Bois à grain fin, plus pâle que celui du santal.

Il exhale une odeur assez semblable à celle de ce bois. Elle en diffère en ce qu'elle a quelque chose de légèrement acre ou poivré.

Les Européens de mauvaise foi le mélangent avec ce qu'ils peuvent encore récolter de débris de bois de santal.

A essayer en tabletterie.

Cordiacées.

36. — *Cordia discolor* (Chamisso). — Otchia, aotcha ou écoach (noms indigènes de Lifou.)

Arbre peu élevé, dont le tronc court acquiert jusqu'à 1 mètre de diamètre, cime très-large, lâche, rameaux tétragones ?

Écorce moyenne, 5 millimètres ; grise à l'intérieur et à l'extérieur, assez lisse.

Feuilles opposées, ovales, entières, atteignant 4 centimètres sur 8, nervures pennées, peu saillantes.

Fleurs violacées dans les aisselles des feuilles, orangées, tubuleuses, un peu arquées, à 4 ou 5 divisions courtes, obtuses.

Fruit ovoïde de la grosseur d'une noisette, très-dur, brunâtre, à 4 loges renfermant chacune une très-petite graine allongée.

Rivages sableux. Assez commun dans les îles de l'Océanie; abondant à Lifou.

Bois gris, aubier parfois jaune, grain serré, dur ; fibres très-courtes, entre-croisées.

Teinte du noyer.

Excellent pour la menuiserie et le charronnage.

Il est recherché à Taïti pour pieux de clôtures, à cause de sa longue durée.

Densité : maximum 0,881, minimum 0,864.
moyenne 0,873.

Bignoniacées.

37. — { *Diplanthera Deplanchei* (F. Müeller).
{ *Deplanchea speciosa* (Vieillard)

Arbre de 15 à 20 mètres, diamètre de 40 à 50 centimètres, cime étalée, plane.

Rameaux gros, à écorce fauve, rugueuse, crevassée longitudinalement et latéralement.

Feuilles le plus souvent trois à trois, pétiolées, assez épaisses, blanchâtres en dessus. Pétiole long de 2 à 3 centimètres, dilaté à la base, rugueux. Limbe ovale de 7 à 10 centimètres sur 15 à 25, nervures pennées, réunies en arc à leur sommet, très-près des bords, saillantes en dessous ainsi que les veinules irrégulièrement réticulées; nervure médiane, portant à la base du limbe une glande saillante concave, en forme de cupule, souvent accompagnée latéralement de deux autres ovales.

Fleurs serrées en grappes très-courtes ; pédicelles longs de 2 centimètres ; calice en cloche, coriace, obtusément tétragone, de la longueur du pédoncule, à 5 petites dents inégales. Corolle jaune orangé, longue de 4 centimètres, en tube évasé, un peu arqué, inégalement quinquelobé au sommet.

4 étamines saillantes, égales en longueur, filet terminé par un connectif capité d'où pendent 2 anthères libres triangulaires allongées, l'ensemble du connectif et des anthères simule assez bien une petite tête d'animal avec deux oreilles pendantes.

Coque longue de 10 à 15 centimètres, en fuseau allongé, composée de deux valves épaisses, coriaces, au milieu desquelles un placenta cylindrique est recouvert de nombreuses graines assez petites. Le fruit est entouré d'une membrane diaphane et assez semblable au fruit de l'orme (*ulmus*). Cet arbre est assez commun dans les montagnes ferrugineuses. Il se reproduit abondamment de graines.

Myrsinées.

38. — *Ardisia........*

Arbre souvent assez élevé, rarement gros, 20 centimètres.

Écorce d'aspect blanchâtre.

Cime dense, arrondie.

Écorce rougeâtre, à épiderme blanc, très-rugueuse, crevassée, assez épaisse.

Feuilles alternes, au sommet des rameaux, subpétiolées, oblongues ou ovales, 3 centimètres sur 14, allongées en coin à la base, lisses en dessus, coriaces, penninerviées, nervures réticulées, peu apparentes.

Fleurs carnées, en petits panicules coniques très-jolis, dans les aisselles des feuilles terminales.

Fruit rond, de la grosseur d'une très-petite cerise, peu pulpeux, noyau dur, une amande emplissant la cavité.

Montagnes ferrugineuses, çà et là dans les forêts.

Bois rouge fauve, veines noirâtres au cœur, très-dur et très-fin.
Bon pour l'ébénisterie, les ouvrages de tour, confection des fûts d'outils.
Très-beau étant verni, rouge fauve nuancé de noir.
Densité : maximum 1,108, minimum 1,098.
moyenne 1,102.

39. — *Myrsine capitellata* (Asa Gray).

Arbrisseau de 4 mètres, en touffe.
Cime allongée, très-dense, d'un vert foncé.
Écorce mince, 3 millimètres, à épiderme grisâtre, rougeâtre à l'intérieur, rugueuse, fendillée.
Feuilles alternes, brièvement pétiolées, obovales, 2 centimètres sur 4, à bords ondulés, lisses en dessus, ternes en dessous, d'un vert foncé, coriaces.
Fleurs, la plupart mâles, stériles, petites, sessiles, obscurément carnées, en capitules nombreux de 4 à 5 fleurs, le long des rameaux.
Fruit de la grosseur d'un grain de poivre, veiné clair, dur, ne renfermant qu'une graine ronde.
En rideaux sur les plages sableuses.

Bois rougeâtre, finement maillé, grain fin, bon bois.
Joli étant verni, rougeâtre, petites mailles rouges plus foncées.

40. — *Myrsine lanceolata* (Pancher et Sebert).

Arbre moyen, 10 mètres. Diamètre 30 à 35 centimètres.
Écorce rouge à l'intérieur, à épiderme noirâtre grenue, mince, 5 millimètres.
Cime assez diffuse, très-dense, d'un vert très-pâle, branches horizontales.
Feuilles alternes, éparses, brièvement pétiolées, oblongues, spatulées, cunéiformes à la base, aiguës au sommet, 5 centimètres sur 16, coriaces, penninerviées, nervures à peine apparentes.
Fleurs sessiles, en petits faisceaux sur les branches et les rameaux, petites, d'un vert jaunâtre, peu apparentes.
Fruit de la grosseur d'une cerise.
Une amande de même forme.
Sols ferrugineux, Mont-Cogui. Assez rare à la baie du Sud.

Il en existe plusieurs autres espèces plus ou moins arborescentes, dont le bois a les mêmes qualités.

Bois rougeâtre pâle, à mailles plus pâles; pores allongés, analogue au hêtre sauf la teinte.

Se travaille très-bien.

Bois d'ébénisterie.

Assez joli étant verni.

Densité : maximum 0,892, minimum 0,879.
         maximum 0,887.

Sapotacées.

41. — *Achras costata* (Endlicher).

Arbre de haute futaie.

Écorce à épiderme noirâtre, jaunâtre à l'intérieur, un peu rugueuse, mince, 3 millimètres; laiteuse.

Ramules obtusément anguleux, couverts d'un duvet ras, fauve.

Feuilles alternes, lancéolées, 25 millimètres sur 80, atténuées en pétioles à la base, sommet légèrement infléchi, luisantes en dessus, cassantes, penninerviées, nervures petites, réunies et arquées à leur sommet, très-près des bords, veinules très-nombreuses densément réticulées, apparentes sur les deux faces.

Sols ferrugineux.

Aubier jaunâtre pâle, *bois* plus foncé, un peu brunâtre, odorant quand il est vert, odeur poivrée.

Bois nerveux, très-solide, grain fin.

Bon pour charpente et charronnage.

Assez joli étant verni.

42. — *Chrysophyllum Wakere* (Pancher et Sebert). — Wakéré (nom indigène).
Azou? (nom indigène de Lifou).

Arbre de haute futaie. L'une des espèces les plus grandes de la Calédonie, laiteux, à cime ovoïde, très-dense.

Écorce jaunâtre en dedans, à épiderme grise, rugueuse, fendillée, mince, laiteuse.

Feuilles alternes serrées vers le sommet des rameaux, pétiolées, ovales ou lancéolées, 9 centimètres sur 20, acuminées à la base; pétiole long de 4 centimètres, comprimé; limbe épais, coriace, luisant en dessus; veloutées fauves en dedans dans la jeunesse, penninerviées à veinules anastomosées.

Fleurs en petits faisceaux dans les aisselles des feuilles, le long des rameaux, très-petites, veloutées, fauves.

Fruit ovoïde, aigu, 3 centimètres sur 5, soyeux, chair épaisse très-laiteuse, comestible, marron, luisant, avec une cicatrice blanchâtre occupant toute la longueur interne, très-dur, osseux, renfermant de 3 à 5 noyaux obtusément triangulaires, amande occupant la cavité.

Sols ferrugineux sur les coteaux.

Se reproduit abondamment de graines.

Bois jaune de buis, un peu fibreux, grain fin serré.
Très-dur, ne peut se clouer, très-résistant.
L'un des meilleurs bois de la Nouvelle-Calédonie et l'un de ceux qui viennent en plus grandes dimensions.
Bon pour la menuiserie, les ouvrages de tour, dents d'engrenages, etc.
Imite le buis étant verni.
Densité : maximum 0,830, minimum 0,815.
　　　　　moyenne 0,825.

43. — *Chrysophyllum Sebertii* (Pancher).

Arbrisseau de 3 à 4 mètres, diamètre 10 centimètres.

Cime diffuse, branches horizontales.

Ramules, dessous des feuilles et fleurs veloutés, fauves.

Écorce à épiderme gris, rougeâtre à l'intérieur, grenue, assez lisse, mince, 4 millimètres, laiteuse.

Feuilles alternes, rapprochées en tête des rameaux, à peine pétiolées, ovales, allongées, 6 centimètres sur 16, luisantes en dessus, cassantes, penninerviées, nervures canaliculées en dessus, très-saillantes et veloutées en dessous, veinules réticulées parallèlement.

Fleurs sessiles en petits faisceaux dans les aisselles des feuilles, vers le sommet des rameaux, petites, fauves.

Plaines et coteaux ferrugineux.

Bois rougeâtre, liant, solide, grain un peu allongé.
Bois de fente, bon pour la boissellerie.
Assez joli étant verni.

Le manque d'échantillons complets de fleurs et de fruits n'a pas permis de déterminer les espèces qui suivent. On les a classées dans le genre chrysophyllum ; d'après les caractères de l'écorce et du bois, elles appartiennent évidemment à la famille des sapotacées.

44.— *Chrysophyllum sessilifolium* (Pancher et Sebert).

Grand arbre élancé à petites branches.

Écorce épaisse, rougeâtre, tachetée de blanc.

Suc blanc, laiteux, très-épais, prenant de la consistance à l'air.

Assez abondant dans les terrains humides, à 100 mètres environ au-dessus de la mer, dans les massifs de *spermolepis rubiginosa*, dont il se distingue par la couleur verte de ses feuilles.

Sols ferrugineux de la baie du Sud.

Bois d'un rouge jaunâtre, dur, liant, se travaillant bien.
Charpente et charronnage.

45. — *Chrysophyllum dubium* (Pancher et Sebert).

Arbre forestier élevé.

Écorce laiteuse.

Ramules pubérules, fauves ainsi que les pétioles et les nervures des feuilles.

Écorce mince, 3 millimètres, couche épidermique grisâtre, rougeâtre à l'intérieur, fibreuse.

Belles feuilles alternes, éparses, rapprochées vers le sommet des ramules, assez brièvement pétiolées, grandes, ovales, 6 à 8 centimètres sur 15 à 18 centimètres, lisses en dessus. Nervures très-régulièrement pennées, réticulées, canaliculées en dessus, remarquablement saillantes en dessous. 14 à 16 de chaque côté de la nervure médiane, réunies et arquées au sommet, très-rapprochées des bords, veinules irrégulièrement réticulées.

Fleurs subsessiles le long des rameaux et dans les aisselles des feuilles, pédoncules portant une ou deux petites bractées ovales.

Fruit ovoïde charnu, terminé par le style.

Sols ferrugineux.

Aubier blanchâtre, mince.
Bois rougeâtre, fibreux, grain fin.
Se fend assez bien.
Manches d'outils, charpente, menuiserie.

46. — *Chrysophyllum*....... — Azou (nom indigène).

Grand arbre.

Bois jaune lourd, dur, grain fin imitant le buis.

Joue beaucoup, sujet à se piquer de veines grises.
Charpente, ébénisterie.
Joli étant verni, jaune citron.
Densité : maximum 1,085, minimum 1,028.
moyenne 1,064.

47. — *Chrysophyllum*........

Arbre grand, élancé.

Écorce mince, 4 millimètres, grise, jaunâtre en dedans, grenue, laiteuse.

Feuilles alternes, rapprochées en tête des rameaux, ovales, aiguës, 8 centimètres sur 15, minces.

Nervure médiane très-grosse, les secondaires pennées, veinules réticulées, toutes saillantes en dessous.

Bois jaunâtre, assez dense, à grain fin, fibreux, imitant le buis.
Bon bois, se travaille facilement, liant et solide.
Se conserve bien.
Ouvrages de tour.

48. — *Labatia macrocarpa* (Pancher et Sebert).

Arbre très-grand, assez gros, diamètre 30 à 40 centimètres ; tronc rarement cylindrique.

Écorce grise, rugueuse, fendillée, mince, 4 millimètres.

Suc laiteux.

Feuilles alternes, pétiolées, rapprochées, ovales, 5 centimètres sur 15, luisantes en dessus, minces ; à nervure médiane canaliculée, les secondaires fines, parallèles, peu divisées et peu saillantes.

Fleurs pédicellées, solitaires dans l'axe des feuilles, petites.

Fruits charnus, indéhiscents, globuleux, de la grosseur d'une prune, 3 centimètres, fauves, très-laiteux.

Cinq graines aplaties, allongées, osseuses, lisses.

Sols ferrugineux et plages.

Aubier nul.
Bois blanc, fibreux, grain fin comme le pommier, bon et solide.
Se travaille bien.
Se conserve bien à l'abri. A la mer il est attaqué par les tarets.
Menuiserie.
Densité : maximum 0,680, minimum 0,660.
moyenne 0,671.

49. — *Sersalisia cotinifolia* (Ferdinand Müeller).

Petit arbre de 10 mètres. Cime large, arrondie, dense, d'un vert cendré.

Jeunes rameaux anguleux, recouverts de très-petites squames brillantes.

Écorce d'épaisseur moyenne, 6 millimètres, à épiderme blanchâtre, grisâtre à l'intérieur, rugueuse, fendillée.

Feuilles alternes, très-brièvement pétiolées, de forme très-variable, ovales, spatulées ou oblongues, 2 centimètres sur 8, souvent inégales, légèrement échancrées au sommet, coriaces, glabres en dessus, très-finement pubescentes et cendrées en dessous, un peu roulées sur les bords.

Une ou plusieurs petites fleurs dans les aisselles des feuilles, vers le sommet des rameaux, brièvement pédonculées, ovoïdes, de la grosseur d'un pois, peu apparentes.

Fruit ovoïde, charnu, plus gros qu'une olive, olivâtre.

Deux à cinq graines anguleuses, en fuseau, courbes ; test ligneux, jaunâtre, luisant.

Ilots de coraux soulevés, plages et coteaux voisins. On le retrouve aussi sur les rivages de la Nouvelle-Hollande, près de Rockampton.

Bois blanc jaunâtre.

Grain assez fin, pores apparents sur la tranche normale aux fibres.

On peut encore signaler comme arbre de plages le *Mimusops parviflora* de Robert Brown, sur les plages sableuses.

Ébenacées.

50. — *Diospyros montana* (Pancher et Sebert). — Ébène blanche.

Arbre très-haut, rarement gros.

Écorce mince, rugueuse, fendillée, moyenne, 8 millimètres.

Bourgeons jaunes, soyeux.

Feuilles alternes, brièvement pétiolées, lancéolées, atteignant 6 centimètres sur 15, luisantes en dessus, coriaces.

Nervure médiane canaliculée.

Fleurs solitaires, dans l'aisselle des feuilles, pédoncule très-court, calice large cupuliforme, à quatre lobes persistants.

Fruit charnu de la grosseur d'une prune, 15 millimètres, globuleux, reposant sur le calice étalé horizontalement.

Cinq graines noires, grosses à peu près comme des pépins.

Coteaux aux bords de la mer.

Aubier nul.

Bois blanc, parfois infiltré de noir, assez dense, des veines d'un noir foncé se développent quand l'arbre vieillit. Jusqu'ici les arbres exploités ne renferment pas de veines d'ébène de plus de 2 à 3 centimètres de largeur. Il serait intéressant de chercher à faire développer cette teinte artificiellement.

Se travaille bien,

Se tourmente ; ne se conserve bien qu'à l'abri.

Densité : maximum 0,800, minimum 0,772.

       moyenne 0,785.

51. — *Diospyros......* (   ). — Mazemme (nom indigène).

Feuilles alternes, ovales, entières, atteignant 4 centimètres sur 8.

Nervures pennées peu visibles.

Bois blanc, assez dur, grain fin.

Veines noires se développant avec l'âge et formant des taches d'ébène dans les vieux arbres.

Charpentes.

Densité : maximum 0,912, minimum 0,873.

       moyenne 0,892.

52. — *Maba rufa* (Labillardière). — Maba.

Petit arbre de 5 à 7 mètres, diamètre 20 centimètres. Cime étalée, diffuse.

Écorce à épiderme gris cendré, rougeâtre à l'intérieur, lisse et fine, mince, 2 millimètres.

Ramules, dessous des feuilles, fleurs et fruits couverts d'une villosité soyeuse, rousse.

Feuilles alternes sur deux rangs, très-brièvement pétiolées, ovales, 4 centimètres sur 10, légèrement ondulées, luisantes en dessus, coriaces, veloutées en dessous.

Nervures peu apparentes, la médiane canaliculée en dessus.

Fleurs mâles sessiles, groupées par trois dans l'aisselle des feuilles, roses.

Fleurs femelles sessiles, solitaires, axillaires, dans un calice coriace, épais, à trois dents.

Fruit sphérique, 15 millimètres, semblable à un gland, assis dans une capsule non écailleuse, étalée, formée par le calice persistant.

Cinq graines triangulaires, marron, lisses.

Commun dans tous les sols.

Bois grisâtre, aubier nul; fibres droites, apparentes, grain assez fin.
Se fend en séchant?

53. — *Maba elliptica* (Labillardière).

Dioïque.

Acquiert des proportions un peu plus grandes que le précédent et est plus commun.

Ramules et feuilles lisses.

Bois blanc, mou, à grain fin, analogue au bois du peuplier.

54. — *Simplocos nitida* (Brongniart et Gris). — Baboui (nom indigène).

Petit arbre.

Ramules anguleux.

Écorce à épiderme grisâtre, rougeâtre à l'intérieur, grenue, légèrement rugueuse, mince, 4 millimètres.

Feuilles alternes, éparses, brièvement pétiolées, rapprochées au sommet des ramules, ovales, 7 centimètres sur 18, bords membranés, çà et là ponctués ou glanduleux, luisantes en dessus, épaisses, coriaces.

Nervure médiane rougeâtre, canaliculée, saillante en dessous; nerveuses pennées, à veinules anastomosées.

Fleurs en épis longs de 25 à 30 millimètres, dans les aisselles des feuilles, de la grosseur d'un pois, jaunâtres; calice soyeux à l'extérieur, dans un involucre squammeux simulant un second calice.

Fruit en forme de petite corne, 5 millimètres sur 10, couronné par les lobes du calice.

Sols ferrugineux, dans les forêts.

Bois blanc jaunâtre, grain fin, assez dur, cassant.
Se travaille bien.
Menuiserie.
Assez joli étant verni, jaune uniforme.

Épacridées.

55. — *Dracophyllum cymbulæ* (Labillardière).

Arbrisseau atteignant 4 mètres, droit, pyramidal dans la jeunesse; tige acquérant 10 centimètres de diamètre avec l'âge; cime alors arrondie et très-dense.

Rameaux raides, ronds, noirâtres, partiellement cendrés; ramules sillonnées, fauves.

Feuilles appliquées les unes sur les autres lors de leur développement, formant un cône étroit très-allongé, ferme ; servant alors de jouets aux enfants indigènes, qui les lancent à la main en guise de javelots.

Ces feuilles alternes sont comme subverticillées au sommet des pousses de deux ans, sessiles, lancéolées, coriaces, minces, privées de nervure médiane. Nervures fines, parallèles, parcourant toute la longueur. Les dimensions des feuilles varient beaucoup, de 1 centimètre sur 6 à 3 centimètres sur 10.

Fleurs disposées en épis axillaires, dans les aisselles des feuilles, vers le sommet des rameaux; ces épis varient en longueur, de 1 à 2 centimètres.

Le pédoncule fauve est couvert de petites bractées concaves, coriaces, fauves.

Les fleurs, très-petites, carnées, sont logées dans les aisselles des écailles supérieures.

Fruits jaunes, de la grosseur d'un grain de poivre, à pulpe très-mince, à noyau dur, à quatre, six ou sept loges.

Arbrisseau abondant, mais rabougri, venant dans les terrains découverts, ferrugineux ou sablonneux, n'acquérant un certain développement que sur les montagnes et dans des fissures ou cavités où les détritus s'accumulent.

Bon bois très-dur, très-fin, brunâtre.
Devrait être essayé dans la tabletterie ; pourrait remplacer la racine de bruyère.

56. — *Leucopogon dammarifolius* (Brongniart et Gris).

Arbre analogue au précédent, acquérant les mêmes dimensions.
Feuilles blanches en dessous.
Fruit noir, plus gros.

57. — *Dracophyllum verticillatum* (   ).

Arbrisseau très-remarquable par la disposition et la forme de ses feuilles, fréquemment en touffes composées de quatre à cinq jets droits, nus, divisés au sommet en deux ou trois branches courtes et atteignant 3 à 4 mètres et un diamètre de 5 centimètres.

Écorce noirâtre se divisant en petites lanières longitudinales.

Feuilles au sommet de la tige ou des petites branches, ayant la disposition et la forme des feuilles d'ananas, mais non dentées, à veines fines rapprochées, toutes longitudinales.

Fleurs très-petites, par petits groupes demi-verticillés en une corolle en forme de coupe évasée; larges de 5 millimètres, blanches, exhalant une forte odeur d'encre.

Fruits capsulaires, de la grosseur d'un petit pois, à loges déhiscentes.

Graines nombreuses.

Arbrisseau très-commun dans les sols ferrugineux, depuis le bord de la mer jusqu'à 1,200 mètres d'altitude.

Bois possédant les qualités des deux précédents.

Les indigènes recherchent les gaules, d'une grande dureté et d'une très-longue durée, que donnent les jets de cet arbrisseau; ils s'en servent pour travailler la terre et pour soutenir les tiges d'ignames.

Après la récolte, ils les font sécher et les conservent couchées sur des chevalets en forme d'X, construits à l'aide de pieux fichés en terre, de la même manière que les vignerons européens disposent les échalas des vignes pendant l'hiver.

DIALIPÉTALÉES.

Ombellifères.

58. — *Myodocarpus fraxinifolia* (A. Brongniart et Gris).

Arbre de 8 à 10 mètres.

Cime plane, à branches dressées ou formant un angle très-aigu.

Écorce d'aspect grisâtre.

Feuilles alternes composées (imparipennées) de cinq à sept paires de folioles opposées, semblables, ovales, lancéolées, 3 centimètres sur 7, grossièrement dentées en scie, luisantes en dessus, coriaces; pétiole se dilatant à la base en une espèce de petit empâtement foliacé.

Beaux panicules terminaux, saillants, atteignant 50 centimètres de longueur, très-raréfiés, divisions terminées par de petites ombelles rondes de fleurs blanches.

Fruit sec, plan, ailé intérieurement, en forme de lyre ou de mouche au repos.

Ecorce grise à l'extérieur, jaunâtre intérieurement, grenue, finement fendillée, épaisseur moyenne, 6 millimètres.

Aubier nul.

Bois blanc, mou, filandreux.

Se travaille bien.

Pourrit vite à l'air.

D'un jaune citrin uni étant verni.

Jeunes jets recherchés pour lances de pêche.

Myodocarpus simplicifolia (A. Brongniart et Gris).

Acquiert les mêmes dimensions et diffère de l'espèce précédente surtout par ses feuilles simples, pétiolées, ovales, épaisses.

Araliacées.

59. — *Panax crenata* (Pancher et Sebert).

Petit arbre de 5 mètres.

Cime arrondie très-dense, d'un vert-foncé.

Écorce cendrée. Ramules couverts d'une villosité très-fine, olivâtre.

Feuilles alternes au sommet des rameaux, longues de 50 à 60 centimètres, composées de quinze à dix-huit paires de folioles opposées, avec une impaire au sommet. Folioles brièvement pétiolulées, ovales, aiguës, 4 centimètres sur 8, en coin à la base, lisses et luisantes en dessus, coriaces; nervures pennées.

Fleurs très-petites, en panicules terminaux pendants, longs de 40 à 60 centimètres, d'un vert purpurin, groupés par dix, quinze, en petites ombellules.

Fruits très-petits, ovoïdes, noirs, à peine charnus, à côtes, fragiles.

En massifs sur les coteaux argilo-schisteux.

Écorce d'épaisseur moyenne (6 millimètres) grise à l'extérieur et à l'intétérieur.

Bois blanc, très-mou, très-léger.

Se conservant mal.

60. — *Panax sessiliflora* (Pancher).

Arbrisseau de 5 mètres; tronc nu; cime peu rameuse, dense.

Rameaux gros, courts.

Feuilles alternes vers le sommet des rameaux, d'un vert foncé, composées de dix à quinze paires de folioles et une terminale. Les inférieures inégalement cordiformes, les supérieures ovales, crenulées et légèrement ondulées, luisantes en dessus, épaisses, coriaces, à nervures pennées peu saillantes.

Fleurs verdâtres très-petites, assez semblables à celles de la vigne, sessiles, agglomérées en petits capitules aux extrémités des ramifications de grands panicules horizontaux ou pendants, longs de 30 à 60 centimètres, selon la vigueur des plants.

Fruit petit, noir, comprimé, composé de deux graines dures, recouvertes d'une pulpe mince.

Assez commun dans les massifs.

Écorce mince, blanchâtre intérieurement et extérieurement, peu rugueuse, un peu fendillée.

Bois blanc, fibreux, un peu rougeâtre au cœur. Aubier blanchâtre, assez épais.

Grain assez fin, pores allongés.

Facile à travailler.

Bon pour mâture et charpente.

Assez joli étant verni.

61. — *Cussonia dioïca* (Vieillard).

Arbrisseau de 5 à 7 mètres au plus, peu rameux.

Écorce d'aspect noirâtre.

Cime légère, hémisphérique.

Feuilles alternes, imparipennées, composées de trois à quatre paires de foliolles, pétiolulées, opposées, lancéolées, 5 centimètres sur 11, à bords chargés de quelques courtes dents, luisantes en dessus, assez épaisses.

Panicules terminaux, chargés de petites ombelles (10 millimètres) de fleurs très-petites (1 millimètre), violacées.

Fruits noirâtres, comprimés, plus petits que ceux du sureau.

Sols ferrugineux. Assez commun.

Écorce noirâtre, rugueuse, fendillée, mince, 5 millimètres.

Bois blanc, mou, léger.

Pourrit très-vite.

Peut s'utiliser pour emballages.

Densité : maximum 0,560, minimum 0,527.

        moyenne 0,543.

62. — *Aralia parvifolia* (Pancher et Sebert).

Arbre de 12 mètres ; cime large, plane.

Écorce fauve, crevassée.

Rameaux courts, à écorce grisâtre, à épiderme fin, conservant long-temps la cicatrice des feuilles.

Feuilles alternes, rapprochées vers le sommet, longuement pétio-lées, digitées en entonnoir ; cinq, sept, neuf folioles oblongues, ondu-lées sur les bords, la médiane plus longue (3 centimètres sur 5), les latérales graduellement plus petites, luisantes en dessus ; nervures pennées, saillantes des deux côtés.

Fleurs en ombelles terminales, rameuses, ombellules de dix à quinze fleurs, pédicelles blancs.

Fruits charnus, noirs, de la grosseur de ceux du sureau.

Ces fruits attirent une multitude d'insectes.

Plages et coteaux voisins de la mer.

Écorce mince, 5 millimètres, grisâtre à l'extérieur et à l'intérieur, ru-gueuse.

Bois blanc, mou, léger.

Ne se conservant pas, devenant vite gris verdâtre.

On trouve en Nouvelle-Calédonie plusieurs autres *Aralia*, dont les bois diffèrent peu de celui de l'espèce ci-dessus décrite. Une, entre autres, atteint les proportions des plus hautes espèces forestières. Les feuilles en sont digitées, très-grandes et très-belles. Il en existe un échantillon de bois au musée des colonies, sous le nom d'*Aralia ino-phylla*, et sous le n° 141, collection Pancher.

Saxifragées.

Les *saxifragées* ou *cunoniacées* sont représentées en Nouvelle-Calédonie par un certain nombre d'espèces produisant de bons et beaux bois à grain fin et serré.

On peut les diviser en deux sections : les unes à feuilles simples, à fleurs très-petites, réunies en petits capitules très-serrés qui, à la ma-turité, laissent échapper un duvet abondant ; les autres, à feuilles com-posées, à fleurs en épis, à fruit formé de deux coques parcheminées laissent échapper des graines très-petites, assez semblables à de grossière sciure de bois.

63. — *Codia montana* (Labillardière).

Petit arbre atteignant rarement 8 mètres; diamètre 20 centimètres.
Cime arrondie, dense.

Feuilles opposées, brièvement pétiolées, obovales, 10 centimètres
sur 15, lisses en dessus, très-fréquemment veloutées en dessous,
alors blanchâtres. Nervures pennées, saillantes en dessous, anastomosées.

Fleurs très-petites, réunies sur un court pédoncule, en petites têtes
rondes de 10 millimètres, blanchâtres, à odeur d'encre.

Graines se désagrégeant sous forme de flocons soyeux, légèrement
jaunâtres.

Arbre commun, sous forme de buissons, sur les coteaux ferrugineux
exposés aux incendies, plus élevé sur les lisières des futaies.

Sols ferrugineux, pierreux. Commun.

Écorce lisse, marron terne, mince, 5 millimètres, feuillets serrés.
Bois dur, rougeâtre, cœur noirâtre quand il est vieux.
Grain fin, serré.
Se travaille très-bien, bon pour les ouvrages de tour.
Peut donner des manches d'outils, mais n'est pas très-liant.
Très-joli étant verni.
Densité : maximum 0,896, minimum 0,887.
        moyenne 0,891.

64. — *Codia obcordata* (A. Brongniart et Gris).

Diffère du précédent à première vue par ses feuilles échancrées en
cœur au sommet.

Les fleurs en sont très-blanches et agréablement odorantes.

65. — *Pancheria obovata* (A. Brongniart et Gris). — Ouébo (nom indigène).

Petit arbre; diamètre 15 à 20 centimètres.
Cime arrondie, dense.

Feuilles verticillées par trois, brièvement pétiolées, obovales,
4 centimètres sur 8, obtusément échancrées vers le sommet, épaisses,
cassantes, luisantes en dessus, penninerviées, anastomosées ; nervure
saillantes sur les deux faces.

Fleurs réunies en globules de 15 millimètres, blanches ou carnées,
portées sur des pédoncules filiformes plus ou moins longs, au nombre
de deux ou trois, dans les aisselles des feuilles supérieures.

Fruits se désagrégeant en flocons soyeux, fauves.

Sols ferrugineux, découverts.

Écorce à épiderme blanchâtre, très-fendillée, rougeâtre intérieurement, d'apparence noirâtre de loin, fibreuse, rugueuse, d'épaisseur moyenne, 6 millimètres.

Bois rouge violacé, un peu plus pâle que le n° 66.

Grain fin, dur.

Bon pour ouvrages de tour.

Assez joli étant verni.

66. — *Pancheria ternata* (A. Brongniart et Gris). — Chêne rouge (nom donné par les ouvriers français).

Arbre de haute futaie, très-grand et très-gros.

Écorce d'aspect noirâtre.

Cime arrondie, lâche.

Rameaux cylindriques.

Feuilles verticillées par trois, longuement pétiolées, composées de trois folioles ovales, 6 centimètres sur 15, dentées en scie, penninerviées, pétiole et dessous des feuilles pubérules.

Fleurs réunies en petites têtes blanchâtres.

Fruit très-petit, composé de deux membranes coriaces.

Graines ?.....

Hautes futaies des sols ferrugineux et côte Nord-Est.

Écorce noirâtre, rugueuse, fendillée, assez épaisse.

Aubier mince.

Bois rouge violacé foncé, panaché de veines noires quand il est vieux.

Grain fin, très-dur.

Presque incorruptible.

Bon pour l'ébénisterie et les ouvrages de tour.

Très-beau étant verni, surtout quand il est âgé ; imite alors, comme teinte générale, l'acajou foncé.

Densité : maximum 0,997, minimum 0,969.

          moyenne 0,984.

67. — *Cunonia purpurea* (A. Brongniart et Gris).

Belles touffes atteignant à peine 4 mètres, larges, denses, à branches courbées, lâches.

Écorce noirâtre, granuleuse.

Feuilles opposées, pétiolées, composées de trois folioles sessiles, articulées ; pétiole demi-cylindrique, canaliculé, pubescent ; folioles obovales, oblongues, 2 centimètres sur 8, dentées au sommet, luisantes en dessus, ternes, fauves, couvertes d'une pubescence à peine visible en dessous; stipules ovales, arrondies, soyeuses.

Fleurs très-petites, en grappes axillaires, au sommet des rameaux, supportées deux à deux sur un pédoncule comprimé, pubescent, longues de 6 centimètres, d'un beau rouge carmin.

Fruit sec, ovoïde, obtus, de la grosseur d'un pois, à deux loges composées de deux enveloppes se détachant par la base, l'intérieur jaunâtre, parchemineux, très-coriace.

Graines nombreuses, très-petites, plus ou moins membraneuses.

Bordant les cours d'eau sur les sols ferrugineux, dont il forme le plus bel ornement.

68. — *Cunonia pulchella* (A. Brongniart et Gris).

Arbre de 15 mètres, d'un diamètre de 40 centimètres.

Cime dense, légère.

Rameaux à écorce brunâtre, ponctuée de bleu; ramules soyeux, cendrés.

Feuilles opposées, bi-tripennées avec impaire, rachis ailé; folioles opposées, lancéolées, 15 millimètres sur 25, la terminale souvent un peu plus grande, dentées, les plus jeunes ainsi que le rachis sont soyeuses sur les deux faces.

Grappes ou plutôt épis axillaires au sommet des ramules, placés deux à deux sur un pédoncule court.

Fleurs presque sessiles, très-petites, blanches, odorantes, se développant au mois de septembre.

Se trouve çà et là, dans les montagnes boisées.

Ce genre est représenté par plusieurs autres espèces plus ou moins arborescentes.

Nous citerons le *C. Simplicia* de Vieillard, à feuilles simples, à belles grappes spiciformes de fleurs blanches.

69. — *Geïssoïs pruinosa* (A. Brongniart et Gris).

Petit arbre de 8 à 10 mètres, rarement gros.

Écorce d'aspect cendré.

Cime lâche, légère, d'un vert pâle.

Ramules aplatis, couverts d'une cire glauque comme les prunes.

Feuilles opposées, longuement pétiolées, digitées, comme celles du marronnier d'Inde, mais à cinq folioles pétiolées, inégales ; les extérieures plus petites, ovales, légèrement acuminées, 4 centimètres sur 9, épaisses, coriaces, lisses en dessus, glauques en dessous, penninerviées ; nervures saillantes en dessous.

Fleurs en grappes sur le vieux bois, petites, 4 millimètres, d'un beau rouge, corolle nulle, étamines nombreuses, longues.

Capsule cylindrique allongée, 25 millimètres, coriace, à deux loges, s'ouvrant en deux valves.

Graines fines comme de la sciure.

Commun dans les sols ferrugineux.

Écorce brune intérieurement, à épiderme blanchâtre, un peu rugueuse, légèrement fendillée, mince.

Aubier rougeâtre, assez épais, bois rouge agréablement veiné.

Bois très-bon et très-beau.

Se travaille bien.

Bon pour l'ébénisterie.

Très-joli étant verni, rouge clair à veines fines.

Densité : maximum 0,858, minimum 0,808.

          moyenne 0,827.

Saxifragées.

70. — *Geïssoïs racemosa* (Labillardière).

Arbre forestier de première hauteur et d'un large diamètre ; cime étalée, plane.

Rameaux aplatis entre les entre-nœuds ; dans deux sens correspondant à la direction des verticilles des feuilles, opposés en croix, à écorce fauve, chargée de nombreuses lenticelles allongées (ponctuations).

Feuilles discolores, magnifiques sur les jeunes plants. Elles sont opposées, pétiolées, digitées ; pétiole long de 7 millimètres, cylindrique ; folioles inégalement pétiolulées au nombre de cinq, ovales, 8-10 centimètres sur 13 ou 15, légèrement ondulées sur les bords, coriaces, penninerviées, à nervures saillantes en dessous; stipules ovales, arrondies, soyeuses, fauves.

Grappes isolées ou réunies plusieurs ensemble sur de petites protubérances, sur la place des boutons à bois, sur les rameaux des années précédentes; longues de 10 centimètres.

Fleurs d'un rouge orangé, à calice à cinq divisions pétaloïdes, petites, corolle nulle, dix à quinze étamines longues.

Fruit sec, cylindrique, long de 2 centimètres, composé de deux follicules coriaces.

Graines nombreuses, assez semblables à de la sciure.

Sols schisteux et ferrugineux, humides.

71. — *Geïssoïs montana* (Vieillard).

Espèce plus rare, intermédiaire entre les deux précédentes.

72. — *Geïssoïs hirsuta* (A. Brongniart et Gris).

Espèce très-différente par ses feuilles trifoliolées pubescentes et ses longues grappes rouges, ternées sur un pédoncule commun, pendantes, à rachis.

Pédicelles et calice velus.

Fruit court, ovoïde.

Cette espèce croît exclusivement dans les sols ferrugineux très-humides, sur les bords des cours d'eau, à partir de leur embouchure jusqu'à une altitude de 400 mètres.

Anonacées.

73. — { *Polyalthia nitidissima* (Bentham).
{ *Unona fulgens* (Labillardière).

Arbre de 5 à 8 mètres, d'un diamètre de 15 centimètres, à cime lâche, diffuse.

Ramules grêles, noirâtres, légèrement geniculés ou en zigzag.

Feuilles alternes sur deux rangs, pétiolées, ovales ou lancéolées, 3-5 centimètres sur 8-12 ; pétiole très-court; la plupart un peu tordues, légèrement ondulées, très-luisantes en dessus, coriaces, à nervures pennées, anastomosées avec les veinules, saillantes des deux côtés.

Fleurs au nombre de deux, dans les aisselles des feuilles supérieures ; pédoncule grêle, long de 15 millimètres ; calice petit, à trois divisions triangulaires, coriaces; corolle à cinq pétales, longues de 15 millimètres, largement linéaires, lâchement étalées, d'un vert jaunâtre; pistils nombreux, en capitule arrondi, jaune.

Après la floraison, le pédoncule et le capitule s'épaississent, les pis-

tils se développent sur des pédicelles inégaux, variant de 5 à 10 millimètres, portant, à la maturité, de petits fruits rouges de la grosseur d'un
pois, renfermant une graine unique.

Vient çà et là, sur les rivages. On le retrouve sur les côtes de la
Nouvelle-Hollande.

Dilléniacées.

Les *dilléniacées* sont des arbrisseaux à feuilles entières, à fleurs
jaunes ou blanches, en épis scorpioïdes, produisant un bois très-dur,
à grain fin, foncé, qui peut être utilisé pour la tabletterie.

74. — *Trisemma coriacea* (Hooker fils).

Arbrisseau de 5 mètres, diamètre 20 centimètres; cime dense, arrondie.

Rameaux cylindriques, sur lesquels les cicatrices des feuilles persistent pendant longtemps.

Écorce transversalement fendillée, blanchâtre.

Ramules anguleux, veloutés, fauves, ainsi que les pétioles, le pédoncule et le calice.

Feuilles alternes, pétiolées, ovales allongées; pétiole canaliculé,
coriace; limbe obtus au sommet, d'un vert pâle en dessus, marron en
dessous, granuleux; veloutées dans la jeunesse, penninerviées; nervure médiane terminée par une très-petite pointe; les latérales arquées, ondulées parallèlement à la marge.

Panicule terminal ou axillaire, à divisions et subdivisions scorpioïdes.

Fleurs variant de grandeur sur des individus différents, blanchâtres;
calice à cinq divisions inégales, coriaces, fauve ou cendré fauve; trois
pétales inégaux, jaunâtres; étamines nombreuses; ovaire soyeux.

Sols ferrugineux.

75. — *Hibbertia lucens* (A. Brongniart et Gris).

Arbrisseau atteignant rarement 5 mètres, diamètre 10 à 15 centimètres.

Écorce d'aspect grisâtre.

Cime arrondie très-dense.

Feuilles alternes, très-rapprochées, subsessiles, allongées, 1 centimètre sur 5, légèrement échancrées au sommet, luisantes en dessus, soyeuses et argentées en dessous, coriaces ; nervure médiane canaliculée ; feuilles penninerviées.

Fleurs terminales, jaunes, en épis se déroulant comme une queue de scorpion.

Fruit capsulaire.

Graines noires, luisantes, enveloppées dans une membrane (arille) charnue, rouge.

Sols ferrugineux.

Écorce rougeâtre, fibreuse, s'exfoliant en bandelettes perpendiculaires, mince, 2 millimètres.
Bois sans aubier, très-dur, rougeâtre, reflet gris, un peu grenu, cassant. Se travaille assez bien.
Peut s'employer pour menuiserie.
Assez joli étant verni, mais de teinte trop uniforme.
Densité : maximum 0,702, minimum 0,674.
       moyenne 0,686.

76. — Hibbertia scabra (A. Brongniart et Gris).

Espèce voisine, à fruits plus larges, très-rudes, produit un bois de même qualité, et croît dans les mêmes lieux.

77. — Trisemma Pancheri (A. Brongniart et Gris).

Arbrisseau de 4 à 5 mètres, d'un diamètre de 15 centimètres. Cime arrondie, dense, à branches courbées.

Ramules pubescents, cendrés, ainsi que les pétioles, les pédoncules et le calice.

Feuilles alternes, rapprochées, pétiolées, ou cordiformes ou obovales ; pétiole long de 15 millimètres, canaliculé, coriace ; limbe d'un vert pâle en dessus, luisant, marron et d'un aspect métallique en dessous, cassant, à nervures pennées, réunies et arquées à leur sommet en une ligne parallèle à la marge.

Fleurs fauves en grappes axillaires vers le sommet des rameaux, bifurquées, scorpioïdes ; calice à cinq divisions inégales, coriace ; corolle à trois pétales blanchâtres.

Fruits ?.....

Sols ferrugineux.

Homalinées.

78. — *Blackwellia Viliensis* (Bentham). — Ouéri (nom indigène).

Arbre de 8 à 10 mètres, tronc très-droit, diamètre 40 centimètres. Cime étalée, rameaux en zigzag, tuberculeux.

Écorce à épiderme blanchâtre, jaunâtre à l'intérieur, assez lisse, mince, 3 millimètres.

Feuilles alternes sur deux rangs (distiques), brièvement pétiolées, de forme ovale ou elliptique, 7 centimètres sur 12, fortement ondulées, minces, cassantes, luisantes en dessus; nervures pennées très-réticulées, saillantes sur les deux faces.

Fleurs cendrées, odorantes, en épis lâches vers le sommet des rameaux, petites, 5 millimètres de diamètre ; calice et corolle à peu près de même couleur, divisés en seize petites dents étroites, disposées sur deux rangs.

Le fruit, à peine plus volumineux que la fleur à l'époque de la floraison et dont tous les organes persistent, a l'aspect d'une fleur desséchée.

Très-commun dans les sols pierreux et dans les sables accumulés par la mer.

Bois blanc jaunâtre, dur, grain fin.
Se travaille assez bien.
Menuiserie.
Densité : maximum 1,098, minimum 1,065.
       moyenne 1,079.

Malvacées.

79. — { *Paritium tiliaceum* (A. de Jussieu).
{ *Hibiscus tiliaceus* (Linnée).

Arbre de 10 mètres, diamètre 30 à 40 centimètres; tronc court. Écorce cendrée; cime ample, arrondie.

Rameaux brunâtres, conservant longtemps les cicatrices des feuilles et des stipules annulaires.

Ramules, pétioles, pédoncules, calicule et calice pubescents, cotonneux.

Belles feuilles alternes, en cœur, longuement pétiolées ; pétiole long de 8 à 10 centimètres, cylindrique; limbe terminé en pointe, long de 12 centimètres, large de 14 centimètres, obtusément crenulé, velouté, blanchâtre en dessous, mince ; nervures palmées-pennées, saillantes en dessous.

Fleurs en panicules très-lâches, pauciflores, pédicellées ; calice double, l'extérieur (calicule) plus court que l'intérieur, a dix petites dents ; l'intérieur a cinq dents lancéolées, aiguës. Corolle large de 8 centimètres, d'un beau jaune, maculée de pourpre dans le fond.

Capsule sèche, veloutée, s'ouvrant en cinq valves.

Graines nombreuses, petites, réniformes.

Cultures et lieux humides.

Lorsque les jets ont atteint la grosseur du bras, les indigènes enlèvent des anneaux d'écorce d'une hauteur de 10 centimètres. Il se forme alors, sur les deux plaies, des bourrelets qu'ils enlèvent pour les manger. A cet effet, ils les exposent sous des cailloux chauffés, où ils se dessèchent et deviennent cassants. Ces morceaux d'écorce épaisse ainsi préparés ne sont pas désagréables au goût.

Il est très-abondant à Taïti au bas des ravins humides, surtout de ceux où circule un courant d'eau, au-dessus duquel les branches des deux rives se croisent et supportent des fougères et des orchidées parasites. De beaux jets de la grosseur du bras sont employés en chevrons d'une grande légèreté. L'écorce sert à faire des liens très-solides.

Charronnage.
Le bois, tendre, plus foncé que celui du noyer, débité en planches, sert aux ouvriers européens de Taïti à faire des embarcations très-légères.

80. — *Thespesia populnea* (Correa). — Bois de rose de l'Océanie.

Arbre peu élevé ; tronc court, souvent tourmenté.

Écorce épaisse, noirâtre, rugueuse.

Cime arrondie, dense.

Tronc à écorce brunâtre, rugueuse.

Belles et grandes feuilles alternes, en cœur, longuement pétiolées, luisantes en dessus, ternes en dessous, molles.

Grandes fleurs jaunes en grappes terminales semblables à celles du cotonnier, à calice cupuliforme, entier, coriace.

Fruit capsulaire, marron, coriace, de la grosseur d'une petite noix, comprimé verticalement.

Graines nombreuses, anguleuses, un peu plus grosses que des têtes d'épingles.

Cette espèce, qui se trouve exclusivement sur les rivages et qui est très-recherchée dans toutes les îles où descendent les Européens, devient aussi rare en Nouvelle-Calédonie qu'à Taïti et dans toute l'Océanie.

Aubier blanc, épais, bois noirâtre, quelquefois à teinte violacée.

Bois léger, très-facile à travailler, grain fin. Répand, quand il est travaillé vert, une odeur de rose poivrée qui disparaît avec le temps.

Recherché pour travaux d'ébénisterie.

Étant verni, l'aubier prend une belle couleur jaunâtre, et le bois une couleur noire à reflets fauves. L'aubier irrégulier des arbres noueux et tourmentés se prête à la formation de dessins blancs sur le fond noir du bois, lorsqu'on l'emploie en raccords symétriques.

Densité : maximum 0,732, minimum 0,590.

moyenne 0,671.

Sterculiacées.

81. — *Sterculia bullata* (Pancher et Sebert).

Arbre de 6 à 7 mètres ; tronc de 2 mètres, d'un diamètre de 30 centimètres.

Cime arrondie, dense.

Rameaux à écorce rugueuse, cendrée.

Feuilles alternes, pétiolées, ovales, arrondies ; pétiole cylindrique, long de 5 à 8 centimètres, à limbe en cœur à la base, quelquefois lobé au sommet, boursouflé, vert en dessus, marron pâle en dessous, cassant ; nervures digitées-pennées, saillantes.

Fleurs en grappes axillaires au sommet des rameaux, longues de 2 à 3 centimètres ; axe et pédicelles pubescents, fauves.

Calice campanulé, à cinq dents, corolloïde, atropourpre.

Corolle nulle.

Étamines, dix-quinze, dont les filets sont soudés en un tube de la longueur du calice, couronné par les anthères dans les fleurs mâles.

Le même nombre d'anthères dans les fleurs femelles, mais sessiles à la base de l'ovaire.

Quatre ovaires velus, plusieurs ovules sur deux rangs.

Fruit sec, coriace, ovoïde, allongé, portant une nervure longitudinale, saillante.

Plages sableuses.

Écorce textile.
Bois mou, léger.

82. — *Maxwellia lepidota* (H. Baillon.) — Babaï (nom indigène).

Souches produisant quelques jets droits, de 4 à 5 mètres, venant en taillis.

Cime arrondie, un peu diffuse, cuivrée.

Écorce rougeâtre intérieurement, à épiderme blanchâtre, lisse, mince, 3 millimètres.

Feuilles alternes, pétiolées, presque rondes, 18 centimètres sur 20, glabres et d'un vert pâle en dessus, cuivrées ou fauves, couvertes de squames simulant une ponctuation très-fine en dessous, penninerviées ; nervure médiane bifurquée ; nervures légèrement saillantes en dessous ; veinules très-fines anastomosées.

Fleurs en panicules terminaux irrégulièrement rameux, petites, extérieurement cuivrées, jaunes en dedans.

Fruit sec, coriace, de la grosseur d'une petite noix, portant cinq côtes saillantes ou ailes.

Graines rondes de la grosseur d'un très-petit pois.

Assez abondants dans les sols ferrugineux.

Aubier jaune pâle, bois jaunâtre.
Bois très-bon, liant et flexible.
Se travaille bien.
Bon pour manches d'outils.
Densité : maximum 0,952, minimum 0,929.
   moyenne 0,941.

Büttnériacées.

83. — { *Commersonia echinata* (Forster).
   { *Var. rufescens.*

Petit arbre à cime étalée, à branches horizontales.

Rameaux en zigzag, cylindriques.

Écorce brunâtre, ponctuée de blanc (lenticelles).

Ramules, pétiole, pédoncule et calice soyeux, fauves.

Feuilles alternes, sur deux rangs (distiques), brièvement pétiolées, ovales, lancéolées, obtuses, inéquilatérales à la base, pointues au sommet, 4 centimètres sur 10.

Marges plutôt sinueuses que régulières, vertes en dessus, finement veloutées en dessous.

Nervures inégales, pennées, saillantes en dessous, ainsi que les veinules anastomosées.

Fleurs en cime opposée aux feuilles supérieures, petites, blanches ; calice campanulé, à cinq dents ; corolle à cinq pétales larges à la base, concaves, terminés par une languette de la longeur du calice.

Filets des étamines (20) réunis à la base en un tube aréolé, enveloppant l'ovaire.

Fruit sec de la grosseur d'une cerise, chargé comme celui du châtaignier de longues pointes soyeuses, à cinq loges contenant chacune plusieurs graines, lisses, jaunâtres, plus petites qu'une tête d'épingle.

Sols légers, pierreux.

Écorce textile.
Bois mou, léger.

Tiliacées.

84. — { *Elæocarpus Beaudouini* (**A.** Brongniart et Gris).
{ *Elæocarpus Lenormandii* (Vieillard).

Arbre de moyenne hauteur, rarement gros, venant par touffes.

Écorce jaunâtre en dedans, écorce finement crevassée, rugueuse, mince.

Cime arrondie, très-dense, d'un vert pâle.

Ramules, pétioles et rachis de l'épi cendrés ou très-légèrement pubérules.

Feuilles alternes, éparses, pétiolées, obovales, 5 centimètres sur 12, aiguës au sommet, cunéiformes à la base, légèrement ondulées, crénelées vers le sommet, lisses en dessus, glauques en dessous, penninerviées, anastomosées, nervures un peu saillantes en dessous.

Grappes axillaires moins longues que les feuilles, fleurs soyeuses, argentées, très-petites, à pétales déchiquetés au sommet, étamines nombreuses, ovaire à 3 ou 5 loges.

Fruit ové, de la grosseur d'une petite olive, 8 millimètres sur 15, bleu de roi ; test osseux, rugueux, contenant une ou deux graines.

Sols ferrugineux.

Bois blanc étant jeune, gris verdâtre dans les vieux arbres.
Assez dur et fibreux.
Se travaille bien.

Bon pour la menuiserie.
Densité : maximum 1,006, minimum 0,889.
       moyenne 0,968.

85. — *Elæocarpus ovigerus* (A. Brongniart et Gris). — Poué (nom indigène).

Arbre.

Rameaux cendrés brunâtres, couverts de rugosités provenant des cicatrices des pétioles longtemps apparentes.

Feuilles alternes, très-rapprochées au sommet des rameaux, longuement pétiolées, obovales, obtuses, épaisses, coriaces. Nervures pennées, saillantes des deux côtés, anastomosées. Pétiole grêle, comprimé, comme enflé au sommet.

Fleurs en grappes, le long des rameaux, longuement pétiolées, cylindriques, pétales déchiquetés.

Fruit de la grosseur d'un œuf de pigeon, d'un beau bleu, noyaux rugueux.

Sols ferrugineux.

Bois blanc, fibreux, pores allongés, grain assez fin.
Un peu cassant.
Se conserve bien.
Densité : maximum 0,765, minimum 0,739.
       moyenne 0,756.

86. — *Elæocarpus spathulatus* (A. Brongniart et Gris).

Arbrisseau de 5 à 6 mètres, cime diffuse, dense.
Rameaux cylindriques, de couleur marron, ramules soyeux.
Feuilles alternes, obovales spatulées, atténuées à la base en un court pétiole, 2 centimètres sur 5, glabres, coriaces, penninerviées, veines et veinules anastomosées, saillantes sur les deux faces.

Fleurs disposées en grappes axillaires, à peu près égales aux feuilles, très-petites, longues de 4 millimètres, blanches.
Fruit de la grosseur d'une petite olive, d'un beau bleu.
Noyau très-dur.
Sol ferrugineux.

87. — *Elæocarpus rotundifolius* (A. Brongniart et Gris).

Arbrisseau de 4 à 5 mètres, cime diffuse, branches horizontales.
Rameaux cylindriques, de couleur marron.
Feuilles alternes, pétiolées, ovales arondies, 5 centimètres sur 7, terminées par une courte pointe, pétiole demi-cylindrique, de 2 cen-

timètres, limbe à marges ondulées, glabres, à nervures pennées, saillantes en dessous ainsi que les veinules. La plupart des feuilles portent en dessous deux ou trois glandes concaves dans les aisselles des nervures.

Fleurs en grappes axillaires sur une grande étendue des rameaux, moins longues que les feuilles ; très-petites, longues de 4 millimètres, blanches, odorantes, calice cendré.

Fruit osseux, ovoïde aigu, de la grosseur d'une petite olive, un peu aplati, bleu.

Noyau rugueux, une graine.

Sols humides, plus commun dans les sols argileux.

88. — *Elæocarpus Persicifolius* (A. Brongniart et Gris).

Arbre de 30 à 35 mètres, tronc atteignant un diamètre proportionné. Cime immense, étalée, branches horizontales, feuilles prenant à l'époque de leur chute une belle teinte rouge qui attire les regards de loin.

Rameaux cylindriques, bruns, ponctués de blanc (lenticelles), les jeunes sont anguleux, veloutés, fauves.

Feuilles alternes, lancéolées, de 3 à 5 centimètres sur 13 ou 15, uniformes à la base, atténuées en un court pétiole, dentées en scie, minces, luisantes en dessus, à nervures pennées, à veinules anastomosées.

Grappes nombreuses, le long des rameaux, au dessous de la partie feuillée, longues de 6 centimètres ; fleurs blanches, longues de 5 à 6 centimètres, portées sur des pédicelles grêles, longs de 15 millimètres. Corolles à 5 pétales plus longs que le calice, finement déchiquetés.

Fruit rond de la grosseur d'une cerise ou allongé en amande, recouvert d'une pulpe d'un beau bleu, noyau très-dur, rugueux, une ou deux graines.

Commun.

Bois léger recherché pour pirogues légères.

Chlaenacées.

89. — *Hugonia penicillanthemum* (H. Baillon).

Arbrisseau en touffes de quelques jets droits, raides, peu rameux. Écorce blanchâtre, ramules anguleux.

Feuilles alternes, longuement lancéolées de 3 centimètres sur 12 à 15, atténuées en un très-court pétiole, légèrement ondulées avec quelques dents ponctiformes, fermes, luisantes en dessus ; coriaces, cassantes, nervures irréguliérement pennées, réticulées, saillantes des deux côtés.

Grappes courtes, solitaires, ou deux ou trois ensemble sur les rameaux nus.

Fleurs jaunes, de la grosseur d'un pois, fleurissant en janvier et juillet.

Fruit aplati, rond, de la grosseur d'une petite nèfle, d'un jaune terne, pulpe fade, renfermant 5 petits noyaux comprimés à dos arqué, sillonnés et dentelés, amande verte.

Sols ferrugineux, arides et découverts.

Ternstrœmiacées.

90. — *Microsemma salicifolia* (Labillardière).

Arbrisseau de 6 mètres, tronc court, diamètre 30 centimètres, cime large, arrondie.

Ecorce rugueuse, fendillée longitudinalement et transversalement.

Rameaux cylindriques, noirâtres, anguleux ; veloutés fauves, ainsi que le pétiole, la nervure médiane, les pédoncules et le calice.

Feuilles alternes, sur deux rangs (distiques) brièvement pétiolées, elliptiques, 4 centimètres sur 8 et 9, légèrement ondulées ou à marges roulées, d'un vert pâle, épaisses ; nervures pennées, la médiane légèrement infléchie au sommet, veinules anastomosées, toutes saillantes en dessous.

Fleurs solitaires axillaires, ou en courts capitules vers le sommet des rameaux, jaunâtres ; calice à cinq divisions lancéolées, persistantes, garni au fond d'une couronne de soies blanchâtres et de dix pétales très-petits et très-étroits, étamines 25 à 30, filets cylindriques, anthères globuleuses ; orangées, ovaire supère, globuleux, soyeux, à 10 loges uniovulées.

Fruit sec de la grosseur d'une cerise, comprimé et à côtes, soyeux, s'ouvrant en 10 valves.

Vient çà et là, dans les forêts, de préférence dans les sols ferrugineux.

Clusiacées.

Les *clusiacées* sont très-abondantes en Nouvelle-Calédonie, elles comprennent des arbres à feuilles opposées, luisantes, dont le bois est plus ou moins gorgé d'un suc jaune ; les fleurs sont disposées en corymbes assez grands.

91. — *Montrouziera sphericflora* (Pancher). — Houp (nom indigène).

Arbre atteignant 30 à 35 mètres, diamètre 80 centimètres et plus, écorce, feuilles et embryon, pleins de goutelettes d'un suc jaune.

Écorce rougeâtre à l'extérieur, d'un beau jaune à l'intérieur, un peu fendillée, fibreuse, mince, 4 millimètres.

Cime arrondie, ramules tétragones.

Feuilles opposées, brièvement pédicellées, spatulées, oblongues, 5 centimètres sur 12, épaisses, penninerviées, nervures fines, nombreuses, parallèles : nervure médiane très-prononcée.

Fleurs terminales ou venant sur de petites protubérances des branches ou des rameaux, brièvement pédonculées, globuleuses, de la grosseur d'une petite pomme, 15 millimètres, d'un blanc plus ou moins violacé ou vineux.

Fruit globuleux ou en fuseau, plus gros que la fleur, 20 millimètres, indéhiscent, demi charnu, à 5 loges contenant chacune plusieurs graine dans un liquide albumineux.

Graines cylindrico-obtuses, test parcheminé, gris strié de fauve ; amande charnue, suc jaune.

Abondant dans les sols ferrugineux, prenant toutes les grandeurs, selon la nature du sol ; réduit, dans les terrains arides, à l'état de buisson fleurissant à une hauteur de 50 centimètres.

Aubier épais, jaune citrin, avec fibres infiltrées de rouge.
Bois jaune rougeâtre, à veines apparentes.
Bois dur, nerveux, grain fin, très-bon.
Se travaille très-bien.
Se conserve très-bien.
Bon à tous les travaux, très-recherché par les indigènes ; a été employé pour la confection des boiseries de la mission de Saint-Louis.
Très-beau étant verni, fond jaune citrin, avec veines droites et rouges, éparses dans l'aubier, serrées et se substituant à la teinte du fond, vers le cœur.
Densité : maximum 0,917, minimum 0,857,
            moyenne 0,889.
La charpente de l'église de la mission de Saint-Louis, a été construite entièrement avec ce bois.

92. — *Montrouziera robusta* (Vieillard).

Arbre de 10 mètres, tronc court de 30 centimètres de diamètre.

Cime diffuse, cendrée, branches horizontales et même un peu inclinées vers le sol.

Rameaux gros, écorce cendrée.

Feuilles alternes, rapprochées au sommet des rameaux, obovales, 7 centimètres sur 16, atténuées à la base en un pétiole court, épais, comprimé ; limbe à marges irrégulières, légèrement ondulées ou roulées, portant quelques petites dents éloignées, sous forme de petits points noirâtres ; glauques en dessous, épaisses ; pennées, nervure médiane ponctiforme au sommet, veinules réticulées peu visibles.

Fleurs presque sessiles au-dessous des feuilles, pendantes, en cloches comme une petite tulipe, longueur et largeur 4 centimètres, d'un jaune très-pâle. Involucre composé de trois ou quatre écailles, petites, coriaces, concaves, imbriquées avec quatre ou six écailles calicinales plus grandes, cinq pétales longs, charnus.

Etamines à filets larges, planes, de la longueur de la corolle.

Fruit sphérique de la grosseur d'une petite pomme, reposant sur le calice persistant.

Sols ferrugineux, lieux élevés.

93. — *Calophyllum inophyllum* (Linnée). — Tamanou (nom de Taïti). — Pitt (nom indigène).

Bel arbre ne venant que sur le bord de la mer, très-grand et très-gros, mais généralement tourmenté et dont le tronc se divise près du sol.

Écorce assez épaisse, fendillée en damier.

Feuilles opposées, serrées en tête, ovales-allongées, 5 centimètres sur 15, entières, luisantes, coriaces, à fines nervures parallèles, normales à la ligne médiane (écartées de 1 millimètre environ).

Fleurs blanches, en grappes opposées en croix, à odeur de tilleul.

Fruit plus gros qu'un œuf de pigeon, sphérique, recouvert d'une pulpe peu épaisse, jaunâtre, noyau ligneux, amande volumineuse, renfermant un suc jaunâtre. Noix donnant une huile très-bonne pour l'alimentation. Les amandes sont employées par les indigènes pour engourdir les poissons. — Exposées au feu, elles leur donnent une peinture noire à l'aide de laquelle ils se dessinent des tatouages sur le visage lorsqu'il se préparent au combat.

L'huile passe pour être très-bonne pour tremper les outils.

Résine jaune verdâtre, d'une odeur agréable, qu'il y aurait intérêt à étudier

Aubier peu épais, un peu pâle dans les jeunes arbres ; bois rosé, brunissant dans les arbres plus âgés, tout à fait brun dans les racines.

Bois dur, veiné, fibreux, très-bon.

Fibres fines, en gros faisceaux ondulés, décrivant de très-longues spires s'élevant en sens contraire et par couches, concentriques. Ces fibres s'entre-croisent davantage dans cette espèce que dans le *tamanou de montagne* (nº 94), qui est moins difficile à travailler. Celui-ci est difficile surtout à raboter, il s'écaille facilement sous l'outil.

Magnifique bois d'ébénisterie, excellent pour la menuiserie, le charronnage, etc.

Très-beau étant verni, fond jaunâtre, soyeux, larges veines rouges sur le bois jeune, brunâtres sur le bois vieux et les racines.

Densité : maximum 0,988, minimum 0,905.

moyenne 0,924.

94. — *Calophyllum montanum* (Vieillard). — Tamanou de montagne. — Pio (nom indigène).

Arbre très-grand et très-droit, 15 à 20 mètres sous branches, diamètre 80 centimètres.

Assez abondant à la baie du Sud, dans les endroits élevés.

Écorce noirâtre, rugueuse, profondément crevassée, offrant partiellement de petites plaques ou exsudations d'une gomme résine hyaline, d'un jaune verdâtre. Cette résine possède une légère odeur parfumée très-fine, et mérite d'être étudiée.

Rameaux dressés, les jeunes striés, aplatis, comme tomenteux, ramules quadrangulaires.

Bourgeons pubescents.

Feuilles quaternées au sommet des rameaux, opposées, brièvement pétiolées, allongées, 4 centimètres sur 15; luisantes, à fines nervures latérales parallèles très-rapprochées, normales à la nervure médiane, canaliculées.

Fleurs en panicule terminal, blanches, petites, de la grandeur de celles du merisier, à odeur de tilleul.

Fruit de la grosseur d'une moyenne prune, violet terne, pulpe peu épaisse, enveloppe interne ligneuse ; une grosse amande. Fruit longuement pédicellé, couronné par le style persistant.

Sols ferrugineux, dans les futaies, assez abondant dans la baie du Sud, dans les endroits très-élevés.

Cette espèce ne diffère en résumé de la précédente que par une taille plus élevée, ses feuilles aussi longues, mais beaucoup plus étroites et surtout par les fruits plus petits et violets.

Aubier peu épais, moins coloré que le bois, qui est rougeâtre et veiné. Les fibres rouges, fines, apparentes, sont réunies en gros faisceaux ondulés qui décrivent de très-longues spires, s'élevant en sens contraire et par couches concentriques. Cette disposition contribue à donner au bois sa belle apparence, mais elle le rend assez difficile à travailler. Elle se retrouve à un plus haut degré dans le *tamanou ordinaire* (n° 93) dont elle rend le bois plus joli encore, mais aussi beaucoup plus difficile à mettre en œuvre.

Bois dur, très-solide, s'écaillant aisément sous le rabot, fend facilement sous le clou.

Se conserve très-bien.

Très-bon pour le charronnage (sauf l'action des clous), l'ébénisterie, la menuiserie fine, la charpente. S'emploie pour les mâts des petits bateaux côtiers.

Très-beau étant verni, aspect soyeux, veines rouges, fond un peu jaunâtre.

Densité : maximum 0,908, minimum 0,893.
  moyenne 0,904.

95. — *Garcinia collina* (Vieillard). — Faux houp. — Mou (nom indigène).

Arbre de haute futaie, diamètre 60 centimètres.

Écorce d'aspect marron, à suc jaunâtre, assez rugueuse, mince, 3 millimètres.

Cime arrondie, branches opposées, disposées en croix, ramules quadrangulaires.

Feuilles opposées, brièvement pétiolées, amplement ovales, aiguës aux deux extrémités, 4 centimètres sur 15, rougeâtres au moment de leur développement, luisantes en dessus, penninerviées, à nervures saillantes des deux côtés.

Fleurs sessiles, en faisceaux sur les rameaux, roses, de la grosseur d'un pois, à quatre pétales.

Fruit charnu, de la grosseur d'une petite prune, comestible.

Sol ferrugineux, commun.

Bois blanc léger, tendre, sans aubier.
Suc jaune, gomme d'un beau jaune, en partie soluble dans l'eau.
Se travaille bien.
Se conserve mal.
Peut s'utiliser pour l'emballage.
Bois jaune, de teinte uniforme étant verni.
Densité : maximum 0,782, minimum 0,700.
  moyenne 0,739.

96. — *Discostigma Vitiensis* (Asa Gray). — Bambaï (nom indigène).

Petit arbre.

Ramules tétragones.

Écorce à épiderme grisâtre, s'enlevant en couches minces foliacées ; intérieur jaunâtre, épaisseur moyenne, 6 millimètres.

Feuilles opposées, à peine pétiolées, largement lancéolées, 3 centimètres sur 6, blanches en dessus : nervures pennées, peu visibles, à peine saillantes en dessus, moins en dessous.

Fleurs axillaires, solitaires, brièvement pédonculées.

Fruit globuleux, de la grosseur d'une petite cerise.

Plaines des terrains ferrugineux.

Aubier jaunâtre, bois un peu rougéâtre, teinte verdâtre à la séparation. Bois assez dur. Grain assez fin,

Menuiserie.

Densité : maximum 1,035, minimum 0,993.
              moyenne 1,018.

97. — *Discostigma corymbosa* (Pancher et Sebert). — Vermouï (nom indigène).

Arbre assez grand, dioïque.

Cime arrondie, dense, d'un vert pâle.

Ramules jaunâtres, tendres ou herbacés, comprimés et non tétragones.

Écorce à épiderme blanchâtre, blanche intérieurement, lisse, épaisseur moyenne 6 millimètres.

Feuilles opposées, brièvement pétiolées, amplement ovales, 4 centimètres sur 9, lisses en dessus, coriaces, penninerviées, nervures parallèles, fines, nombreuses, saillantes des deux côtés.

Fleurs mâles, terminales, ternées, brièvement pédonculées, carnées, de la grosseur d'un pois ; étamines nombreuses, sessiles, ovaire nul.

Fleurs femelles en corymbes.

Baie globuleuse, verdâtre, de la grosseur d'une petite prune.

Quatre graines obtusément triangulaires, brunes.

Abondant dans les forêts.

Bois blanc jaunâtre, tendre, grain assez gros.

Se travaille bien, cassant.

Est vite attaqué par les vers s'il n'est pas débité de suite, ne se conserve que bien abrité.

Laissé dans son écorce il tombe en poussière.
Bon pour la grosse menuiserie.

Olacinées.

98. — *Anisomallon clusiæfollium* (H. Baillon).

Arbre forestier.
Cime dense.
Ramules anguleux.
Écorce blanchâtre à épiderme blanc, lisse, assez mince dans le
jeune âge, se développant beaucoup dans les vieux arbres.
  Feuilles alternes, éparses, pétiolées, ovales allongées, 6 centimètres
sur 15, légèrement acuminées, nervures pennées se réunissant en ar-
cades sur les bords, saillantes en dessous ; feuilles vernissées en dessus,
finement ponctuées de noir en dessous, épaisses, coriaces, nervure
médiane canaliculée.
Fleurs petites, solitaires, dans l'aisselle des feuilles.
Sols ferrugineux.

Bois blanc, mou, fibres apparentes.
Se travaille facilement.
Mauvais bois, pourrit aisément.
Peut s'utiliser pour emballage.

99. — *Lasianthera austrocaledonica* (H. Baillon).— Guvetri (nom indigène.)

Arbre assez gros.
Feuilles alternes, obovales, de 7 cent. sur 11, luisantes en dessus.
Nervures pennées, veinules réticulées, légèrement saillantes en
dessus et en dessous.
Fleurs petites, blanches, globuleuses, semblables à celles du muguet,
en petites grappes scorpioïdes ?
Sols ferrugineux.

Écorce épaisse, 15 millim., poreuse, brunâtre à l'extérieur, rougeâtre
à l'intérieur, rugueuse, fendillée.
Bois jaunâtre, assez tendre, cassant, poreux,

Méliacées.

Les *méliacées* sont assez abondantes en Nouvelle-Calédonie ; les feuilles sont composées, les filets des étamines réunis en tube, le fruit capsulaire ; le bois de ces espèces est de droit fil ; l'écorce de la plupart d'entre elles possède, quand elle est fraîche, une odeur alliacée.

100. — *Dysoxylon rufescens* (Vieillard).

Arbre de 10 mètres, cime étalée, bois odorant lorsqu'on le coupe. Rameaux gros.

Feuilles alternes, longues de 35 cent., composées de 4 paires de folioles opposées, pétiolulées, à folioles inéquilatérales, surtout à la base, ovales brièvement acuminées, luisantes en dessus, nervures pennées.

Pétiole, dessous des feuilles, pédoncule, calice et corolle couverts d'un duvet ras, cendré-fauve.

Panicules axillaires vers le sommet des rameaux, moins longs que les feuilles. Fleurs nombreuses, petites, longues de 4 millim., d'un jaune pâle, à odeur de tilleul ; ovaire anguleux à 4 loges uniovulées. Floraison en août. Fruits capsulaires, coriaces, de la grosseur d'une cerise, brunâtres, se divisant en 4 ou 5 valves ; 4-5 graines en fuseau, orangées.

Sols ferrugineux, humides.

Bois rose, pâle, recherché par les indigènes.
Se fend bien.

101. — *Xilocarpus* . . . . — Palmaó (nom indigène).

Arbre de moyenne grandeur, venant dans les endroits humides au milieu des grands arbres.

Feuilles alternes, rapprochées au sommet des rameaux, très-longuement pétiolées, obovales, de 6 cent. sur 14 ; luisantes en dessus. Nervures pennées, parallèles, peu apparentes, nervure médiane saillante en dessous.

Fleurs petites en panicules longs et lâches.
Peu abondant.

Ecorce mince, 3 millim., grisâtre à l'extérieur, peu rugueuse.
Bois gris rosé, sans aubier,
Grain fin et serré, assez dense.
Se conserve bien à l'abri.

102. — *Nemedra eleagnoïdes* (A. Jussieu).

Petit arbre dépassant rarement 4 mètres, tourmenté, rarement sain.

Cime lâche, diffuse, d'un vert cendré.

Jeunes rameaux anguleux. Pétioles, feuilles et fleurs recouverts de petites écailles ressemblant à du son.

Feuilles alternes, pétiolées, composées de 3 folioles pétiolulées, ovales, aiguës aux deux extrémités, 35 millim. sur 80. Nervures pennées, peu visibles.

Fleurs très-petites, jaunâtres, odorantes, en panicules légers, axillaires, vers le sommet des rameaux, ou terminaux, très-rameux, souvent longs de 20 à 30 cent. inclinés.

Fruit capsulaire rougeâtre, de la grosseur d'une petite prune, horizontalement comprimé.

Enveloppe coriace analogue à celle du maronnier d'Inde, moins épaisse.

Une ou deux grosses graines ; amande charnue, verte dans l'intérieur.

Bord de la mer, et coteaux voisins.

Écorce très-mince, 2 millim., grisâtre et lisse à l'extérieur, rougeâtre à l'intérieur, s'écaillant.
Aubier rougeâtre, assez épais.
Bois rouge, à veines fines agréablement nuancées.
Facile à travailler, très-bon.
Très-beau étant verni ; l'un des plus jolis bois de la Nouvelle-Calédonie, quand on peut rencontrer un arbre noueux et sain.

103. — *Trichilia quinquevalvis*. — Bois moucheté.

Arbre de 10 mètres, cime arrondie, légère, d'un beau vert.
Écorce légèrement brunâtre, crevassée, à odeur alliacée.
Rameaux à épiderme granuleux.

Feuilles alternes, composées de 2 à 4 paires de folioles opposées, ovales, aiguës aux deux extrémités, 4 cent. sur 12. Nervures pennées, parallèles, peu saillantes en dessous.

Fleurs jaunes, petites, en petits panicules axillaires vers le sommet des rameaux, lâches.

Fruit capsulaire, globuleux, de la grosseur d'une petite noix, fauve, s'ouvrant en 5 valves coriaces, sèches.

Graine noire dans une cupule rouge charnue (arille).

Coteaux et plaines dans le voisinage de la mer.

Ecorce mince, 4 millim., blanchâtre à l'intérieur, grisâtre en dehors, peu rugueuse, exhalant une odeur d'ail.

Bois blanc, jaunâtre ; grain assez fin.

Cœur rouge, se développant irrégulièrement et englobant de grandes loupes jaunes, puis finissant par envahir tout le bois, qui est alors rouge et parsemé de nombreuses loupes ovales d'environ 3 millim. sur 9. Cette formation paraît due d'ailleurs à une maladie de l'arbre, et la pourriture sèche l'envahit généralement au moment de l'apparition des loupes.

Très-joli et d'un effet très-bizarre étant verni, quand les loupes sont formées.

104. — *Xilocarpus obovatus* (A. Jussieu).

Arbre peu élevé, 4 à 5 mètres, toujours tourmenté, rarement sain.

Tronc court, profondément et irrégulièrement sillonné, de 25 à 30 cent. de diamètre, branchu, cime diffuse.

Feuilles composées de deux paires de folioles opposées, pétiolulées, ovales. Fleurs en petites grappes axillaires, jaunâtres, 5 millim. de diamètre, fleurissant en décembre et janvier.

Fruit sphérique, diamètre, 5 à 7 cent. Enveloppe épaisse, coriace, 4 à 6 graines grosses comme celles du marronnier d'Inde (*OEsculus*) anguleuses, brunâtres.

Rivages vaseux, et dans les palétuviers, Calédonie et île des Pins ; assez abondant à la baie du Sud.

Ecorce mince, 3 millim., grisâtre à l'extérieur, peu rugueuse.

Bois gris rosé, sans aubier, grain fin et serré, assez dense.

Se travaille bien et se conserve bien à l'abri.

Très-beau bois d'ébénisterie, de couleur rosée légèrement violacée. Veines fines, colorées, formant, par suite de la présence des nœuds, de fort beaux dessins.

L'un des plus jolis bois pour ouvrages de luxe.

Cedrélacées.

105. *Flindersia Fournieri* (Pancher et Sebert). — Manoué (nom indigène.)

Arbre très-grand et très-gros.

Écorce d'aspect noirâtre.

Ramules anguleux.

Feuilles alternes, composées de deux paires de folioles opposées, très-brièvement pétiolulées, obovales allongées, 4 cent. sur 8, obtuses et légèrement échancrées au sommet, coriaces, luisantes en dessus, à nervures fines parallèles à peine visibles.

Fleurs en panicules étalés, vers le sommet des rameaux, très-petites, blanchâtres.

Capsule ovée, 2 cent. sur 4, chargée d'aspérités, de couleur marron, s'ouvrant en cinq parties.

Graines ovales, aplaties, ailées.

Sols ferrugineux. Hautes futaies. — Assez commun dans les forêts élevées de la baie du Sud.

Ecorce noirâtre à l'extérieur, blanchâtre à l'intérieur, grenue, finement fendillée, épaisseur moyenne, 6 millimètres.

Aubier jaunâtre, assez épais.

Bois rougeâtre, fibreux, pores allongés, grain fin, lisse.

Liant et solide, se travaille bien.

Bon pour mâture, charpente, menuiserie.

Paraît de bonne conservation.

Densité : maximum, 0,764, minimum, 0,738, moyenne, 0,751.

Sapindacées.

Les arbres de cette famille sont assez nombreux en Nouvelle-Calédonie ; ils ont des feuilles composées, des fleurs très-petites en panicules, des fruits secs coriaces, lobés, souvent soyeux à l'intérieur, les graines sont insérées dans une cupule charnue ; leur bois est de droit fil.

106. — *Schmidelia serrata* (De Candolle).
Ornitrophe panigera (Labillardière).

Petit arbre atteignant rarement 7 à 8 mètres, en touffe ou en cime diffuse.

Ecorce grisâtre.

Rameaux glanduleux, recouverts d'une pubescence fine, jaunâtre, ainsi que les pétioles et les pédoncules.

Feuilles alternes, longuement pétiolées, composées de 3 folioles ovales aigues à peine crénelées vers le sommet, les latérales brièvement pétiolulées, la médiane plus longuement.

Nervures pennées glanduleuses en dessous, à la base, à nervures secondaires pennées, dans les aisselles desquelles existent des glandes velues en dessous.

Fleurs petites, blanchâtres, en grappes simples ou peu rameuses, axillaires, au sommet des rameaux.

Fruit charnu, rouge, de un à trois lobes, de la grosseur d'une groseille, renfermant une graine ronde.

S'éloigne peu des plages.

Ecorce mince, 5 millim., épiderme grisâtre, intérieur rougeâtre, fendillée, assez rugueuse.

Aubier blanc, très-épais.

Bois rouge violet foncé, dur, dense, grain très-fin.

Assez joli étant verni, aubier d'un beau jaune, cœur d'une belle couleur marron, veiné de brun.

107. — *Cupania collina* (Pancher et Sebert).

Arbre de 6 à 7 mètres, diamètre 40 à 50 cent.

Cime irrégulière, plane, à branches obliques.

Ecorce d'aspect cendré.

Jeunes rameaux, pétioles et pédoncules couverts d'un velouté très-ras, d'un jaune fauve, devenant granuleux en vieillissant.

Feuilles alternes, composées de deux ou trois paires de folioles, pétiolulées, opposées, ovales ou elliptiques, 5 cent. sur 10, coriaces, à nervures pennées, rapprochées, à veinules réticulées, un peu saillantes.

Fleurs très-petites, 1 millim., d'un vert jaunâtre; en panicules axillaires très-larges, corymbiformes, vers le sommet des rameaux, venant en juin.

Fruit à deux ou trois lobes saillants, comprimés verticalement, brunâtre, coriace, soyeux intérieurement.

Graines elliptiques, noires, lisses, dans une cupule charnue rouge (arille complet.)

Coteaux argilo-schisteux. S'éloigne peu du rivage.

Ecorce mince, 4 millim., épiderme blanchâtre, assez lisse, intérieur rougeâtre.

Bois rougeâtre, pâle, grain fin, dur.

Bois de fente.

Assez joli étant verni, brun jaunâtre.

108. — *Cupania apetala* (Labillardière).

Arbre de 10 mètres et plus, cime diffuse, étalée.

Rameaux cylindriques, brunâtres.

Feuilles alternes, pétiolées, composées, longues de 20 à 30 centi-mètres. 5 à 10 paires de folioles, souvent terminées par une impaire, folioles pétiolulées, lancéolées, 3 cent. sur 8 à 10, souvent arquées, à limbe inéquilatéral, surtout à la base ; luisantes en dessus, minces, à nervures nombreuses, pennées.

Fleurs disposées en grappes axillaires vers le sommet des ramules solitaires ou géminées, d'abord très-serrées sous la forme de chatons veloutés fauves, puis allongées en épis d'un rouge vif par suite de l'apparition des anthères, et enfin développées en une grappe longue de 4 à 5 cent., à fleurs très-petites, rougeâtres. En mars et août.

Capsule pyriforme de la grosseur d'une cerise, brunâtre, à trois valves coriaces, épaisses, soyeuses, contenant chacune une graine trigone, soyeuse à la base, brillante, noire, à demi enfoncée dans une cupule membraneuse (arille.)

Espèce commune. Ile des Pins et Calédonie.

Une variété à rameaux veloutés fauves ; à feuilles moins inégales, crenulées, à fleurs plus pâles, vient dans les sols argileux humides. (Collection Vieillard, n° 2411. — Musée néo-calédonien n° 219.)

109. — *Cupania glauca*, — *Dimereza glauca* (Labillardière).

Arbrisseau souvent en touffes de 3 à 5 mètres, cime très-dense, d'un vert cendré.

Rameaux cylindriques, brunâtres, ramules striés, d'un brun cendré, ainsi que les pétioles.

Feuilles alternes, pétiolées, composées d'une ou deux paires de fo-lioles, opposées, sessiles, lancéolées, inéquilatérales à la base, 2 cent. sur 6 ou 8, vertes en dessus, blanchâtres en dessous, épaisses, co-riaces, penninerviées, à nervures portant à leur base chacune une glande.

Panicules axillaires vers le sommet des ramules, à quelques ramifi-cations spiciformes, fleurs petites, blanchâtres, en avril.

Capsule marron, à trois côtes saillantes, à trois loges uniovulées.

Sols ferrugineux et Nouvelle-Hollande (Edgmond-Bay.)

110. — *Cupania gracilis* (Pancher et Sebert).

Petit arbre de 5 à 7 mètres, cime dense d'un beau vert.

Rameaux et ramules grêles, brunâtres.

Feuilles alternes, pétiolées, composées, 4 à 6 paires de folioles opposées, brièvement pétiolulées, limbe à peu près équilatéral, ovale-lancéolé, 2 cent. sur 5 cent., très-vertes en dessus, ternes en dessous, minces, coriaces.

Nervures pennées, la première ou la seconde portant une glande à la base.

Fleurs blanches très-petites en panicules axillaires vers le sommet des ramules, à divisions peu nombreuses, allongés en épis ou en grappes, en juillet.

Capsule de la grandeur d'une petite cerise, à trois côtes, de couleur marron, lisse, s'ouvrant en trois valves.

Coteaux pierreux.

111. — *Cupania stipitata* (Pancher et Sebert).

Petit arbre de 6 à 8 mètres, à écorce cendrée, à cime très-dense arrondie, d'un vert pâle.

Rameaux gros, cendrés, ainsi que les pétioles.

Feuilles alternes, vers le sommet des rameaux, longues de 15 à 30 cent., composées de 5 à 7 paires de folioles, avec une impaire, presque opposées, sessiles, rapprochées et imbriquées, très-inéquilatérales, la moitié supérieure semi-ovale, 3 cent. sur 10 cent., arrondie à la base, aiguë au sommet, l'autre moitié plus étroite, luisantes en dessus, veloutées fauves en dessous, épaisses, coriaces, à nervures nombreuses.

Panicules axillaires vers le sommet des rameaux, peu divisés, à divisions spiciformes, portant des groupes de très-petites fleurs sessiles, veloutées fauves ainsi que le pédoncule. Corolle nulle, anthères noirâtres. Ovaire soyeux à 3 loges, uniovulées, à peine soudées à leur base, porté sur un court pédicule, lequel s'allonge de 4 cent. pendant le développement. Floraison en janvier.

Une, deux, rarement trois capsules, non soudées, de la grosseur d'une petite cerise, brune, coriace, s'ouvrant en deux valves, une graine dressée, sphérique.

Sols ferrugineux.

112. — *Cupania*.

Arbre de moyenne grandeur.

Feuilles alternes, petites, allongées, de 2 cent. sur 5.

Nervures pennées, réticulées, saillantes en dessous.

Fleurs petites, en grappes (semblables à celles de la vigne en fleurs.)

Ecorce blanchâtre, lisse.
Aubier très-mince.
Bois d'un jaune paille, prenant une légère teinte bleue en séchant, assez tendre, léger.
Se travaille bien.
Se tourmente peu.
Menuiserie.

Pittosporées.

113. — *Pittosporum Pancheri* (Ad. Brongniart et Gris).

Arbrisseau en touffe dense, raide, de 3 à 4 mètres, d'un vert pâle ou cendré.

Feuilles alternes, rapprochées vers le sommet des rameaux, pétiolées, ovales-allongées, 4 cent. sur 10 cent., ou ovales-arrondies, les jeunes cotonneuses, les vieilles glabres, assez épaisses, coriaces, légèrement ondulées ou roulées sur les bords, penninerviées.

Fleurs terminales en petits groupes axillaires, odorantes la nuit, pédoncule filiforme long de 2 cent., soyeux, ainsi que le calice, à 5 divisions étroites. Corolle tubuleuse, jaune, à 5 divisions réfléchies, assez semblable à celle des *bruyères* (*Erica*). Floraison en juillet.

Capsule cylindrique veloutée, longue de 20 à 25 millim., s'ouvrant en deux valves coriaces, entre lesquelles de nombreuses petites graines noires, anguleuses, sont réunies en un fuseau par une matière visqueuse violette. Les indigènes coupent les fruits transversalement et s'en servent pour se tracer des lignes d'un violet noir sur la figure.

Commun sur les rivages de la Calédonie et sur les coraux soulevés de l'Ile des Pins.

Il existe une autre espèce à fruit rond, de la grosseur de celui du marronnier (*OEsculus*) à graine et à matière visqueuse jaunâtre, à fleurs blanches, qui atteint 10 mètres de hauteur sur un diamètre de 30 à 35 centimètres. Bois blanc, à grain fin.

Célastrinées.

Les *célastrinées* ont des feuilles alternes, simples, luisantes, coriaces, des fleurs petites, en corymbes, des fruits capsulaires, coriaces, lobés ou en olive, semblables à ceux du fusain ; elles produisent d'excellents bois.

114. — *Celastrus Fournieri* (Pancher et Sebert).

Arbre de 10 mètres, diamètre 30 cent. Cime diffuse, dense, raide. Rameaux cylindriques, brunâtres, courts.

Ramules quadrangulaires.

Feuilles alternes, presque opposées vers le sommet des ramules, pétiolées-lancéolées ou ovales-arrondies, longues de 5 cent., crénelées vers le sommet, luisantes en dessus, d'un vert pâle, cassantes, penninerviées, nervures et veinules très-irrégulièrement anastomosées.

Fleurs blanches semblables à celles du sureau (*Sambucus*), en petits corymbes axillaires vers le sommet des ramules.

Capsule de la grosseur d'un pois, jaunâtre, s'ouvrant en trois valves parchemineuses, renfermant chacune une graine ovale, anguleuse, à test crustacé, noir, luisant.

Sols argilo-schisteux, coteaux boisés.

Beau et bon bois, très-dur, à grain fin.

115. — *Eleodendron arboreum* (Pancher et Sebert).

Arbre dioïque de 15 mètres, diamètre 40 cent. et plus. Cime arrondie, épaisse, d'un vert foncé.

Rameaux cylindriques, brun cendré.

Feuilles opposées, pétiolées, ovales-arrondies, 4 cent. sur 6, crénelées, luisantes en dessus, coriaces, cassantes, à nervures penninerviées.

Fleurs verdâtres plus petites que celles du sureau, en très-petits corymbes pauciflores, axillaires, sur des ramules anguleux. En juin.

Fruit de la grosseur et de la forme d'une olive, noyau très-dur recouvert d'une pulpe noire. En octobre.

Rivages et surtout bords des eaux saumâtres.

116. — *Pleurostylia* (Wight et Arnott).

Arbrisseau de 5 mètres, diamètre 15 cent. Tronc court, cime étalée, très-légère.

Rameaux cylindriques, cendrés. Ramules écartés, quadrangulaires.

Feuilles opposées, à peine pétiolées, ovales, 20 millim. sur 35, luisantes en dessus, minces, penninerviées.

Fleurs très-petites, verdâtres, réunies 6 à 8 en grappes plutôt qu'en corymbes, axillaires et terminales sur les ramules. En juin.

Fruit oblong, long de 5 millim., à une loge, renfermant une ou deux graines à test rugueux.

Coteaux pierreux peu éloignés du rivage.

Ilicinées.

117. — *Ilex Sebertii* (Pancher).

Petit arbre élancé, 10 mètres, diamètre 10 à 15 centimètres.

Cime allongée d'un vert foncé.

Ramules anguleux :

Feuilles alternes, éparses, pétiolées, ovales ou arrondies, 5 cent. sur 7, épaisses, coriaces, luisantes en dessous, penninerviées, nervurés réticulées, saillantes sur les deux faces.

Fleurs en petits corymbes, axillaires, blanches, de la grosseur d'un pois. En novembre.

Baies globuleuses noires, de la grosseur d'une petite balle, 8 millim. En juin.

Sols ferrugineux, sous les hautes futaies.

Ecorce à épiderme blanchâtre, grise intérieurement, un peu rugueuse, épaisseur moyenne, 6 millimètres.

Bois blanc, un peu jaunâtre, dense, dur.

Travail facile.

Se conserve bien, se déjette.

Menuiserie, planches.

Densité : maximum, 0,981, minimum, 0,969, moyenne, 0,975.

118. — *Phelline lucida* (Vieillard).

Touffe de 3 mètres, raide, composée de deux ou trois jets peu rameux, d'un vert foncé.

Feuilles alternes, rapprochées vers le sommet des rameaux, obovales-allongées, 3 cent. sur 10, longuement atténuées en pétiole, ondulées et grossièrement dentées vers le sommet, luisantes en dessus, ternes et lisses en dessous, coriaces, penninerviées, nervures fines nombreuses.

Grappes ou plus fréquemment ombelles de 8 à 10 fleurs très-petites, roses, sur des pédoncules axillaires vers le sommet des rameaux, un peu plus longs que les pétioles, sortant de petites touffes de soies fauves.

Fruit noir de la grosseur d'une groseille, pulpeux, renfermant de très-petites graines noires luisantes.

Sols ferrugineux, arides.

L'écorce d'une espèce voisine, le *Phelline comasa*, est employée comme purgatif par les indigènes.

Rhamnées.

119. — *Berchemia Fournieri* (Pancher et Sebert).

Arbre de 5 à 7 mètres ; diamètre 15 centimètres.

Cime allongée, diffuse, dense.

Ecorce cendrée.

Rameaux faibles, cendrés, granuleux, glabres et brunâtres dans la jeunesse.

Feuilles alternes, moyennes, ou plutôt petites, pétiolées, lancéolées, 2 cent. sur 4, crénelées, fragiles ; nervures pennées, saillantes en dessous, veinules anastomosées.

Fleurs très-petites, d'un vert jaunâtre, en faisceaux axillaires de 2 à 6 dans toute la longueur des jeunes rameaux ; pédoncules uniflores, filiformes.

Floraison de décembre en février.

Fruit capsulaire, obovale, marron, à 2 loges.

Commun sur les coteaux pierreux.

Ecorce assez épaisse, 7 millim., épiderme blanc, rougeâtre à l'intérieur, très-rugueuse.

Aubier jaune, peu épais, dans les vieux arbres.

Bois rouge, veiné.

Grain fin, bois très-dur.

Joli étant verni.

120. — *Alphitonia sizyphoïdes* (Reissek).
Pomaderis sizyphoïdes (Hooker).

Arbre moyen de 8 à 10 mètres, diamètre 40 centimètres.

Cime large, plane. Ramules anguleux, veloutés, blanchâtres ou fauves.

Feuilles alternes, pétiolées, ovales, 3 cent. sur 8, entières, coriaces, luisantes et vertes en dessus, fauves ou blanchâtres et veloutées en dessous, nervures canaliculées.

Fleurs nombreuses, en corymbes, petites, carnées, odorantes.

Fruit rond, noir, de la grosseur d'une petite cerise, pulpe spongieuse, enveloppant deux ou trois noyaux très-durs renfermant une petite graine brunâtre, luisante.

Arbre commun à Taïti et dans l'Océanie.

Ecorce d'un gris rougeâtre, lisse, mince, 3 millim., à feuillets serrés.
Bois dur, grisâtre, violacé.
Fibres droites, pores allongés, serrés.
Bois vert exhalant l'odeur balsamique du peuplier d'Europe.
Bois liant, solide, d'un travail facile.
Se conserve très-bien.
Joli étant verni, rougeâtre, imitant l'acajou pâle, avec un reflet jaunâtre.
Bon pour la menuiserie fine et l'ébénisterie.
Densité : maximum 0,850, minimum 0,829, moyenne 0,843.

Euphorbiacées.

121. — *Euphorbia Cleopatra* (H. Baillon).

Arbre très-grand et assez gros, souvent creux en vieillissant.

Ecorce d'aspect rougeâtre, laiteuse.

Cime arrondie, dense.

Feuilles alternes, pétiolées, oblongues ou obovales, 6 cent. sur 18, obtuses au sommet, cunéiformes à la base, légèrement ondulées sur les bords, lisses en dessus, à nervures fines, régulières, presque normales à la nervure médiane, et écartées de 4 millim. environ.

Fleurs en panicules ombellés, terminaux, réunies en capitules, dans une enveloppe composée de 5 à 6 folioles blanches, cimes contournées en hélice.

Capsule formant trois coques, trois graines elliptiques de la grosseur et de la couleur des grains de chenevis.

Assez rare dans les sols ferrugineux.

Ecorce blanchâtre, à épiderme roux, assez épaisse.
Très-laiteuse.
Bois gris verdâtre, veiné de noir, léger, cœur noirâtre, veines jolies, imitant le noyer.
Se travaille très-facilement.
Se conserve bien.
Très-joli étant verni, imite le noyer.
Densité : maximum 0,640, minimum 0,595, moyenne 0,614.

122. — *Claoxylon brachybotryum* (Muller).

Arbrisseau dioïque de 3 mètres, cime allongée, dense.

Feuilles alternes, pétiolées, lancéolées ou ovales-lancéolées, 3 cent. sur 8, ondulées, d'un vert foncé.

Epis axillaires vers le sommet des ramules, de la longueur des pétioles, fleurs très-petites, veloutées, fauves. Juin.

Capsule à trois coques, de la grosseur d'un pois, jaunâtre, graine ronde rougeâtre.

Très-commun sur le bord des lacs.

Bois cassant.

123. — *Aleurites triloba* (Forster). — Bancoulier. — Noyer de Bancoul.

Arbre de première grandeur, venant assez gros.

Larges feuilles alternes, les inférieures à 5 lobes, vertes ; les supérieures ou florales à 3 lobes, blanches, atteignent 17 cent. sur 18, à nervures palmées saillantes.

Fleurs moyennes, blanches, en corymbe étalé.

Noix de la grosseur des noix d'Europe, légèrement comprimées, à deux coques très-dures, lisses.

Amande d'un goût agréable rappelant celui de la noix d'Europe, mais purgative. Cette noix donne une huile difficile à extraire, employée en peinture, elle se soulève en cloches ; brûlée, elle sert aux indigènes pour se barbouiller de noir.

Arbre très-commun, surtout dans les terrains humides.

Bois blanc, mou, léger, de mauvaise qualité.

Ne se conserve pas, excepté, dit-on, quand il a été immergé dans l'eau de mer ; il serait alors d'un bon emploi.

Densité : maximum 0,449, minimum, 0,436, moyenne 0,445.

124. — *Fontainea Pancheri* (Heckel).

Petit arbre dioïque de 4 à 5 mètres.

Cime dense, d'un beau vert.

Ecorce cendrée.

Feuilles le plus souvent alternes, ou opposées ou subverticillées, à l'extrémité de courts rameaux, pétiolées, obovales ou elliptiques allongées, variant en longueur de 5 à 12 centimètres ; nervures secondaires pennées, nombreuses.

Fleurs blanches de moyenne grandeur, odorantes, en petites grappes axillaires ou terminales ; calices et corolles légèrement cotonneux, semblables dans les fleurs des deux sexes. En janvier et août.

Fruit drupacé, de la grosseur d'une prune allongée, obtusément tétragone, orangé, chair peu épaisse, à saveur brûlante, poison violent.

Noyau ligneux, tétragone. Une amande ovée, charnue, donne une huile jouissant de propriétés drastiques, dangereuses, analogues à celles de l'huile de croton; cette huile est purgative à petites doses.

(Thèse de M. Heckel, docteur en médecine, Montpellier 1870.)

Coteaux argilo-schisteux, autour de Nouméa.

Ecorce assez mince, à épiderme blanchâtre, rougeâtre en dedans, rugueuse, laissant écouler, quand on la coupe, une gomme résineuse orangée.

Bois blanc, jaunâtre.

Grain assez fin.

Densité : maximum 0,974, minimum, 0,945, moyenne 0,958.

125. — *Baloghia carunculata* (H. Baillon).

Arbrisseau dioïque de 4 à 5 mètres, en touffe de deux ou trois jets chargés de courtes branches.

Rameaux grêles à écorce brunâtre, rugueuse.

Feuilles opposées, à peine pétiolées, obovales, 3 cent. sur 6, la plupart légèrement échancrées au sommet, ondulées, luisantes en dessus, coriaces, minces, penninerviées, à nervures fines.

Fleurs mâles, opposées en petits groupes sur les cicatrices laissées par les feuilles très-petites, jaunâtres, portées sur des pédicelles filiformes.

Les femelles, plus grosses, situées de même, en groupes de deux ou trois, sur des pédoncules plus gros, plus courts.

Fruit tricoque arrondi, de la grosseur d'une cerise, brunâtre, graine elliptique, de la grosseur d'une lentille, de couleur marron, luisante, entouré à la base d'un caroncule filamenteux, blanc.

Sols ferrugineux, eaux saumâtres, à l'embouchure des cours d'eau.

126. — *Hemicyclia* ( ).

Arbre dioïque de 10 mètres, diamètre 30 centimètres. Cime étroite, raide, d'un vert cendré ; branches et rameaux dressés, serrés, à écorce blanchâtre, granuleuse.

Feuilles alternes brièvement pétiolées, ovales-obtuses, 3 centimètres sur 6, minces, coriaces, finement penninerviées.

Fleurs mâles très-petites, d'un vert jaunâtre, une, deux ou trois dans les aisselles des feuilles des ramules et contemporaines, ou en groupes ou petites grappes sur des ramules avortés sur les rameaux dénudés.

Fleurs femelles, axillaires, solitaires, pédicellées, verdâtres, privées de corolle et d'étamines, stigmate sessile développé en une ouverture de cornet, d'où le nom du genre. En septembre.

Fruit de la grosseur d'une olive, pulpe rouge, noyau très-dur. En mars.

Sols argileux, coteaux boisés, Nouvelle-Calédonie et Ile des Pins.

Bon bois.

127.— *Croton insulare* (H. Baillon). Croton. Voisin du *Croton stigmatosum*.
(F. Muller).

Arbre monoïque de 5 mètres, cime légère, blanchâtre.

Branches horizontales.

Jeunes rameaux couverts ainsi que les pétioles, les feuilles et les fleurs de très-petites écailles argentées.

Feuilles alternes, opposées ou verticillées, pétiolées, ovales ou lancéolées, 15 millimètres sur 30, blanchâtres en dessous et comme chagrinées finement en dessus.

Fleurs très-petites, jaunâtres, en grappes courtes avec une ou deux fleurs femelles à la base, privées de corolles.

Fruit tricoque, de la grosseur d'un pois, obtusément trilobé, graines triangulaires, arrondies sur le dos, brunâtres, de la grosseur d'un grain de chènevis.

Coteaux pierreux peu éloignés de la mer.

On retrouve cette espèce sur les rives de la Nouvelle-Hollande, dans l'État de Queensland (Fitz-Roy River).

Écorce mince, 2 millim, à épiderme blanchâtre, grisâtre à l'intérieur, lisse.

Bois blanc.

Grain très-fin, dur.

Bon pour manches d'outils.

128. — *Bridelia stipitata* (H. Baillon).

Arbre monoïque de 10 mètres, diamètre 30 à 40 centimètres. Port étalé, raide. Branches et rameaux horizontaux, à écorce blanchâtre, granuleuse.

Ramules et dessus des jeunes feuilles couverts d'un duvet soyeux, fauve.

Feuilles alternes, sur deux rangs, distiques, brièvement pétiolées, lancéolées-aigues, 25 millimètres sur 70 ou plus, obtuses, plus ou moins ondulées, luisantes en dessus, ternes ou cendrées en dessous, coriaces, penninerviées finement.

Ressemblant un peu à celles du hêtre (*Fagus*).

Fleurs sessiles, en petits groupes écaillés, dans les aiselles des feuilles des ramules, du côté supérieur, purpurines.

De la plupart des grappes sort une fleur femelle un peu plus volumineuse supportée par un court pédoncule. Floraison en janvier.

Capsule tricoque, de la grosseur d'une merise, brunâtre. Graine luisante, caroncule mince.

Assez commun sur les côteaux. L'une des rares espèces composant à elle seule de petits massifs.

Espèce très-voisine du *Croton acronychioïdes* de F. Mueller, Nouvelle-Hollande. (Port Denison.)

Bon bois.
Fibres réunies en faisceaux décrivant de longues spires.

129. — *Phyllanthus Billardieri* (H. Baillon).

Petit arbre de 7 à 10 mètres.

Écorce d'aspect cendré.

Cime diffuse, étalée, très-rameuse.

Feuilles alternes, très-brièvement pétiolées, ovales, allongées, 3 centimètres sur 10, penninerviées.

Fleurs très-petites, en petits faisceaux sessiles, dans les aiselles des feuilles.

Capsule petite, de la grosseur d'un pois, comprimée, à 3 ou plus souvent 5 loges.

Graines petites, anguleuses.

Arbre assez commun à Taïti et dans l'Océanie, mais assez rare à la baie du Sud.

Écorce à couche épidermique blanche, s'enlevant facilement en feuillets minces ; couche inférieure noirâtre, 1 millim.

Aubier épais, rouge, à texture peu différente du bon bois.

Bois rouge, noirâtre au cœur.

Très-bon bois, facile à travailler.

Bon pour le tour.

Densité : maximum 0,759, minimum 0,752, moyenne 0,755.

Anacardiacées.

130. — *Semecarpus atra* (Vieillard et Deplanche). — Nolé (nom indigène). —
Rhus atra (Forster). — *Oncocarpus Vitiensis* (Asa Gray).

Arbre de moyenne hauteur, tronc droit, généralement peu élevé.
Écorce grise.

Cime arrondie, épaisse, branches dressées, très-rameuses, d'un
vert pâle.

Feuilles alternes, rapprochées, brièvement pétiolées, oblongues,
10 centimètres sur 25, ou obovales, fréquemment arrondies au sommet,
luisantes en dessus, blanchâtres en dessous, penninerviées.

Panicules terminaux très-rameux, couverts d'un duvet fauve ainsi
que les fleurs. Fleurs très-petites, les femelles moins nombreuses,
sur des pédicelles plus courts.

Fruit assez gros, en forme de rognon, dont la base est enfoncée dans
une cupule comprimée, pourpre ou blanche, comestible, ainsi que l'a-
mande crue ou grillée. Maturité de janvier en mars.

La coquille renferme des gouttelettes d'une huile très-caustique
comme celle de la noix d'acajou ou de cajou. Les indigènes recherchent le fruit ; écrasé dans l'eau il donne une boisson analogue au
cidre.

Commun dans tous les sols.

Écorce grisâtre, subéreuse, imprégnée d'un suc blanc laiteux, qui noircit
à l'air et se transforme en une laque noire brillante, qui est un poison
connu des indigènes et donne avec l'eau une belle teinture noire.

Le suc de cet arbre, quand on l'exploite, donne à quelques tempéraments,
qui sont heureusement en petit nombre, des éruptions cutanées assez difficiles à guérir, le remède le plus simple est une couche de poussier de char-
bon qui fait détacher la croute du douzième au quinzième jour.

Bois mou et poreux, très-léger, assez difficile à travailler, mais se creusant
facilement et recherché pour les pirogues.

Les troncs secs de cet arbre renferment les larves du *Mallodon costatus*
que mangent les indigènes.

131. — *Semecarpus* ( ). — Baïba (nom indigène).

Arbre de haute taille, assez gros.

Feuilles alternes, ovales, 5 centimètres sur 12, luisantes en dessus,
penninerviées, nervures peu visibles, finement saillantes en dessous.

Fleurs très-petites, en petits panicules terminaux ou dans les aiselles des feuilles supérieures.

Fruits réunis deux à deux, moins gros qu'une noisette, 5 millimètres sur 10, réniformes, reposant dans une cupule charnue noire, recherchés par les oiseaux.

Sols ferrugineux.

Écorce grise se développant considérablement dans les vieux arbres, 25 millim.

Bois gris, assez dur, cassant.

Se tourmente beaucoup, se conserve assez bien à l'air et bien dans l'eau.

Densité : maximum 0,795, minimum 0,736, moyenne 0,771.

Burséracées.

132. — *Canarium oleiferum* (H. Baillon).

Arbre très-grand, venant sur les plateaux élevés de la baie du Sud.

Feuilles alternes, longuement pétiolées, composées de 3 folioles pétiolulées, largement ovales, 5 centimètres sur 9, ondulées, supérieurement nitides, inférieurement blanchâtres, coriaces, penninerviées, veinules anastomosées, saillantes en dessous.

Fleurs en épis lâches, axillaires.

Fruit ové, de la grosseur d'une amande, 25 millimètres sur 40, coquille ligneuse, lisse.

Amande molle.

Écorce rougeâtre à l'intérieur, épiderme blanc, s'écaillant, assez lisse, odorante, mince.

Bois blanc, léger.

Difficile à travailler.

Très-mauvais, se pourrit rapidement malgré tous les soins ; attaqué par les vers.

Simarabacées (Ad. Brongniart).
Polygalées (De Candolle).

133. — *Soulamea tomentosa* (Brongniart et Gris).

Petit arbre de 3 à 4 mètres, à cime diffuse, très-lâche.

Rameaux cylindriques, gros, moux.

Ramules soyeux, fauves ainsi que les feuilles et les pédoncules.

Feuilles alternes, pétiolées, rapprochées vers le sommet des rameaux, longues de 25 centimètres, imparipennées, à 4 paires de folioles opposées, sessiles, la terminale pétiolulée, folioles elliptiques, 2 centimètres sur 7, plutôt ondulées que finement dentées, penninerviées.

Long épis axillaire, vers le sommet, irrégulier, de la longueur des feuilles. Fleurs très-petites, noirâtres, en septembre. Fruit membraneux, aplati comme celui de l'orme, échancré au sommet renfermant deux graines.

Assez fréquent dans tous les sols.

Zanthoxylées.

134. — *Phelline* ( ).

. Petit arbre.

Peu abondant dans la baie du Sud.

Écorce d'aspect cendré.

Cime lâche, ramules et pétioles grumeleux.

Feuilles alternes, paripennées, longues, à folioles opposées, pétiolulées, ovales, lancéolées, 4 centimètres sur 12, nervure médiane arquée, divisant la feuille en deux parties inégales, ondulées sur les bords, luisantes en dessus, nervures saillantes en dessous.

Fleurs polygames, très-petites, carnées, disposées en panicules irrégulièrement rameux, souvent longs de 30 à 40 centimètres, pendants le long du vieux bois ou de l'extrémité des jeunes rameaux.

Fruit charnu, noir, pruineux, de la forme d'une très-petite amande aplatie.

Se trouve aussi sur le mont Cogui et à Lifou.

Écorce blanche à l'extérieur, rougeâtre à l'intérieur, rugueuse, moyenne, 6 millim.

Aubier nul.

Bois blanc, mou, mauvais.

Peut s'utiliser pour emballages.

135. — *Blackburnia pinnata* (Forster).

Arbre de 10 mètres, cime arrondie d'un vert foncé.

Écorce cendrée, fendillée horizontalement.

Feuilles alternes, au sommet des rameaux, composées de deux ou trois paires de folioles opposées, presque sessiles, très-inéquilatérales, la moitié inférieure du limbe de chacune plus ou moins développée ou avortée, l'autre moitié demi-ovale lancéolée, luisantes, coriaces, folioles atteignant 20 millimètres sur 40, nervures peu apparentes.

Fleurs extrèmement petites, polygames, d'un jaune verdâtre en petits panicules axillaires au sommet des rameaux. Mars-avril.

Fruit capsulaire, semi-bivalve, coriace, chagriné, moins gros qu'un pois.

Une graine noire, luisante, dure.

Sols argilo-schisteux.

Commun dans le voisinage de Nouméa.

Écorce mince, 3 millim,, épiderme blanchâtre, brune à l'intérieur, assez lisse, grenue.

Bois à odeur de réglisse.

Aubier jaunâtre, assez mince dans les vieux arbres, très-épais dans le jeunes.

Bois brun jaunâtre, grain fin, dur.

Assez joli étant verni, jaune rougeâtre au cœur.

136. — *Acronychia Baueri* (Schott).

Arbre de 10 mètres, diamètre 30 centimètres, cime arrondie, légère, d'un vert pâle.

Rameaux cylindriques, brunâtres, granuleux, jeunes ramules tétragones, blanchâtres.

Feuilles opposées, pétiolées; limbe ovale, 3 centimètres sur 7, légèrement échancré au sommet, ondulé, luisant en dessus, mince , coriace ; nervures fines, pennées, anastomosées, saillantes des deux côtés.

Petites grappes spiciformes, axillaires, vers le sommet des ramules un peu plus longues que les pétioles, fleurs petites d'un jaune terne, à odeur de miel. En septembre.

Fruit sec, de la grosseur d'un grain de raisin, quadrangulaire, quadrilobé au sommet, gousse à 4 loges renfermant chacune une ou deux petites graines anguleuses, rugueuses, noires, test très-dur.

Sols argilo-schisteux, coteaux boisés.

Cette espèce existe aussi dans la Nouvelle-Hollande.

Bon bois, jaune.

Diosmées.

137. — *Dendrosma Deplanches* (Pancher et Sébert).

Arbre de 5 mètres, diamètre 20 centimètres, cime arrondie, dense, d'un vert foncé.

Rameaux cylindriques, ramules anguleux, blanchâtres.

Feuilles alternes, nombreuses, rapprochées, assez semblables à celles du buis (*Buxus*), brièvement pétiolées, ovales, 2 centimètres sur 4, obtuses au sommet, luisantes, coriaces, penninerviées, nervures peu apparentes.

Fleurs le long des rameaux dénudés, et dans les aiselles des feuilles des ramules, disposées en grappes corymbiformes de 4 à 5 très-petites fleurs blanches, très-odorantes. En mai.

Calice obtusément quinquécrenulé. Corolle hypogyne à cinq pétales ovales, lancéolés, dressés, infléchis, préfloraison valvaire, étamines au nombre de 5, insérées sous un disque, incluses ; anthères biloculaires, cordiformes ; déhiscence longitudinale, introrse. Disque cupuliforme, obtusément 5-crenulé. Cinq ovaires (*carpelles*), uniloculaires, 2 ovules collatéraux insérés sur le milieu de la suture interne, 5 styles courts, stigmates plans, sillonnés, autant de capsules sèches, coriaces, s'ouvrant par la suture interne, monosperne, graine ronde, noire, luisante, test osseux, épais. Embryon....

Sols argilo-schisteux, côteaux pierreux.

Les feuilles et le tronc coupés exhalent une odeur très-agréable.

Bon bois.

138. — *Geijera salicifolia* (Schott).

Arbre de 10 mètres, diamètre 30 centimètres, cime dense, étalée.

Feuilles alternes, sur deux rangs (distiques), pétiolées, lancéolées, 3 centimètres sur 7, luisantes en dessus, penninerviées, nervures fines.

Fleurs en panicules terminaux, blanchâtres, semblables à celles du troène (*Ligustrum*). Juin.

Fruit composé de 4-5 petites loges, libres à leur sommet.

Arbre d'ornement, sur les coraux soulevés de l'île des Pins et sur la côte orientale de la Nouvelle-Hollande. (Port Denison, Rockampton.)

Bon bois.

Combretacées.

139. — *Terminalia*. (   ).

Le genre *terminalia* représenté en Nouvelle-Calédonie par trois espèces, est caractérisé par des ramules au sommet desquelles sont placées des feuilles alternes très-rapprochées, grandes, obcordiformes, subsessiles, des aisselles de ces feuilles sortent des grappes allongées de très-petites fleurs auxquelles succèdent des fruits en forme d'amande, composés d'une pulpe plus ou moins richement colorée, d'un noyau très-dur et d'une amande comestible plus ou moins recherchée par les

indigènes, selon son volume. Deux espèces forment des arbres qui acquiè-
rent de 30 à 40 centimètres de diamètre. Une troisième plus abondante
s'élevant peu, est assez abondante sur les bords de la mer. Elle est
facile à reconnaître à son fruit en fuseau, de la grosseur d'une olive,
d'un rouge vif carmin.

Bois excellent. Recherché par les ouvriers européens pour dents d'engrenage.

140. — *Lumnitzera edulis* (Blume).

Arbrisseau de 8 à 10 mètres, en gaules très-droites, diamètre
10 centimètres, à cime conique, venant dans les eaux saumâtres
stagnantes de 20 à 50 centimètres de profondeur, ou arbuste difforme
étalé aux embouchures des rivières dans les parties qui ne sont pas
constamment submergées.

Feuilles ovales, spatulées, 15 millimètres sur 75, longuement atténuées à la base, à peine pétiolées, épaisses, cassantes, à veines
pennées, à angle très-aigu, à peine visibles et seulement en dessus,
d'un vert pâle.

Grappes terminales, courtes, blanches, pédoncule comprimé s'élargissant au sommet, ovaire anguleux, couronné par le calice et la corolle. En novembre.

Fruit charnu, coriace, comprimé, contenant deux très-petites
graines.

Plages argilo-schisteuses.

Bois brunâtre très-dur.

Sert à faire des pieux de clôture d'une longue durée.

Le *Lumnitzera racemosa* (Willdenow) a les fleurs plus grandes,
rouges. Il fleurit à la même époque et vient dans les sols ferrugineux
à l'embouchure des cours d'eau.

Rhizophorées.

141. — *Bruguiera Rhumphii* (Blume). — Grand palétuvier ou palétuvier sans racines aériennes.

Arbre de moyenne grandeur, 10 mètres, diamètre 40 centimètres,
cime arrondie, très-dense, d'un vert foncé.

Feuilles alternes, pétiolées, rapprochées vers le sommet, ovales,

4 centimètres sur 9, lisses, penninerviées, stipulées, allongées, aiguës, caduques.

Fleurs composées d'un calice conique, bardé de 10 à 12 longues dents, corolle nulle.

Fruit simple. Une seule graîne germant sur l'arbre, et formant un long turion que les indigènes mangent dans les cas de disette, après l'avoir fait macérer.

Lieux vaseux des bords de la mer et eaux saumâtres.

Écorce rougeâtre en dedans, épiderme noirâtre, rugueuse, fendillée, tourmentée, assez épaisse, très-riche en tannin.

Aubier jaune rougeâtre.

Bois rouge, veiné, maillé.

Bois d'ébénisterie.

Très-beau étant verni, quand il est vieux.

142. — *Rhizophora mucronata* (Lamarck).

Palétuvier atteignant 6 mètres, facile à reconnaître par ses racines nombreuses sortant du tronc, au-dessus du niveau de l'eau et simulant des candélabres renversés.

Fleurs petites, corolle à quatre pétales blancs, velus intérieurement.

Graines germant sur l'arbre et allongeant un pivot souvent long de 15 à 20 centimètres avant sa chute.

Écorce plus riche en tannin que celle du Bruguiera.

Cet arbre forme des massifs impénétrables plus ou moins étendus, aux embouchures vaseuses des cours d'eau et dans les anses également vaseuses ; il rompt les lames, assainit les vases et protége l'accumulation des terres d'alluvion. Son écorce est exploitée en Nouvelle-Calédonie pour le tannin.

Bois analogue au précédent, et plus fin.

Lythrariées.

143. — *Pemphis acidula* (Forster).

Buisson diffus, dense, d'un vert clair, tronc de 1 mètre et plus, diamètre 8 centimètres à peine.

Rameaux cylindriques, ramules jeunes tétragones, blanchâtres.

Feuilles opposées en croix, à peine pétiolées, ovales, 5 millimètres sur 20, acides, nervures non apparentes.

Fleurs solitaires, dans les aisselles des feuilles, pédonculées, calice tubuleux, strié, couronné par 12 très-petites dents, 6 pétales insérés sur le sommet du calice, unguiculés, lancéolés, chiffonnés, blancs. 12 étamines. Fleurit toute l'année.

Fruit sec.

Bords de la mer.

Bois brunâtre, très-dur.
Tabletterie.

Myrtacées.

Les *Myrtacées* sont caractérisées par des feuilles simples, alternes ou opposées, par des fleurs généralement belles, en corymbes, à étamines nombreuses, assez semblables à celles des pruniers et des pommiers ; la plupart des espèces donnent de beaux et bons bois. Les casse-têtes des indigènes et les autres objets de ce genre qu'ils possèdent sont généralement faits avec des bois de cette famille qui abondent dans tous les sols et à toutes les altitudes. Nous n'en signalons que quelques essences.

144.—*Tristaniopsis capitellata* (A. Brongniart et Gris).—Nouépou (nom indigène).

Petit arbre, en touffes diffuses, denses, d'un vert foncé.

Rameaux anguleux couverts dans leur jeunesse d'un velouté cendré très-ras.

Feuilles alternes, pétiolées, oblongues, obovales, 4 centimètres sur 7, à pétiole court, ondulées, épaisses, coriaces, d'un vert foncé, luisantes en dessus.

Fleurs petites (3 millimètres), blanches; en capitules simples ou rameux, plus ou moins longuement pédonculés dans l'aisselle des feuilles supérieures.

Fruit, capsule coriace, de la grosseur d'un pois s'ouvrant en trois valves.

Graines très-petites.

Sols ferrugineux.

Écorce moyenne, 6 millim., rougeâtre à l'intérieur, couche extérieure blanchâtre, fibreuse, fendillée, assez rugueuse.
Bois rouge-violacé foncé, grain très-fin.
Aubier assez mince plus pâle.
Bon pour ouvrages de tour.
Joli étant verni, rouge foncé violacé surtout au cœur.

145. — *Tristaniopsis Guillaini* (Vieillard).

Petit arbre, diamètre 15 à 20 centimètres.

Cime arrondie, dense, d'un vert jaunâtre.

Ramules anguleux, recouverts d'une villosité soyeuse, fauve, ainsi que le dessous des jeunes feuilles, les pédoncules et le calice.

Feuilles alternes, éparses, rapprochées vers le sommet, pétiolées, largement lancéolées, 3 centimètres sur 7, luisantes en dessus, épaisses, cassantes, penninerviées, nervures assez régulièrement parallèles, fines, plus saillantes en dessus qu'en dessous.

Fleurs jaunes en corymbes terminaux, étamines inégales réunies en faisceaux.

Capsule arrondie dans le calice persistant, s'ouvrant en 3 valves.

Graines nombreuses, fines comme de la sciure, plates, rangées autour d'un axe central.

Sols ferrugineux. Venant sur les hauteurs, en mauvais terrain

Écorce à épiderme grisâtre, couche extérieure rougeâtre, fibreuse, rugueuse, fissurée, couche intérieure rougeâtre moins foncée, mince, 2 millim. épaisseur totale 12 millim.

Aubier rougeâtre, assez épais.

Bois rouge, très-dur, nerveux, grain fin.

Ouvrages de tour.

Joli étant verni, surtout le cœur.

146. — *Melaleuca viridiflora* (Gœrtner). — Niaouli.

Arbre atteignant 15 mètres, droit dans les terrains humides, noueux et contourné dans les terrains secs exposés aux incendies et aux vents.

Cime diffuse, d'un vert sombre, à l'aspect cendré rappelant celui de l'olivier.

Écorce blanche, épaisse, écailleuse, reconnaissable de loin.

Feuilles alternes, étroitement lancéolées, atténuées en un court pétiole à la base, 2 centimètres sur 8, sèches, coriaces, à nervures parallèles, à limbe vertical et non horizontal, odorantes et donnant par la distillation une essence ayant les qualités de celle de cajeput.

Fleurs d'un jaune paille, en épis denses, terminaux, étamines saillantes très-nombreuses. En janvier et en juin.

Fruits capsulaires, sessiles, rapprochés en grand nombre sur les rameaux dénudés, de la grosseur d'un pois, tronqués au sommet par où ils s'ouvrent.

Graines très-légères et très-fines.

Arbre très-abondant, constituant l'essence dominante de la Nouvelle-Calédonie, se multiplie abondamment par les graines.

Écorce épaisse formée d'une quantité de couches très-minces que l'on peut séparer aisément, pouvant servir à couvrir et à tapisser des cases, à faire des torches, etc.

Bois blanc, dense, de bonne qualité, imitant celui du poirier, mais souvent peu utilisable parce que les arbres sont très-tourmentés par le vent et surtout par suite des incendies allumés par les indigènes.

Très-bon pour le charronnage, les moyeux, les blocs d'enclume, établis, etc., pouvant donner des courbes pour la marine.

Densité : maximum 0,708, minimum 0,658, moyenne 0,684.

147. — *Spermolepis gummifera* (A. Brongniart et Gris). — Chêne-gomme.

Arbre très-grand et très-gros, atteignant deux mètres de diamètre. Écorce d'aspect rougeâtre.

Cime arrondie, très-large. Ramules tétragones.

Feuilles opposées, pétiolées, amples, plutôt rondes qu'ovales, 10 cent. sur 13, entières, luisantes en dessus, finement ponctuées en dessous, épaisses, coriaces, penninerviées, fleurs ternées, sessiles.

Pédoncules axillaires au sommet des rameaux, long de 5 cent., aplatis, portant de une à trois fleurs sessiles, blanches, de la grosseur d'un gland, 10 millim., étamines nombreuses, floraison de novembre à janvier.

Capsule cupuliforme, à paroi épaisse, s'ouvrant au sommet et laissant échapper une ou deux graines semblables à des grains de poivre, dures, brunâtres.

C'est une des espèces trop peu nombreuses de cette famille qui croissent en grands massifs ; elle vient dans les sols ferrugineux de la partie S.-E. de la Nouvelle-Calédonie.

L'exploitation complète et simultanée de grands espaces couverts de cette essence a l'inconvénient d'exposer les jets des tiges coupées aux vents violents qui les brisent lorsqu'ils atteignent la hauteur d'un mètre environ.

Écorce rougeâtre, filamenteuse, épaisse, s'enlevant facilement par incision en grandes plaques, sur toute la circonférence de l'arbre, et formant ainsi de grands panneaux, excellents pour la construction de cases et de toitures.

Exsudation partielle plus ou moins abondante d'une gomme noirâtre, cassante ; à étudier.

Bois dur, solide, fibreux, rougeâtre.

On trouve souvent, surtout dans les vieux arbres, des roulures ou fissures concentriques dans lesquelles s'infiltre la résine, puis qui deviennent le siége de pourriture sèche et s'opposent au débit du bois en planches. Ces roulures paraissent dues aux atteintes du feu lors des incendies périodiques allumés par les indigènes, car on les trouve principalement sur les arbres de la lisière des forêts ; toutefois cette remarque mérite confirmation.

Bois se travaillant bien.

Incorruptible à l'eau.

Bon bois de charpente et de membrure ; bon bois de menuiserie quand il est sec.

Assez joli étant verni, d'un jaune rougeâtre.

Densité : maximum, 1,120 ; minimum, 0,856 ; moyenne, 0,991.

148. — *Xanthostemum rubrum* (A. Brongniart et Gris). — Monpou (nom indigène).

Arbre assez grand.

Cime arrondie, dense.

Feuilles alternes, rapprochées au sommet des rameaux, entières, obovales, 35 millim. sur 80, légèrement échancrées, glauques en dessous, nervures pennées, à peine apparentes.

Fleurs axillaires au sommet des rameaux, pédonculées, solitaires ou géminées, grandes, rouges ; pétales élégamment disposés en coupe, étamines nombreuses. En juin.

Capsule coriace, de la grosseur d'une petite prune, s'ouvrant en quatre ou cinq valves. Graines nombreuses, très-fines, aplaties, jaunâtres.

Sols ferrugineux.

L'un des bois les plus durs du pays et d'une très-longue durée d'après les indigènes.

On rencontre dans les mêmes sols le *Xanthostemum pubescens* à ramules et jeunes feuilles pubescentes, à fleurs jaunes plus ouvertes, moins élégantes, arbre plus grand dans ses proportions.

Écorce veinée, 5 millim., rougeâtre à l'intérieur ; couche épidermique grisâtre, rugueuse, très-fendillée.

Aubier blanc, un peu rougeâtre, assez épais.

Bois rougeâtre, très-dur.

Bois fibreux, flexible, pores allongés.

Bon pour charronnage.

Assez joli étant verni, brun jaunâtre, pores allongés noirâtres.

149. — *Xanthostemum Pancheri* (Brongniart et Gris).

Petit arbre d'un faible diamètre, atteignant douze à quinze mètres dans les futaies, semblable par le port et les feuilles au *Pleurocalyptus Deplanchei* (n° 150).

Cime dense.

Feuilles alternes, rapprochées au sommet des rameaux, brièvement pétiolées, oblongues, 4 cent. sur 14, cunéiformes à la base, légèrement bullées, très-finement ponctuées de noir sur les deux faces, aiguës au sommet, cendrées en dessous, penninerviées, nervures réticulées, saillantes en dessous.

Fleurs jaunes, axillaires, simulant des petits corymbes terminaux entre les feuilles naissantes, au sommet des ramules.

Pédoncules et calices veloutés, fauves, capsules coriaces, s'ouvrant en trois ou cinq valves, graines petites.

Sols ferrugineux.

Écorce à épiderme blanchâtre, rougeâtre à l'intérieur, peu rugueuse, mince, 5 millim.

Bois rouge noirâtre, grain fin, très dur.

Bon pour ouvrages de tour.

150. — *Pleurocalyptus Deplanchei* (A. Brongniart et Gris).

Arbre très-élevé, élancé, souvent percé au cœur, du haut en bas.

Ecorce d'aspect cendré.

Cime arrondie, dense.

Ramules jeunes, et dessous des feuilles couverts, ainsi que le calice, d'un duvet ras, soyeux, fauve.

Feuilles alternes, pétiolées, amplement ovales, 7 cent. sur 15, arrondies, mais munies d'une petite pointe au sommet, bullées ou cloquées, coriaces, chargées en dessous de points noirâtres, penninerviées.

Pédoncules axillaires vers le sommet des ramules, terminés par deux à trois fleurs sessiles, globuleuses, jaunes, remarquables par la section transversale du calice, qui se renverse de côté, et persiste pendant longtemps.

Capsule globuleuse, à cinq loges, diamètre 2 cent., à laquelle le calice persistant forme une cupule, s'ouvrant en cinq valves.

Graines petites, planes.

Sols ferrugineux.

Écorce blanchâtre, s'exfoliant, épaisseur moyenne, 8 millim.
Aubier assez épais, rougeâtre.
Bois à fond rouge, veiné de noir.
Bois très-dur, dense, se tranchant bien.
Bon pour les ouvrages de tour.
Beau étant verni, surtout le cœur.
Densité : maximum, 1,192 ; minimum, 1,128 ; moyenne, 1,165.

151. — *Syzygium nitidum* (Brongniart et Gris).

Arbre forestier, acquérant un mètre et plus de diamètre.
Cime très-dense, d'un vert foncé.
Rameaux cylindriques, cendrés, ramules tétragones blanchâtres.
Feuilles opposées, pétiolées, largement elliptiques, aiguës au sommet, 35 millim. sur 70, luisantes en dessus, penninerviées, à nervures nombreuses, parallèles, très-fines, anastomosées avec les veinules.
Fleurs petites, jaune paille, pressées en larges corymbes terminaux. En juin.
Fruit en cone renversé, plus gros qu'une olive, pulpe assez épaisse d'un rouge violacé.
Une ou deux graines oblongues, charnues.
Sols ferrugineux.
Bon bois.

152. — *Syzygium Wagapense* (Vieillard). — Blon-léan.

Arbre forestier, d'un diamètre moyen.
Écorce d'aspect brunâtre.
Cime dense, prenant une belle teinte rose lors du développement des feuilles.
Feuilles opposées, brièvement pétiolées, ovales, aiguës, 3 cent. sur 10, luisantes, et finement ponctuées en dessus, coriaces, penninerviées, à nervures anastomosées.
Fleurs en panicules terminaux, à pédicelles opposées en croix, terminées par des ombellules de six fleurs subsessiles, à calice conique; long de 5 millim., à cinq dents membraneuses, arrondies, très-petites, corolle petite.
Fruit ovoïde, tronqué au sommet, d'une saveur épicée, de la grosseur d'une petite olive ; pulpe d'un rouge carmin magnifique, amande ronde, charnue.

Cet arbre est un des plus beaux ornements des massifs par la couleur de la cime, lors du développement des jeunes feuilles en octobre, et lors de la maturité des fruits en mai.

Assez commun dans toute la Calédonie et l'île des Pins.

Écorce rougeâtre, assez mince, 6 millim.
Aubier presque nul, grisâtre.
Bois, rougeâtre violacé, grenu.
Se fend beaucoup en séchant et se déjette énormément, mais ne pourrit pas. Débité en planches, il se creuse fortement au milieu.
Ce bois qui, à première vue, paraît être de bon usage, se fend tellement si on le conserve en billes, qu'il n'en reste bientôt plus de morceaux utilisables ; il y aurait lieu, pour éviter ce résultat, d'essayer l'effet de l'immersion, ou même d'essayer de refendre les billes en quatre quand elles sont encore vertes.
Assez joli étant verni, mais de teinte uniforme.
Densité : maximun, 1,190 ; minimum, 0,770 ; moyenne, 0,995.

153. — *Syzygium multipetalum* (A. Brongniart et Gris).

Arbre de moyenne hauteur, assez gros, souvent pourri sur pied.

Cime arrondie, très-dense, d'un vert foncé, ramules tétragones, vernissés, luisants.

Feuilles opposées, très-brièvement pétiolées, ovales, 35 millimètres sur 70, légèrement échancrées et infléchies au sommet, épaisses, coriaces, cassantes, vernissées en dessus, penninerviées, nervures visibles, mais peu saillantes en-dessous.

Corymbes terminaux, larges de 15 à 20 cent., fleurs en forme d'entonnoir, longues de 15 millim.; corolle à huit, dix pétales arrondis, roses. En juin et février.

Fruits en forme de poires, allongés, moins gros qu'une olive. Pulpe peu épaisse, atropourpre.

Une seule graine, ovoïde, charnue.

Venant le long des rivières.

Sols ferrugineux.

Écorce à épiderme blanchâtre, rougeâtre à l'intérieur, fendillée, fibreuse, mince, 4 millim.
Bois rouge pâle, cœur parfois teinté de vert, non maillé, grain fin, dense, dur.
Très-beau étant verni, aubier fauve, nuancé d'ondulations obliques plus foncées, cœur plus foncé, veiné de noir verdâtre.

154. — *Syzygium lateriflorum* (A. Brongniart et Gris).

Arbre de 15 mètres et plus, d'un diamètre proportionné et variable, à cime lâche, d'un beau vert.

Branches horizontales, écorce cendrée, ramules tétragones rougeâtres.

Feuilles opposées, pétiolées, ovales-elliptiques, 35 millim. sur 100, luisantes en dessus, coriaces, à nervures pennées, très-nombreuses, parallèles, très-fines.

Panicules latéraux et terminaux lâches, à pédicelles secondaires, terminés par des ombellules de six fleurs très-petites, de 2 à 3 millim., blanches. En novembre-décembre.

Fruit de la grosseur d'une groseille, pulpe rouge ou blanche, recouvrant une seule graine ronde ou deux graines comprimées charnues.

Commun dans tous les sols, bords des cours d'eau et lieux humides.

Bois jaune, léger.

155. — *Syzygium Pancheri* (A. Brongniart et Gris).

Arbre de 15 à 20 mètres, rarement beau.

Cime ample, plane, d'un beau vert.

Rameaux tétragones à écorce blanchâtre.

Feuilles opposées, brièvement pétiolées, ovales, 25 millim. sur 45, un peu allongées au sommet, d'un beau vert, lisses en dessus, ternes en dessous ; nervures nombreuses, fines, parallèles.

Fleurs en panicules latéraux, fréquemment opposées, ou terminaux, à pédicelles tertiaires terminées par des capitules de 4 à 6 très-petites fleurs blanches. En juin et décembre.

Fruit charnu, blanc ou d'un beau rouge, de la grosseur d'un pois, renfermant une ou deux graines rondes, charnues.

Sols ferrugineux, lieux humides.

Cette espèce a beaucoup de ressemblance avec la précédente.

Écorce à épiderme grisâtre, grisâtre aussi à l'intérieur, rugueuse, fendillée, épaisseur moyenne, 6 millim.

Bois gris, assez tendre.

Mauvais.

Densité : maximum, 0,722 ; minimum, 0,695 ; moyenne, 0,709.

156. — *Caryophyllus pterocarpus* (Vieillard).

Arbre de moyennne hauteur, diamètre proportionné, cime très-dense.

Rameaux et ramules cylindriques cendrés.

Feuilles opposées, pétiolées, ovales-lancéolées, 12 millim. sur 35, luisantes en dessus, épaisses, coriaces ; nervures pennées, très-nombreuses, rapprochées, très-fines, ne différant pas des veinules, anastomosées.

Fleurs jaunes, en corymbes terminaux ; calice coriace, à cinq côtes saillantes.

Fruit rond de la grosseur d'une cerise, couronné par le sommet du calice, à cinq côtes, pulpe mince.

Partie S.-O. de la Nouvelle-Calédonie.

157. — *Spermolepis rubiginosa* (Gommier).

Grand arbre élancé, à petites branches, assez abondant dans les ravins humides, à 100 mètres au-dessus du niveau de la mer.

Feuilles opposées, roussâtres, dures, coriaces, ellipsoïdales, 9 cent. sur 13, luisantes en dessus.

Nervures pennées, réticulées, peu saillantes en dessous ; nervure médiane saillante.

Écorce mince, rougeâtre, fibreuse.

Suc blanc, laiteux, très-épais et gluant, prenant de la consistance à l'air.

Aubier rougeâtre, mince, bois d'un beau rouge violacé, grain fin, dense, grenu, se travaille bien, mais ne se conserve pas très-bien.

A étudier.

158. — *Eugenia ovigera* (A. Brongniart et Gris).

Petit arbre.

Cime très-dense.

Ramules applatis, de couleur marron, veloutés, ainsi que les pétioles, les jeunes feuilles, les pédoncules, les calices et les fruits.

Feuilles opposées, pétiolées, ovales-aiguës, 6 cent. sur 12, luisantes en dessus, coriaces, épaisses, penninerviées, à nervures nombreuses, peu saillantes de chaque côté.

Fleurs latérales opposées aux axillaires, vers le sommet des ramules.

Pédoncules variables en longueur, gros, applatis, terminés par une fleur blanche, étalée, à étamines très-nombreuses.

Fruit de la grosseur d'une figue moyenne, marron, pulpeux, renfermant plusieurs graines.

Sol ferrugineux.

Ecorce épaisse, 10 millim., fibreuse, brun rougeâtre, épiderme blanchâtre, fendillée en long par lanières.

Aubier rouge.

Bois très-dur, à cœur noirâtre, assez dense, grain fin, bon bois, doit être joli étant verni.

Se fend facilement, flexible comme de la baleine.

Charronnage.

159. — Eugenia littoralis (Pancher).

Arbrisseau de 4 à 5 mètres, diamètre 10 cent.

En touffes ou sur un tronc de 1 mètre 50, rarement droit.

Cime diffuse, dense, d'un vert gai.

Ramules cendrés, grêles, cylindriques.

Feuilles opposées, à peine pétiolées, ovales, 25 millim. sur 45, fortement ondulées, luisantes en dessus, coriaces, nervures pennées à peine visibles.

Fleurs abondantes, fréquemment sessiles, sur toute l'étendue du tronc et des branches, en fascicules irréguliers, blanches, du volume de celles des pruniers.

Fruits nombreux, de la grosseur d'une prunelle, fauves, à pulpe peu épaisse, peu délicate, exhalant une forte odeur de pomme. Une ou deux graines, arrondies, recouvertes d'un tissu parcheminé. En avril.

Bords de la mer et coteaux voisins.

Arbrisseau précieux pour faire des rideaux et fixer les sables abandonnés par la mer. Il végète vigoureusement sur ces terrains et s'y multiplie avec une abondance qu'explique la grande quantité de fruits qui succèdent aux fleurs, depuis les racines jusqu'aux rameaux.

Bois de tour et de tabletterie, très-fin, très-dur; l'abondance des fruits devrait engager les habitants à en faire une boisson.

160. — Eugenia magnifica (Brongniart et Gris).

Arbrisseau de 4 mètres, tronc de 10 cent., cime étalée.

Ramules cylindriques, fauves.

Feuilles opposées, à peine pétiolées, ovales, 8 cent. sur 17, fréquemment plus grandes, luisantes en dessus, ondulées, fortement bullées, à nervures pennées, saillantes des deux côtés.

Fleurs assez longuement pédicellées ou en courtes grappes sur des nodosités le long de la tige, rosâtres, de la grosseur de celles des pommiers, de juin en août.

Fruits inégaux, fauves, de la grosseur d'une prune, couronnés par les dents du calice, pulpe assez épaisse, à odeur de pomme, plus agréable au goût que celle de la nèfle, une à trois graines arrondies charnues.

Sables et graviers ferrugineux humides peu éloignés du rivage, partie S.-E. de la Calédonie et île des Pins.

161. — *Eugenia Heckelii* (Pancher et Sebert). — Dumari (nom indigène).

Touffe de 3 à 4 mètres, diamètre 10 cent.

Cime arrondie, ramules obtusément tétragones.

Feuilles opposées, à peine pétiolées, ovales lancéolées, aiguës, 3 cent. sur 7, vernissées en dessus, penninerviées, nervures réticulées, peu apparentes en dessous, nervure médiane canaliculée en dessus, saillante en dessous.

Fleurs blanches, disposées en petits corymbes irréguliers, plus ou moins longuement pédicellées.

Baies petites, noires.

Assez abondant sur les hauteurs.

Ecorce à épiderme blanc, mais s'exfoliant, peu tenace ; intérieur rougeâtre, épaisseur faible, 3 millim.
Bois rougeâtre, très-dur, grain fin.
Bon pour manches d'outils.
Joli étant verni, rouge brunâtre.

162. — *Jambosa Brackenridgeï* (Brongniart et Gris).
Eugenia Brackenridgeï (Asa Gray).

Arbre de hautes futaies, rarement gros.

Ecorce d'aspect cendré.

Cime plane, très-dense, large.

Rameaux courts.

Feuilles opposées, atténuées en pétioles, obovales, 4 cent. sur 8, luisantes en dessus, épaisses, coriaces, à odeur d'épices, penninerviées, nervures fines, parallèles, nombreuses ; nervure médiane canaliculée en dessus.

Fleurs sessiles, en petits capitules, au sommet des pédicelles tertiaires, calice obové, cupuliforme, épais, à marge entière.

Fruit cylindrique, pulpe peu épaisse, atropourpre, une ou deux graines charnues, de la forme du fruit.

Sols ferrugineux.

Ecorce gris blanchâtre à l'extérieur, rougeâtre à l'intérieur, rugueuse, fendillée, épaisseur 10 millim.

Bois rouge, à cœur presque noir, grenu, non veiné, très-dur, se travaille bien, susceptible d'un beau poli.

Bon pour la menuiserie, les travaux de tour, l'ébénisterie.

D'une couleur fauve foncée étant verni.

163. — *Crossostylis multiflora* (Brongniard et Gris).

Arbre élevé, rarement gros.

Ecorce d'aspect cendré.

Cime arrondie, dense, d'un vert foncé.

Feuilles opposées, pétiolées, elliptiques, amples, 4 cent. sur 9, luisantes en dessus, nervures pennées, parallèles, rapprochées, nervure médiane canaliculée.

Fleurs en panicules corymbiformes, petites, roses, tétragones, en octobre et novembre.

Fruit petit, globuleux, comprimé, sillonné, à une seule loge, à paroi peu épaisse, un peu charnu, coriace ; plusieurs graines de la grosseur d'une tête d'épingle.

Sols ferrugineux, profonds et humides.

Ecorce à épiderme mince, blanchâtre, rougeâtre à l'intérieur, subéreuse, rugueuse, fendillée, assez épaisse, 7 millim.

Bois grisâtre, rougeâtre au cœur, maillé comme le hêtre de France, rayonné, fibreux.

Se travaille bien.

Ne se conserve qu'à l'abri, dans des endroits assez secs.

Ébénisterie, assez beau étant verni, rougeâtre.

Densité : maximum 0,650, minimum 0,639, moyenne 0,641.

Le *Crossostylis grandiflora*, qui acquiert des proportions plus grandes est plus abondant.

Chrysobalanées.

164. — (   ) Hunga (nom indigène).

Arbre forestier d'un diamètre moyen, à cime lâche.

Rameaux cendrés, granuleux, ramules grêles, brunâtres.

Feuilles alternes, sur deux rangs (distiques), brièvement pétiolées, ovales-lancéolées-aiguës, 4 cent. sur 9, arrondies à la base, luisantes en dessus, plus ou moins ondulées, minces, coriaces, irrégulièrement penninerviées, à nervures anastomosées avec les veinules à peu de distance de la nervure médiane.

Fleurs très-petites, vertes, un peu veloutées, disposées en épis axillaires courts, ou en petites grappes à pédicelles courts, bi ou triflores, ou en petits corymbes irréguliers terminaux. En octobre.

Fruit aplati, presque carré, obtusément et inégalement bilobé au sommet, anguleux, pulpeux, coriace, orangé, exhalant une odeur de pomme, à deux loges, intérieurement garni d'un duvet fauve, soyeux, graine ayant la forme d'un petit haricot, charnue, huileuse. En juin.

Assez commun dans le S.-E. et l'île des Pins.

Bon bois de fente.

Légumineuses (*Swartziées*).

165. — *Storckellia Pancheri* (H. Baillon).

Arbre de haute futaie.

Cime plane, dense.

Boutons à bois, gros, unis, noirs.

Feuilles alternes, semblables à celles du sorbier des oiseleurs, imparipennées, 9-13 foliolles alternes, brièvement pétiolulées, ovales lancéolées, 15 millim. sur 50, luisantes en dessus, plus pâles en dessous.

Corymbes terminaux, très-rameux, denses; fleurs jaunes régulières, très-recherchées par les roussettes, floraison en juin.

Légumes ou gousses lancéolées-aiguës, 3 cent. sur 9, bordées d'une aile large de 8 à 10 millim., sur la suture interne ou supère.

Graines noires, elliptiques, légèrement comprimées; plus grosses que des lentilles.

Sols ferrugineux, communs dans le S.-E.

Ecorce rougeâtre intérieurement, à épiderme blanchâtre, lisse; mince, 3 millim.

Bois blanc, rosé.

Se travaille difficilement.

Se pique facilement des vers.

166. — *Intsia* ( ) Kohu (nom indigène).

Arbre de 8 à 10 mètres, à gros tronc, peu élevé, divisé en branches énormes, à cime diffuse très-lâche, d'un beau vert. Écorce unie, se détachant par plaques comme celle du platane.

Feuilles...

Glandes sous les feuilles.

Fleurs roses en corymbe, remarquables en ce qu'elles n'ont qu'un pétale, à 9 étamines, dont 3 plus longues, fertiles.

Légume oblongs comprimé, coriace, graines elliptiques, aplaties.

Sols pierreux. Plus commun sur les coraux soulevés de l'île des Pins.

Excellent bois, d'une très-longue durée.

Légumineuses (*Mimosées*).

Les *légumineuses* (mimosées) à fleur disposées en très-petits capitules ou en épis à étamines nombreuses, à fruits en *légume* ou gousse, ne sont représentées en Nouvelle-Calédonie que par un petit nombre d'espèces, mais qui sont très-communes et se reproduisent facilement.

167. — *Acacia spirorbis* (Labillardière). — Gaïac (nom impropre donné par les ouvriers européens).

Petit arbre de 7 à 10 mètres, cime étalée, d'un vert pâle.

Écorce d'aspect brunâtre, obliquement crevassée.

Jeunes rameaux anguleux, brunâtres.

Feuilles alternes, à limbe vertical et non horizontal, très-longuement lancéolées, plus ou moins recourbées en faulx, atténuées à la base en un court pétiole, coriaces, à nervures fines, longitudinales, très-rapprochées, peu apparentes.

Fleurs très-petites, jaunes, très-odorantes, à épis axillaires et terminaux, simples ou rameux. En mars—avril.

Légume (ou gousse), coriace, brunâtre, tordu en spirale aplatie.

Plusieurs petites graines elliptiques, noires, luisantes, très-dures.

Très-commun dans les sables du rivage, où il croit en massifs, et plus isolé sur les côteaux pierreux peu éloignés de la mer.

Écorce assez épaisse, 8 millim., épiderme noirâtre, rouge à l'intérieur, rugueuse, fendillée, à crevasses obliques.

Aubier jaune, très-épais dans les jeunes arbres, mince dans les vieux, 5 millim.

Bois brun foncé, très-dense, grain très-serré.

Peut remplacer le gaïac ; bon pour réas de poulies, galets, vis d'établi, etc.

Joli étant verni, aubier jaune clair, cœur brun.

Densité : maximum 1,105, minimum 1,041, moyenne 1,074.

168. — *Acacia laurifolia* (Willdenow).

Arbre atteignant 10 mètres, diamètre 50 cent.

Cime lâche, diffuse, écorce unie.

Rameaux fauves, granuleux.

Feuilles inéquilatérales, lancéolées, aiguës aux deux extrémités, 3 cent. sur 7, concaves, minces, nervure médiane remplacée par des nervures longitudinales, nombreuses, fines.

Fleurs axillaires le long des rameaux, en petits capitules de la grosseur d'un pois, jaunes, portés sur un pédoncule filiforme, très-odorantes, floraison en février.

Légume courbe, articulé, brunâtre, valves minces, coriaces, graines noirâtres de la grosseur d'une lentille, comestibles, et très-recherchées par les jeunes indigènes, qui les mangent sur l'arbre ; abondant sur les plages sableuses, retient les sables abandonnés par la mer.

Bois brun se tourmentant beaucoup, exhalant une odeur très-désagréable pendant la combustion.

169. — *Acacia myriadena* (Bertero). — Failfail (nom de Taïti).

Arbre ordinairement de 6 à 8 mètres de hauteur et 40 à 50 centimètres de diamètre, mais atteignant 20 mètres dans les vallées profondes et humides.

Cime lâche, plane, rameaux horizontaux.

Feuilles légères, bipennées et paripennées, à folioles elliptiques de 10 millimètres sur 20, pubescentes.

Epis axillaires de fleurs longues de 4 centimètres à calice et corolle épais, veloutés, étamines nombreuses, formant une aigrette d'un beau rouge carmin. Floraison de janvier à avril.

Fruit ou gousse coriace, atteignant 8 centimètres sur 20, assez semblable à une vieille semelle de soulier.

Assez commun dans les sols frais.

Ecorce grisâtre, rugueuse, mince (5 millimètres).
Aubier blanc, assez épais, très-mauvais.
Cœur jaunâtre, liant (élastique) et solide.
Bois exhalant une odeur alliacée infecte quand il est vert, surtout près de l'écorce.
Fibres droites, pores apparents, allongés.
Bois liant et solide, d'un travail facile.
Se conserve bien sous l'eau à condition de rejeter l'aubier qui se pourrit.

Lé cœur doit pouvoir s'employer pour charronnage (jantes, moyeux, etc.);
les Taïtiens en font des pirogues de longue durée.

**170. — *Albizzia granulosa* (Bentham). — Açacia de Nouvelle-Calédonie. —
Acacia granulosa (Labillardière).**

Grand arbre, 25 mètres, assez gros.

Cime ample, étalée, légère, d'un beau vert.

Ramules cylindriques, *granuleux.*

Feuilles alternes, éparses, bipennées, pétiole commun, pubérulé,
jusqu'à 12 paires de pinnules opposées portant jusqu'à 30 petites
folioles alternes, sessiles, obtusément trapézoïdales, de 4 millimètres
sur 10, luisantes en dessus, nervures réticulées, saillantes, surtout
en dessous.

Fleurs blanches très-petites en épis axillaires sur les jeunes rameaux
en forme de petites houppes (aigrettes). De novembre à février.

Légumes ou cosses légèrement arquées, longues de 15 centimètres,
large de 15 millimètres.

Graines rondes, plates, membraneuses, noirâtres, germant promptement.

Commun dans les hautes forêts de la baie du Sud.

Écorce à épiderme blanchâtre, rougeâtre à l'intérieur, assez rugueuse,
fendillée, épaisseur moyenne, 6 millimètres.

Aubier blanc, bois gris jaunâtre.

Bois fibreux, fibres longues, pores allongés.

Liant et flexible, assez difficile à travailler étant vert, s'arrachant sous le
rabot.

Bon pour charronnage, jantes, moyeux, membrures et bordages d'embarcation, menuiserie.

Assez joli étant verni.

171. — *Albizzia granulosa* (Bentham). — Acacia de Nouméa (Var. de rivière).

Grand et bel arbre droit.

Cime ample, étalée, légère, d'un beau vert.

Ramules cylindriques, *granuleux.*

Feuilles alternes, bipennées, jusqu'à 12 paires de pinnules opposées,
portant jusqu'à 30 petites folioles alternes, sessiles, obtusément trapézoïdales, de 4 millimètres sur 12, luisantes en dessus, nervures, réticulées, saillantes, surtout en dessous.

Fleurs blanches très-petites, en épis axillaires sur les jeunes rameaux,
en forme de petites houppes.

Légumes ou cosses légèrement arquées, longues de 15 centimètres, larges de 15 millimètres.

Graines rondes, plates, membreuses, noirâtres.

Vient sur le bord des cours d'eau, dans le voisinage de Nouméa, bois de la Ferme-modèle.

Ecorce mince, 3 millimètres, *blanchâtre* en dehors, rougeâtre à l'intérieur, *assez lisse*.

Bois *blanc*, léger, fibreux, pores allongés.

Bon bois, moins estimé que le suivant, paraissant se conserver moins bien.

Densité : maximum 0,497, minimum 0,473, moyenne 0,482.

172. — *Albizzia granulosa* (Labillardière). — Acacia de Nouméa (Var. de forêts).

Même description que ci-dessus.

Paraît être la même variété que le n° 170 de la baie du Sud.

Vient sur les coteaux boisés des environs de Nouméa, bois de la Ferme-modèle.

Ecorce mince, *brune* et *rugueuse* à l'intérieur.

Aubier blanc, grisâtre, épais.

Bois *brun veiné*.

Bois nerveux, fibreux, pores allongés, léger, élastique.

Un peu difficile à travailler quand il est vert.

Bon pour le charronnage, jantes et moyeux, charpente, menuiserie fine.

Joli étant verni, surtout le cœur.

Densité : bois vert, maximum 0,790, minimum 0,757, moyenne 0,769 ;
        bois sec : maximum 0,660, minimum 0,572, moyenne 0,614.

Espèces indéterminées.

173. — Mino (nom indigène de Lifou).

Arbre de moyenne grandeur.

Feuilles grandes, entières.

Fleurs grandes, jaunes, en ombelles, très-recherchées des oiseaux.

Assez abondant dans les terrains ferrugineux.

Ecorce blanche assez épaisse.

Bois jaunâtre, odeur agréable.

Se conserve assez bien.

Menuiserie.

174. — Cilaquêpe (nom indigène de Lifou).

Ecorce mince, 15 millimètres, brunâtre à l'intérieur et à l'extérieur, fendillée.
Bois gris rosé, finement veiné, grain fin assez dur.
Facile à travailler, très-bon bois.
Très-joli étant verni.
Densité : maximum 0,974, minimum 0,961, moyenne 0,965.

175. — Didème (nom indigène de Lifou).

Feuilles alternes, ovales, un peu aiguës, entières, atteignant 3 centimètres sur 7.
Nervures pennées, réticulées, peu saillantes.

Très-bon bois.
Menuiserie.

176. — Coinile (nom indigène de Lifou).

Grand arbre.
Feuilles opposées, ovales, aiguës, atteignant 4 centimètres sur 9, nervures pennées, réticulées, peu saillantes.
Cet arbre, assez abondant à Lifou, a été, dans les tableaux des propriétés mécaniques, indiqué par erreur comme un Elœocarpus.

Ecorce mince, 3 millimètres, grisâtre à l'intérieur et à l'extérieur, lisse.
Bois blanc, assez léger, dur, fibreux, cœur parfois taché de noir.
Bon bois de charpente et de menuiserie.
Joli étant verni, jaune, veiné.
Densité : maximum 1,015, minimum, 0,995, moyenne 1,004.

177. — Emelem (nom indigène de Lifou).

Densité : maximum 0,688, minimum 0,666, moyenne 0,677.

178. — Mesoube ou Mésupe (nom indigène de Lifou).

Feuilles alternes, ovales, entières, atteignant 5 centimètres sur 9, à nervures pennées, peu apparentes.
Bois rosé, grain fin, assez dur.
Excellent bois de menuiserie, imite le poirier.
Joli étant verni.
Densité : maximum 0,819, minimum 0,813, moyenne 0,816.

179. — Minguel (nom indigène de Lifou).

Grand arbre.

Bois blanc, léger, tendre.
Se conserve mal.

180. — Pau (nom indigène de Lifou).

Bois rougeâtre, veiné, assez léger, assez dur.
Bon bois.

181. — Peu (nom indigène de Lifou).

Bois rouge, veiné, grain fin, dur, assez lourd.
Bon bois.

182. — Seu (nom indigène de Lifou).

Feuilles opposées, ovales, légèrement acuminées, entières, atteignant 5 centimètres sur 13, penninerviées, anastomosées, nervures légèrement saillantes.

Feuilles piquées de petits points.

Aubier rougeâtre, peu épais.
Cœur rougeâtre violacé, finement veiné.
Grain fin, dur.
Ebénisterie.
Très-joli étant verni, rouge violacé foncé.

183. — Téléouinguette (nom indigène de Lifou).

Feuilles alternes, ovales, légèrement acuminées, entières, atteignant 5 centimètres sur 9.

Nervures pennées, réticulées, peu saillantes.

Aubier rougeâtre, bois violet foncé veiné de rouge.
Bois dur, lourd, grain très-fin.
Charpente, ébénisterie, bon pour fûts d'outils.
Très-beau étant verni, rouge veiné de brun.
Densité : maximum 1,119, minimum 0,905, moyenne 0,980.

TABLE ALPHABÉTIQUE

DES

NOMS DES PRINCIPALES ESSENCES DE BOIS

DE LA NOUVELLE-CALÉDONIE

AVEC INDICATION DES PASSAGES DE CET OUVRAGE QUI CONTIENNENT LES RENSEIGNEMENTS QUI LES CONCERNENT

ET DES

Numéros d'ordre des principales collections qui en renferment des échantillons.

(Voir page 45.)

| NOMS DES ESSENCES ET DES FAMILLES. | NUMÉROS D'ORDRE des renseignements qui les concernent dans l'ouvrage. | | NUMÉROS D'ORDRE des échantillons des collections. | | | | |
	Tableaux de la 2e partie.	Notices de la 3e partie.	Herbiers et bois. Musée des colonies. Collection Fournier et Sebert[1]	Collection Petit.	Bois. Collections Pancher à Fontainebleau.[2]	Herbiers. Herbier du musée des colonies.	Herbier Vieillard à Caen.
Ablótinées	»	1	»	»	»	»	»
Acacia granulosa	112—114	170—172	55	55	2	»	»
Acacia Guillainii	»	»	»	»	11	»	»
— laurifolia	»	168	»	109	1	»	»
— myriadena	»	169	2	2	4	»	»
— spirorbis	111	167	5	5	»	»	»
Achras costata	»	41	58	58	»	»	»
Achronychia Baueri	»	136	»	»	48	»	»
Adenostephanus (v. Cenarrhenes spathulata.)	»	»	80	80	»	»	»
Albizzia (v. Acacia.)	»	»	»	»	»	»	»
Aleurites triloba	89	123	26	»	»	»	»
Alphitonia ziziphroïdes	88	120	3	»	»	»	»
Alstonia plumosa	»	28	14	»	»	»	»
—	»	29	73	73	»	»	930
—	»	»	»	113	»	»	931
—	»	»	»	106	»	»	933
Alyzia disphaerocarpa	»	30	13	13	»	»	»
— grandis	»	»	»	161	»	»	»
Anacardiacées	»	130—131	»	»	»	»	»
Anisomallum clusiaefolium	»	98	5	»	»	»	»
Anonacées	»	73	»	»	»	»	»
Apetalées	»	1	»	»	»	»	»
Apocynées	»	28—38	»	»	»	»	»
Araliacées	»	59—62	»	»	»	»	»

[1] Ces mêmes numéros s'appliquent aux collections conservées au *British Museum* à Londres, au *Museum* de Sydney (Australie) et en Nouvelle-Calédonie.

[2] Une de ces collections est conservée à Paris au Musée de l'Exposition permanente des colonies ; la seconde se trouve également à Paris au *Museum d'histoire naturelle*, mais cette dernière est incomplète.

| NOMS DES ESSENCES ET DES FAMILLES. | NUMÉROS D'ORDRE des renseignements qui les concernent dans l'ouvrage. | | NUMÉROS D'ORDRE des échantillons des collections. | | | | |
| | | | Herbiers et bois. Musée des colonies. | | Bois. | Herbiers. | |
	Tableaux de la 2e partie.	Notices de la 3e partie.	Collection Fournier et Sebert	Collection Petit.	Collections Pancher à Fontainebleau.	Herbier du musée des colonies.	Herbier Vieillard à Caen.
Aralia cœnosa	»	»	»	»	142	616	»
— inophylla	»	»	»	»	141	617	624
— parvifolia	»	62	18	»	140	246	»
Araucaria Cookii	5 —6	1	1	1	»	»	»
— Rulei	»	2	»	136	»	»	353
Arbre à pain (v. Artocarpus.)	»	»	»	»	»	»	»
Ardisia	55	30	27	27	»	100	»
Arthrophyllum	»	»	»	126	»	»	633
Artocarpées	»	11	»	»	»	»	»
Artocarpus incisa	»	11	»	161	»	»	»
Avicennia resinifera	»	»	»	178	»	»	»
Aza (v. Chrysophyllum Aza.)	»	»	»	»	»	»	»
Azou (v. Chrysophyllum Azou.)	»	»	»	»	»	»	»
Baboui (v Simplocos.)	»	»	»	»	»	»	»
Baloghia carunculata	90 (?)	125	»	164	»	»	»
Baïba (v. Semecarpus.)	»	»	»	»	»	»	»
Bambaï (v. Discostigma vitiensis.)	»	»	»	»	»	»	»
Bancoulier (v. Aleurites.)	»	»	»	»	»	»	»
Berchemia Fournieri	»	119	21	21	»	»	»
Bielschmeidia Baillonii	35	13	7	7	»	»	»
— lanceolata	36	14	53	53	»	»	»
Bignoniacées	»	37	»	»	»	»	»
Blackburnia pinnata	»	135	6	6	49	»	»
Blackwellia vitiensis	67	75	56	56	113	»	2505
Bocquillonia sessiliflora	»	»	»	»	58	162	»
Bois de fer (v. Casuarina.)	»	»	»	»	»	»	»
Bois de rose (v. Thespesia.)	»	»	»	»	»	»	»
Bois moucheté (v. Trichilia.)	»	»	»	»	»	»	»
Botryodendrum crassifolium	»	»	»	»	»	»	»
Boulé (v. Cerbera manghas.)	»	»	»	133	»	»	2088
Briedelia stipitata	»	128	»	189	82	»	»
Bruguiera Rhumphii	97	141	31	31	40	»	»
Burseracées	»	132	»	»	»	»	»
Büttnerinées	»	83	»	»	»	»	»
							»
Callistemon Pancheri	»	»	»	111	»	»	»
Calophyllum inophyllum	73	93	33	53	»	»	»
— montanum	74	94	8	8	»	»	»
Canarium oleiferum	95	132	31	31	»	»	»
Canthium lamprophyllum	»	»	»	187	»	80	»
Carissa grandis (v. Fagrea.)	»	»	»	»	»	»	»
Carumbium nutans	»	»	»	»	57	»	»
Caryophyllus pterocarpus	»	156	»	»	»	»	2234
Casuarinées	»	7—9	»	»	»	»	»
Casuarina equisetifolia	43	7	40	40	»	168	1273
— collina	11	9	25	»	»	»	»
— Deplanchei	12	8	45	45	»	»	»

| NOMS DES ESSENCES ET DES FAMILLES. | NUMÉROS D'ORDRE des renseignements qui les concernent dans l'ouvrage. | | NUMÉROS D'ORDRE des échantillons des collections. | | | | |
| | | | Herbiers et bois. Musée des colonies. | | Bois. Collections Pancher à Fontainebleau. | Herbiers. Herbier du musée des colonies. | Herbier Vieillard à Caen. |
	Tableaux de la 2e partie.	Notices de la 3e partie.	Collection Fournier et S.-bert	Collection Petit.			
Catba angulata (*v.* Celastrus.)	»	»	»	»	71	279	2843
Cedrelacées	»	105	»	»	»	»	»
Celastrinées	»	114—116	»	»	»	»	»
Celastrus Fournieri	»	114	»	»	»	»	»
Cenarrhenes spathulata (*v.* Adenostephanus.)	»	19	80	80	»	5.2	1109
Cerbera manghas	»	31	71	71	»	»	»
Cerberiopsis candelabra	50	32	9	»	»	»	»
Ceriopsis Timoriensis	»	»	»	»	41	»	»
Chêne gomme (*v.* Spermolepis gummifera.)	»	»	»	»	»	»	»
Chêne rouge (*v.* Pancheria ternata.)	»	»	»	»	»	»	»
Chiratia leucantha (*v.* Sonneratia.)	»	»	»	»	»	»	»
Chloénacées	»	89	»	»	»	»	»
Chrysobalanées	»	164	»	»	»	»	»
Chrysophyllum dubium	»	45	62	62	»	»	»
— Seberii	»	43	49	49	»	»	»
— sessilifolium	»	44	76	»	»	»	»
— wakeré	57	42	25	25	»	»	»
— azou	43	46	»	»	»	»	»
— aza	»	47	»	»	»	»	»
Claoxylon brachybotryum	»	122	»	169	»	»	»
Cidaquèpe	125	174	»	»	»	»	»
Cloezia floribunda	»	»	»	131	»	»	»
Clusiacées	»	91—97	»	»	»	»	»
Clusianthemum amplexicaule	»	»	»	104	»	230	2363
Codia montana	63	63	4	4	»	»	»
— obcordata	»	64	»	102	»	»	»
Coïnite	72	176	»	»	»	»	»
Combretacées	»	139	»	»	»	»	»
Commersonia echinata	»	83	»	109	»	»	311
Cordiacées	»	36	»	»	»	»	»
Cordia discolor	53	36	»	»	»	»	»
— sebestana	»	»	»	179	»	133	»
Crossostylis multiflora	98	163	42	42	»	»	»
	»	»	»	142	»	»	»
	9	»	»	166	»	»	»
Croton insulare	»	127	19	19	61	»	»
Cunonia pulchella	»	68	»	»	»	»	»
— purpurea	»	67	»	162	»	»	»
Cupania apetala	»	108	»	»	76	»	207
— candicans	»	»	»	110	78	»	»
— collina	»	107	3	3	79	»	»
— glauca	»	109	»	93	»	»	213
— glandulosa	»	»	»	»	75	»	»
— gracilis	»	110	»	182	80	224	226
— stipitata	»	111	20	20	74	»	»
— villosa	»	»	»	114	»	»	»
—	»	112	69	69	»	»	»
Cussonia d.oï n.	62	61	13	13	»	295	2680

NOMS DES ESSENCES ET DES FAMILLES.	Tableaux de la 2e partie.	Notices de la 3e partie.	Collection Fournier et Sebert.	Collection Petit.	Collections Pancher à Fontainebleau.	Herbier du musée des colonies.	Herbier Vieillard à Caen.
Dacrydium araucarioïdes	»	»	»	103	»	»	»
D minara lanceolata	7	3	60	60	»	»	»
Daphnoïdées	»	17	»	»	»	»	»
Dendrosma Deplanchei	»	137	»	»	45	»	»
Deplanchea speciosa (v. Diplanthe a.)	»	»	»	»	»	»	»
D. dème	»	175	»	»	»	»	»
Dialipetalées	»	»	»	»	»	»	»
Dilleniacees	»	74—77	»	»	»	»	»
Dimereza glauca (v. Cupania glauca.)	»	»	»	»	»	»	»
Diosmées	»	137—138	»	»	»	»	»
Diospyros montana	61	50	18	18	»	»	»
—	»	»	»	128	»	»	291
— mazemnic	60	51	»	»	»	»	»
Diplanthera Deplanchei	54	37	»	94	»	»	»
Discostigma corymbosa	78	97	41	41	»	229	2083
— quadrangularis	»	»	»	»	»	»	»
— Vitiensis	79	96	59	59	»	»	»
Disoxylon rufescens	»	100	»	»	81	226	2424
Dracophyllum cimbulæ	»	55	»	»	»	»	»
— verticillatum	»	57	»	»	»	»	»
Ebenacées	»	50—54	»	»	»	»	»
Ebène blanche (v. Diospyros montana.)	»	»	»	»	»	»	»
Elæocarpus Baudouinii	70	84	32	32	»	»	»
— Lenormandii	»	84	32	32	»	»	»
— ovigerus	71	85	64	64	»	11	160
— persicifolius	»	88	»	»	»	»	»
— rotundifolius	»	87	»	»	103	»	»
— spathulatus	»	86	»	98	»	»	»
Elæodendrum arboreum	»	115	68	68	184	»	»
Emelem	126	177	»	»	»	»	»
Epacridées	»	57—57	»	»	»	»	»
Eriostemon Novæ Caledoniæ	»	»	140	»	»	»	»
Eugenia Brackenridgei (v. Jambosa.)	»	»	»	»	»	»	»
— Heckelii	»	161	52	52	»	»	»
— littoralis	»	159	»	146	»	59	2600
— magnifica	»	160	»	117	»	»	»
— ovigera	»	153	74	76	»	»	»
—	»	»	»	86	»	748	»
Euphorbiacées	»	121—129	»	»	»	»	»
Euphorbia Cleopatra	91	121	30	30	54	»	»
Evodia triphylla	»	»	»	»	47	»	»
—	»	»	»	»	160	»	»
—	»	»	»	»	168	»	292
Fagræa grandis	»	27	»	159	»	»	»
Failfail (v. Acacia myriadena.)	»	»	»	»	»	»	»
Faux houp (v. Garcinia collina.)	»	»	»	»	»	»	»

NOMS DES ESSENCES ET DES FAMILLES.	NUMÉROS D'ORDRE des renseignements qui les concernent dans l'ouvrage.		NUMÉROS D'ORDRE des échantillons des collections.				
			Herbiers et bois		Bois.	Herbiers.	
			Musée des colonies.		Collections Pancher à Fontainebleau.	Herbiers du musée des colonies.	Herbiers Vieillard à Caen.
	Tableaux de la 2e partie.	Notices de la 3e partie.	Collection Fournier et Sébert	Collection Petit.			
Ficus austro-caledonica	31	10	15	15	»	370	»
— prolixa	»	»	»	192	»	»	»
— protens	»	»	»	200	»	367	1247
Filaó (v. Casuarina.)	»	»	»	»	»	»	»
Flindersia Fournieri	83	105	22	22	»	»	»
Fontainea Pancheri	92	124	9	9	60	»	»
Goïac (v. Acacia spirorbis.)	»	»	»	»	»	»	»
Gamopetalées	»	»	»	»	»	»	»
Garcinia collina	80	95	16	16	»	»	2083
Gardenia lucens	»	22	10	10	»	»	»
— ptatixylon	»	23	16	16	»	»	»
Geijera salicifolia	»	138	»	»	47	»	»
Geissois hirsuta	»	72	»	»	»	»	»
— montana	»	71	»	»	»	»	»
— pruinosa	64	69	36	36	»	»	»
— racemosa	»	70	»	»	»	»	»
Gommier (v. Spermolepis rubiginosa)	»	»	»	»	»	»	»
Grevillea Gillivrayi	44	20	61	»	»	»	»
— macrostachya	»	»	»	113	»	»	»
Grisea campanulata	»	»	»	148	»	325	»
Guettarda speciosa	»	»	»	79	»	»	»
—	»	»	»	85	»	»	»
—	»	»	»	116	»	»	»
Gymnospermées	»	»	»	»	»	»	»
Hemicyclia	»	126	»	186	115	»	»
Heritiera littoralis	»	»	»	160	109	»	»
Hermandia sonora	»	18	»	158	»	»	»
Hernandiopsis Vieillardii	»	17	»	»	»	626	»
Hibbertia lucens	66	75	11	11	»	»	»
— scabra	»	76	»	»	»	»	»
Hibiscus tiliaceus (v. Paritium.)	»	»	»	»	»	»	»
Homalinées	»	78	»	»	»	»	»
Houp (v. Montrouziera spheriflora.)	»	»	»	»	»	»	»
Hugonia penicilatum	»	80	»	115	»	192	2336
Hungu	»	164	»	»	43	156	»
Ilicinées	»	117—118	»	»	»	»	»
Ilex Sebertii	87	117	46	46	»	»	2404
Intsia	23	166	»	»	5	»	»
Ixora	»	»	»	150	»	659	»
—	»	»	»	153	»	687	»
Jambosa Brackenridgei, Eugenia (Asa Gray)	»	162	20	20	20	»	»
Kaori (v. Dammara.)	»	»	»	»	»	»	»
Kouré (v. Laurus.)	»	»	»	»	»	»	»

NOMS DES ESSENCES ET DES FAMILLES.	NUMÉROS D'ORDRE des renseignements qui les concernent dans l'ouvrage.		NUMÉROS D'ORDRE, des échantillons des collections.				
			Herbiers et bois.		Bois.	Herbiers.	
			Musée des colonies.		Collections Pancher à Fontainebleau.	Herbier du musée des colonies.	Herbier Villard à Caen.
	Tableaux de la 2e partie.	Notices de la 3e partie.	Collection Fournier et Sebert	Collection Petit.			
Kohu (*v.* Intsia.)............................	»	»	»	»	»	»	»
Labatia macrocarpa......................	58	48	19	19	»	»	»
Lasianthera austro-caledonica.................	»	99	70	»	»	»	»
Laurinées...............................	»	13—15	»	»	»	»	»
Laurus.................................	»	15	»	»	»	»	»
Légumineuses Mimosées	»	167—172	»	»	»	»	»
— Swartziées..................	»	165—166	»	»	»	»	»
Legouxia...............................	»	»	»	141	»	»	»
Leucopogon dammarifolius.................	»	56	»	»	»	»	»
Loganiacées.............................	»	27	»	»	»	»	»
Lumnitzera edulis........................	»	140	»	»	43	»	»
Lythrariées.............................	»	143	»	»	»	»	»
Maba elliptica..........................	»	53	»	»	»	»	»
— rufa............................	»	52	44	44	»	»	»
—	»	»	»	190	»	391	892
Malvacées..............................	»	79—80	»	»	»	»	»
Manoué (*v.* Flindersia.).................	»	»	»	»	»	»	»
Maxwellia lepidota......................	69	82	37	37	104 20	10	2352
Mazemme (*v.* Diospyros mazemme.).............	»	»	»	»	»	»	»
Melaleuca viridiflora....................	102	146	27	27	38	»	»
Melhania odorata	»	»	»	199	104	»	»
Méliacées...............................	»	100—104	»	»	»	»	»
— ?...........................	»	»	»	100	»	»	»
— ?...........................	»	»	»	62	»	»	»
— ?...........................	»	»	68	»	»	»	225
Melodinus scandens......................	»	»	»	195	»	»	»
Mesoube................................	127	128	»	»	»	»	»
Metrosideros operculata..................	»	»	»	87	»	»	»
Microsemma salicifolia...................	»	90	»	154	»	»	»
Minguel................................	»	179	»	»	»	»	»
Mimosées...............................	»	167—172	»	»	»	»	»
Mino...................................	»	173	»	»	»	»	»
Monpou (*v.* Xanthostemum rubrum.).....	»	»	»	»	»	»	»
Montrouziera robusta....................	»	92	»	147	»	21	2369
— sphaereflora................	81	91	24	24	»	»	»
Morées.................................	»	10	»	»	»	»	»
Morinda citrifolia	»	24	»	82	»	»	»
Mou (*v.* Garcinia collina.)..............	»	»	»	»	»	»	»
Myodocarpus fraxinifolia.................	»	58	23	23	»	»	»
— simplicifolius..............	»	»	»	88	»	286	»
Myoporinées............................	»	35	»	»	»	»	»
Myoporum tenuifolium....................	»	35	»	119	»	140	»
Myrsinées	»	38—40	»	»	»	»	»
Myrsine capitellata.....................	»	39	8	»	»	»	»
— lanceolata.....................	56	40	35	35	»	»	»
Myrtacées...............................	»	144—164	»	»	»	»	»

NOMS DES ESSENCES ET DES FAMILLES.	NUMÉROS D'ORDRE des renseignements qui les concernent dans l'ouvrage.		NUMÉROS D'ORDRE des échantillons des collections.				
			Herbiers et bois.		Bois.	Herbiers.	
	Tableaux de la 2e partie.	Notices de la 3e partie.	Musée des colonies.		Collections Pancher à Fontainebleau.	Herbier du musée des colonies.	Herbier Vieillard à Caen.
			Collection Fournier et Sebert.	Collection Petit.			
Myrtus	»	»	74	74	»	»	»
Nemedra clesgnoïdes	»	102	20	20	»	»	»
Niaonli (v. Melaleuca.)	»	»	»	»	»	»	»
Nolé (v. Semecarpus atra.)	»	»	»	»	»	»	»
Notelea badula	»	26	»	156	»	»	»
Noyré (v. Bielschmeidia Baillonnii.)	»	»	»	»	»	»	»
Nyctaginées	»	12	»	»	»	»	»
Ochrosia elliptica	»	»	»	90	»	»	»
Olacinées	»	98—99	»	»	»	»	»
Oléacées	»	»	»	»	»	»	»
Olea Thozetii	»	25	»	»	»	311	»
Oléinées	»	25—26	»	»	»	»	»
Ombelliferés	»	58	»	»	»	»	»
Oncocarpus Vitiensis (v. Semecarpus.)	»	»	»	»	»	»	»
Ormocarpum sennoïles	»	»	»	»	»	»	»
Ornitrophe punigera (v. Schmidelia.)	»	»	»	»	»	»	»
Ouéko (v. Pancheria obovata.)	»	»	»	»	»	»	»
Ouéri (v. Blackwellia.)	»	»	»	»	»	»	»
Paletuvier (v. Bruguiera.)	»	»	»	»	»	»	»
Panax crenata	»	59	11	»	»	»	»
— sessiliflora	»	»	»	65	»	»	»
— —	»	60	65	112	»	»	»
Palmhe (v. Xilocarpus obovatus.)	»	»	»	»	»	»	»
Pancheria elegans	»	»	»	124	»	»	»
— obovata	»	65	47	47	»	»	»
— ternata	65	66	6	6	»	»	»
Papilionacées	»	»	»	»	»	»	»
Paritium tiliaceum	»	79	»	197	»	»	»
Pau	»	180	»	»	»	»	»
Pemphis acidula	»	113	»	194	»	»	»
Peu	»	181	»	»	»	»	»
Phyllanthus Billardieri	93	129	»	»	»	33	»
Phelline lucida	»	118	»	123	»	541	2171
Pio (v. Calophyllum montanum)	»	»	»	»	»	»	»
Pitt (v. Calophyllum inophyllum.)	»	»	»	»	»	»	»
Pittosporées	»	113	»	»	»	»	»
Pittosporum Deplanchei	»	»	»	103	»	»	»
— Pancheri	»	113	»	»	70	»	»
Pleurocalyptus Deplanchei	103	150	12	12	»	»	»
Pleurostylia —	»	116	»	173	69	»	337
Pin colonnaire (v. Araucaria Cookii.)	»	»	»	»	»	»	»
Podocarpus minor	»	4	»	138	»	»	1275
— araucarioïdes	»	5	»	108	»	»	»
— —	»	6	»	»	»	»	»
Po'yalthia nitidissima	»	73	11	11	»	»	»

NOMS DES ESSENCES ET DES FAMILLES.	Tableaux de la 2e partie.	Notices de la 3e partie.	Collection Fournier et Sebert	Collection Petit.	Collections Pancher à Fontainebleau.	Herbier du musée des colonies.	Herbier Vieillard à Caen.
Pomaderis ziziphoydes (v. Alphitonia.)	»	»	»	»	»	»	»
Poué (v. Elæocarpus ovigerus.)	»	»	»	»	»	»	»
Premna sambucina	»	34	9	9	»	»	1021
Protéacées	»	19—21	»	»	»	»	»
Rhamnées	»	119—120	»	»	»	»	»
Rhizophorées	»	141—142	»	»	»	»	»
Rhizophora mucronata	»	142	»	»	42	»	»
Rhus atra (v. Semecarpus.)	»	»	»	»	»	»	»
Rubiacées	»	22—24	»	»	»	»	»
Santal	»	16	»	»	»	»	»
Santalacées	»	16	»	»	»	»	»
Santalum Austro-caledonicum	»	16	15	»	»	»	»
Sapindacées	»	106—112	»	»	»	»	»
—	»	»	»	»	72	»	»
Sapotacées	»	41—49	»	»	»	»	»
—	»	»	»	»	130	»	»
Saxifragées Cunoniacées	»	63—70	»	»	»	»	»
Schmidelia serrata	»	106	2	»	»	»	»
Semecarpus atra	94	130	29	29	»	»	»
—	»	131	»	»	»	»	»
Sersalisia cotinifolia	»	49	12	»	»	»	»
Seu	»	182	»	»	»	»	»
Simarubacées	»	133	»	»	»	»	»
Simplocos nitida	»	54	51	51	»	»	»
Solmsia calophylla	»	»	»	92	»	197	»
Sonneratia alba	»	»	»	»	»	»	»
Sophora tomentosa	»	»	»	155	»	»	»
Soulamea tomentosa	»	133	»	74	»	196	»
Sparattosyce dioïca	»	»	5	25	»	»	»
Spermolepis rubiginosa	»	157	77	»	»	»	»
— gummifera	104—105	147	26	26	37	»	»
Sponia	»	»	»	83	»	168	»
Stenocarpus laurifolius	45	21	10	10	»	353	1092
Sterculiacées	»	81—82	»	»	»	»	»
Sterculia bullata	»	81	»	»	108	»	»
Storckelia Pancheri	»	165	38	38	6	»	»
Styllingia Agallocha	»	»	»	188	55	»	»
Syzygium lateriflorum	»	154	»	»	27	178	»
— multipetalum	106	153	43	43	»	»	»
— nitidum	»	151	»	132	»	545	539
— Pancheri	107	155	57	57	»	»	»
— Wagapense	108—109	152	14	14	»	»	»
Swartziées	»	»	»	»	»	»	»
Tabernœ-montana cerifera	»	33	39	»	»	»	»
— —	»	»	39	39	»	»	»

| NOMS DES ESSENCES ET DES FAMILLES. | NUMÉROS D'ORDRE des renseignements qui les concernent dans l'ouvrage. | | NUMÉROS D'ORDRE des échantillons des collections. | | | | |
| | | | Herbiers et Bois. | | Bois. | Herbiers. | |
	Tableaux de la 2e partie.	Notices de la 3e partie.	Musée des colonies. Collection Fournier et Sebert	Collection Petit.	Collections Pancher à Fontainebleau.	Herbier du musée des colonies.	Herbier Vieillard à Caen.
Tamanou (*v.* Calophyllum.)	»	»	»	»	»	»	»
Tava (*v.* Cenarrhenes.)	»	»	»	»	»	»	»
Téléouinguette	128	183	»	»	»	»	»
Terminalia	»	139	»	112	»	»	»
Ternstroëmiacées	»	90	»	»	»	»	»
Thespesia populnea	68	80	66	66	»	»	»
Tiliacées	»	84—87	»	»	»	»	»
Tournefortia argentea	»	»	»	88	»	»	»
Trichilia quinquevalvis	»	102	22	22	83	»	»
Trisemma coriacea	»	74	»	»	»	»	»
Trisemma Pancheri	»	77	»	88	120	»	»
Tristaniopsis capitellata	»	140	54	54	»	»	»
— Guillainii	»	145	48	48	»	»	»
Unona fulgens (*v.* Polyalthia nitidissima.)	»	»	»	»	»	»	»
Verbenacées	»	34	»	»	»	»	»
Vermoui (*v.* Discostigma corymbosa.)	»	»	»	»	»	»	»
Vieillardia Austro-caledonica	»	12	»	»	»	»	»
Wakere (*v.* Chrysophyllum Wakere.)	»	»	»	»	»	»	»
Xanthostemon rubrum	»	148	63	63	35	»	»
— Pancheri	»	149	50	50	33	»	»
Xilocarpus	»	101	67	»	»	»	»
— obovatus	»	104	»	»	»	»	»
Xymenia elliptica	»	»	»	127	»	»	»
Zanthoxylées	»	131—136	»	»	»	»	»
—	»	134	21	21	»	»	»

Paris. — Impr. Paul Dupont, rue J.-J.-Rousseau, 41 (Hôtel des Fermes).